无机化学探究式教学丛书

第 16 分册

氮 族 元 素

主　编　魏灵灵

副主编　曹宝月　常云飞

科学出版社

北京

内 容 简 介

本书是"无机化学探究式教学丛书"的第16分册。全书共4章，包括氮族元素单质，简单化合物，含氧酸、含氧酸盐、含氧卤化物及其他盐类，氮族元素的生物效应，涉及氮(N)、磷(P)、砷(As)、锑(Sb)、铋(Bi)和镆(Mc)6种元素。编写时力图体现系统性、整体性和前沿性，融入学科发展，紧跟学科前沿，体现学科交叉，扩充重要物质的工业合成或实验室制备以及应用研究。作为基础无机化学教学辅助用书，本书以促进学生科学素养发展为出发点，注重培养科学研究能力和训练创新思维，努力做到教师好使用，学生好自学。

本书可供高等学校化学及相关专业师生、中学化学教师以及从事化学相关研究的科研人员和技术人员参考使用。

图书在版编目(CIP)数据

氮族元素 / 魏灵灵主编. —北京：科学出版社，2023.1

（无机化学探究式教学丛书；第16分册）

ISBN 978-7-03-073784-7

Ⅰ. ①氮… Ⅱ. ①魏… Ⅲ. ①ⅤA族元素－高等学校－教材 Ⅳ. ①O612.5

中国版本图书馆 CIP 数据核字 (2022) 第 220793 号

责任编辑：陈雅娴 李丽娇 / 责任校对：杨 赛
责任印制：吴兆东 / 封面设计：无极书装

科学出版社 出版
北京东黄城根北街16号
邮政编码：100717
http://www.sciencep.com
北京虎彩文化传播有限公司 印刷
科学出版社发行 各地新华书店经销
*
2023年1月第 一 版 开本：720 × 1000 1/16
2023年12月第二次印刷 印张：16 3/4
字数：317 000

定价：138.00 元
（如有印装质量问题，我社负责调换）

序

　　教材是教学的基石，也是目前化学教学相对比较薄弱的环节，需要在内容上和形式上不断创新，紧跟科学前沿的发展。为此，教育部高等学校化学类专业教学指导委员会经过反复研讨，在《化学类专业教学质量国家标准》的基础上，结合化学学科的发展，撰写了《化学类专业化学理论教学建议内容》一文，发表在《大学化学》杂志上，希望能对大学化学教学、包括大学化学教材的编写起到指导作用。

　　通常在本科一年级开设的无机化学课程是化学类专业学生的第一门专业课程。课程内容既要衔接中学化学的知识，又要提供后续物理化学、结构化学、分析化学等课程的基础知识，还要教授大学本科应当学习的无机化学中"元素化学"等内容，是比较特殊的一门课程，相关教材的编写因此也是大学化学教材建设的难点和重点。陕西师范大学无机化学教研室在教学实践的基础上，在该校及其他学校化学学科前辈的指导下，编写了这套"无机化学探究式教学丛书"，尝试突破已有教材的框架，更加关注基本原理与实际应用之间的联系，以专题设置较多的科研实践内容或者学科交叉栏目，努力使教材内容贴近学科发展，涉及相当多的无机化学前沿课题，并且包含生命科学、环境科学、材料科学等相关学科内容，具有更为广泛的知识宽度。

　　与中学教学主要"照本宣科"不同，大学教学具有较大的灵活性。教师授课在保证学生掌握基本知识点的前提下，应当让学生了解国际学科发展与前沿、了解国家相关领域和行业的发展与知识需求、了解中国科学工作者对此所作的贡献，启发学生的创新思维与批判思维，促进学生的科学素养发展。因此，大学教材实际上是教师教学与学生自学的参考书，这套"无机化学探究式教学丛书"丰富的知识内容可以更好地发挥教学参考书的作用。

　　我赞赏陕西师范大学教师们在教学改革和教材建设中勇于探索的精神和做

法，并希望该丛书的出版发行能够得到教师和学生的欢迎和反馈，使编者能够在应用的过程中吸取意见和建议，结合学科发展和教学实践，反复锤炼，不断修改完善，成为一部经典的基础无机化学教材。

中国科学院院士　郑兰荪

2020 年秋

丛书出版说明

本科一年级的无机化学课程是化学学科的基础和母体。作为学生从中学步入大学后的第一门化学主干课程，它在整个化学教学计划的顺利实施及培养目标的实现过程中起着承上启下的作用，其教学效果的好坏对学生今后的学习至关重要。一本好的无机化学教材对培养学生的创新意识和科学品质具有重要的作用。进一步深化和加强无机化学教材建设的需求促进了无机化学教育工作者的探索。我们希望静下心来像做科学研究那样做教学研究，研究如何编写与时俱进的基础无机化学教材，"无机化学探究式教学丛书"就是我们积极开展教学研究的一次探索。

我们首先思考，基础无机化学教学和教材的问题在哪里。在课堂上，教师经常面对学生学习兴趣不高的情况，尽管原因多样，但教材内容和教学内容陈旧是重要原因之一。山东大学张树永教授等认为：所有的创新都是在兴趣驱动下进行积极思维和创造性活动的结果，兴趣是创新的前提和基础。他们在教学中发现，学生对化学史、化学领域的新进展和新成就，对化学在高新技术领域的重大应用、重要贡献都表现出极大的兴趣和感知能力。因此，在本科教学阶段重视激发学生的求知欲、好奇心和学习兴趣是首要的。

有不少学者对国内外无机化学教材做了对比分析。我们也进行了研究，发现国内外无机化学教材有很多不同之处，概括起来主要有如下几方面：

(1) 国外无机化学教材涉及知识内容更多，不仅包含无机化合物微观结构和反应机理等，还涉及相当多的无机化学前沿课题及学科交叉的内容。国内无机化学教材知识结构较为严密、体系较为保守，不同教材的知识体系和内容基本类似。

(2) 国外无机化学教材普遍更关注基本原理与实际应用之间的联系，设置较多的科研实践内容或者学科交叉栏目，可读性强。国内无机化学教材知识专业性强但触类旁通者少，应用性相对较弱，所设应用栏目与知识内容融合性略显欠缺。

(3) 国外无机化学教材十分重视教材的"教育功能"，所有教材开篇都设有使用指导、引言等，帮助教师和学生更好地理解各种内容设置的目的和使用方法。另外，教学辅助信息量大、图文并茂，这些都能够有效发挥引导学生自主探究的作用。国内无机化学教材普遍十分重视化学知识的准确性、专业性，知识模块的逻辑性，往往容易忽视教材本身的"教育功能"。

依据上面的调研，为适应我国高等教育事业的发展要求，陕西师范大学无机化学教研室在请教无机化学界多位前辈、同仁，以及深刻学习领会教育部高等学校化学类专业教学指导委员会制定的"高等学校化学类专业指导性专业规范"的基础上，对无机化学课堂教学进行改革，并配合教学改革提出了编写"无机化学探究式教学丛书"的设想。作为基础无机化学教学的辅助用书，其宗旨是大胆突破现有的教材框架，以利于促进学生科学素养发展为出发点，以突出创新思维和科学研究方法为导向，以利于教与学为努力方向。

1. 教学丛书的编写目标

(1) 立足于高等理工院校、师范院校化学类专业无机化学教学使用和参考，同时可供从事无机化学研究的相关人员参考。

(2) 不采取"拿来主义"，编写一套因不同而精彩的新教材，努力做到素材丰富、内容编排合理、版面布局活泼，力争达到科学性、知识性和趣味性兼而有之。

(3) 学习"无机化学丛书"的创新精神，力争使本教学丛书成为"半科研性质"的工具书，力图反映教学与科研的紧密结合，既保持教材的"六性"(思想性、科学性、创新性、启发性、先进性、可读性)，又能展示学科的进展，具备研究性和前瞻性。

2. 教学丛书的特点

(1) 教材内容"求新"。"求新"是指将新的学术思想、内容、方法及应用等及时纳入教学，以适应科学技术发展的需要，具备重基础、知识面广、可供教学选择余地大的特点。

(2) 教材内容"求精"。"求精"是指在融会贯通教学内容的基础上，首先保证以最基本的内容、方法及典型应用充实教材，实现经典理论与学科前沿的自然结合。促进学生求真学问，不满足于"碎、浅、薄"的知识学习，而追求"实、深、厚"的知识养成。

(3) 充分发挥教材的"教育功能"，通过基础课培养学生的科研素质。正确、适时地介绍无机化学与人类生活的密切联系，无机化学当前研究的发展趋势和热点领域，以及学科交叉内容，因为交叉学科往往容易产生创新火花。适当增加拓展阅读和自学内容，增设两个专题栏目：历史事件回顾，研究无机化学的物理方法介绍。

(4) 引入知名科学家的思想、智慧、信念和意志的介绍，重点突出中国科学家对科学界的贡献，以利于学生创新思维和家国情怀的培养。

3. 教学丛书的研究方法

正如前文所述，我们要像做科研那样研究教学，研究思想同样蕴藏在本套教学丛书中。

(1) 凸显文献介绍，尊重历史，还原历史。我国著名教育家、化学家傅鹰教授曾经多次指出："一门科学的历史是这门科学中最宝贵的一部分，因为科学只能给我们知识，而历史却能给我们智慧。"基础课教材适时、适当引入化学史例，有助于培养学生正确的价值观，激发学生学习化学的兴趣，培养学生献身科学的精神和严谨治学的科学态度。我们尽力查阅了一般教材和参考书籍未能提供的必要文献，并使用原始文献，以帮助学生理解和学习科学家原始创新思维和科学研究方法。对原理和历史事件，编写中力求做到尊重历史、还原历史、客观公正，对新问题和新发展做到取之有道、有根有据。希望这些内容也有助于解决青年教师备课资源匮乏的问题。

(2) 凸显学科发展前沿。教材创新要立足于真正起到导向的作用，要及时、充分反映化学的重要应用实例和化学发展中的标志性事件，凸显化学新概念、新知识、新发现和新技术，起到让学生洞察无机化学新发展、体会无机化学研究乐趣、延伸专业深度和广度的作用。例如，氢键已能利用先进科学手段可视化了，多数教材对氢键的介绍却仍停留在"它是分子间作用力的一种"的层面，本丛书则尝试从前沿的视角探索氢键。

(3) 凸显中国科学家的学术成就。中国已逐步向世界科技强国迈进，无论在理论方面，还是应用技术方面，中国科学家对世界的贡献都是巨大的。例如，唐敖庆院士、徐光宪院士、张乾二院士对簇合物的理论研究，赵忠贤院士领衔的超导研究，张青莲院士领衔的原子量测定技术，中国科学院近代物理研究所对新核素的合成技术，中国科学院大连化学物理研究所的储氢材料研究，我国矿物浮选的新方法研究等，都是走在世界前列的。这些事例是提高学生学习兴趣和激发爱国热情最好的催化剂。

(4) 凸显哲学对科学研究的推进作用。科学的最高境界应该是哲学思想的体现。哲学可为自然科学家提供研究的思维和准则，哲学促使研究者运用辩证唯物主义的世界观和方法论进行创新研究。

徐光宪院士认为，一本好的教材要能经得起时间的考验，秘诀只有一条，就是"千方百计为读者着想"[徐光宪. 大学化学, 1989, 4(6): 15]。要做到：①掌握本课程的基础知识，了解本学科的最新成就和发展趋势；②在读完这本书和做完每章的习题后，在潜移默化中学到科学的思考方法、学习方法和研究方法，能够用学到的知识分析和解决遇到的问题；③要易学、易懂、易教。朱清时院士认为最好的基础课教材应该要尽量保持系统性，即尽量保证系统、清晰、易懂。清晰、易懂就是自学的人拿来读都能够引人入胜[朱清时. 中国大学教学, 2006, (08): 4]。我们的探索就是朝这个方向努力的。

创新是必须的，也是艰难的，这套"无机化学探究式教学丛书"体现了我们改革的决心，更凝聚了前辈们和编者们的集体智慧，希望能够得到大家认可。欢迎专家和同行提出宝贵建议，我们定将努力使之不断完善，力争将其做成良心之作、创新之作、特色之作、实用之作，切实体现中国无机化学教材的民族特色。

"无机化学探究式教学丛书"编写委员会

2020 年 6 月

前　言

本书为"无机化学探究式教学丛书"第 16 分册。氮族元素虽然只有 6 种元素，但类型复杂，分别为非金属、类金属和贫金属，是地质学、材料科学、生命科学和工业上最重要的一些元素。本书在编写过程中进行了以下几点探索：

1. 重组内容结构

现行教材大多是从同族通性、单质及化合物的制备、性质和应用展开，本书以氮族元素单质，简单化合物，含氧酸、含氧酸盐、含氧卤化物及其他盐类，氮族元素的生物效应，这 4 个模块为主线，科学合理地选择素材，在知识层面尽量使每节内容都从历史到概念再到发展和展望的顺序展开，突出连贯性和整体性。

2. 融合学科发展和交叉

重视基本概念与实际应用的紧密联系，及时、充分反映与氮族元素相关的重要应用实例和标志性事件，体现教学与科研的结合，起到激发学生洞察新发展、体会科研乐趣的作用，培养学生独立获取知识、更新知识和创新的能力。

(1) "氮族元素的同素异形体"。重新探讨同素异形体的定义，以本族元素 N→Sb 丰富的同素异形体研究进展，揭示理论预测对于氮的各种同素异形体结构形态和热力学与动力学稳定性深度探索方面的重要贡献，以及科学技术的发展和原位结构表征技术使极端条件下进行的化学合成反应成为可能的重要意义。

(2) "合成氨的研究进展"。简述生物固氮、高能固氮和工业固氮发展历程，突出多相催化、电催化、光催化和化学链等方式进行的"绿色"合成氨研究状况。

(3) "氮的功能材料化合物"。从氮的电子结构和成键特征入手，介绍一般氮化物、功能型ⅢA族氮化物、过渡金属氮化物材料的性质、制备和功能，突出其在高温材料、半导体材料等现代先进功能材料中的应用，使教学内容联系实际应用，体现学科交叉、基础研究、科技进步与社会发展的深度融合。

3. 追求教材教育功能的充分发挥

(1) 突出科学研究中的哲学思想和科学研究方法的运用，积极纳入当前学科前沿。

(2) 适当扩充单质与化合物的工业制备和实验室制备新方法，提高知识应用观念，培养学生多学科思维能力，培养解决复杂问题的综合能力和高级思维。

(3) 为了利于教学和学生自学，设置思考题和三类习题：①学生自测练习题，包含选择题、填空题、综合题、推理判断题和计算题；②课后习题；③英文选做题。所有习题和思考题均有参考答案，学生可通过扫描书中二维码获取。全书图文并茂，便于授课参考和自学。

本分册由陕西师范大学魏灵灵担任主编(编写第 3 章)，商洛学院曹宝月(编写第 2 章和第 4 章)和哈尔滨工业大学常云飞(编写第 1 章、习题和整合文献)担任副主编，最后由魏灵灵统稿。

本书参考了较多书籍、研究论文的成果，在此对所有作者一并表示诚挚的感谢。

鉴于作者水平有限，书中不足之处在所难免，敬请读者批评指正。

魏灵灵

2022 年 4 月

目　　录

序
丛书出版说明
前言

（1）了解氮族元素的通性，掌握**氮**分子的结构和特殊稳定性。掌握**氨**的结构和性质、**铵盐**的性质。熟悉联氨、羟胺的重要性质。熟悉氮的氧化物，掌握**硝酸**的结构和性质、**硝酸盐**和**亚硝酸盐**的性质。

（2）掌握**磷的单质**、**氢化物**、**氧化物**及**重要卤化物**的结构和性质。掌握**磷酸及其盐**的性质。熟悉亚磷酸和次磷酸的结构和性质。

（3）掌握**砷**、**锑**、**铋氧化物及其水合物的酸碱性及变化规律**。掌握**砷**、**锑**、**铋化合物氧化还原性的变化规律**。熟悉砷、锑、铋硫化物的颜色、生成和溶解性，以及砷、锑的硫代酸盐的有关性质。

（4）运用**结构理论**和**热力学原理**解释氮族元素重要化合物某些化学性质的**规律性**。

（5）了解氮族元素重要化合物的重要应用，特别是常温常压氮气高效电化学合成氨的研究进展。

（6）了解氮族元素的生物效应和应用。

（1）**一氧化氮**为什么被称为明星分子？

（2）2011 年 *Science* 报道了利用 X 射线发射光谱证明了固氮酶铁钼辅因子的中心碳位置[1]。你认为它的意义是什么？

（3）氮气和氢气直接合成氨的哈伯-博施(Haber-Bosch)反应[2]解决了激增的人口与粮食供求之间日益凸显的矛盾。然而，常温常压条件下的固氮问题一直在挑战人类的智慧，科学家一直在努力寻求建立温和条件下**合成氨**的新体系。近年来兴起的电催化氮气还原合成氨研究进

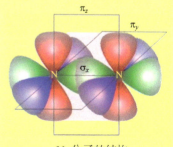

N₂分子的结构

行得如火如荼，引起了广大科研人员的重视[3]。就你的了解，该研究的进展如何？有无可能做到工业化？其核心技术是什么？

(4) 自 2004 年石墨烯成功制备以来[4]，二维结构单质烯材料的制备层出不穷，其特性新奇，在电子器件与光电纳米器件领域被广泛应用。谈谈非金属同素异形体与先进功能材料的关系，它们能否成为新的材料宝库？

参考文献

[1] Lancaster K M, Roemelt M, Ettenhuber P, et al. Science, 2011, 334: 974-977.
[2] Storch H H, Olson A R. J Am Chem Soc, 1923, 45: 1605-1614.
[3] Chen J G, Crooks R M, Seefeldt L C, et al. Science, 2018, 360: eaar6611(1-7).
[4] Novoselov K S, Geim A K, Morozov S V, et al. Science, 2004, 306: 666-669.

第**1**章

氮族元素单质

1.1 氮族元素的通性

1.1.1 氮族元素在自然界的存在

氮族元素是指元素周期表中第 15 列(ⅤA 族)的元素，包括氮(N)、磷(P)、砷(As)、锑(Sb)、铋(Bi)、镆(Mc)，其中氮和磷为典型的非金属元素，砷和锑为类金属(metalloid)，其氧化物表现为两性。砷和锑外观类似金属，但只是弱的电导体，在化学特性上比较像弱的非金属，可以与金属形成合金。大部分类金属的物理特性及化学特性介于金属和非金属之间。铋和镆则为贫金属(poor metal)。由此可见，氮族元素的性质递变规律表现出从典型的非金属到典型金属的过渡。115 号元素镆是人造元素，具有极强的放射性。在标准状况下，除氮单质为气体外，其他元素的单质均为固体，镆也被推测为固体[1]。2004 年 2 月 2 日，由俄罗斯杜布纳联合核子研究所和美国劳伦斯利弗莫尔国家实验室联合组成的科学团队用加速到1/10 光速的钙离子(20 号元素)轰击镅元素(95 号元素)成功合成了镆[2]：

$$^{243}_{95}\mathrm{Am}(^{48}_{20}\mathrm{Ca}) \longrightarrow {}^{288}_{115}\mathrm{Mc}(3^1_0\mathrm{n}) \text{或} {}^{287}_{115}\mathrm{Mc}(4^1_0\mathrm{n}) \tag{1-1}$$

氮气是一种无色无味的双原子气体，在大气中的体积分数约为 78%，是大气中最稳定的气体之一。氮在地壳中的质量分数为 0.0046%，氮元素也存在于生物体的氨基酸、蛋白质和核酸中。人体中氮元素的质量约占 3%，仅次于氧、碳和氢元素。氮循环是指氮元素从空气进入生物圈中再返回大气的转移过程(图 1-1)。氮元素在自然界中存在的稳定同位素有 $^{14}\mathrm{N}$ 和 $^{15}\mathrm{N}$，其中 $^{14}\mathrm{N}$ 的丰度为 99.625%。

磷在生物圈内的分布很广泛(图 1-2)，磷不以单质存在，通常以磷酸盐形式存

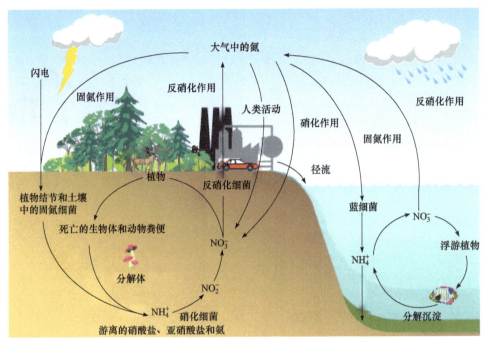

图 1-1   自然界中氮循环示意图

在于自然界中，尤其是磷灰石。磷在地壳中的含量较丰富，列前 4 位(质量分数为
0.09%)，在海水中浓度属第二类。磷存在于动植物组织中，是原生质的基本成分。
磷也是人体含量较多的元素之一，排列为第六位，约占人体体重的 1%，体内 85.7%
的磷集中于骨骼和牙齿，其余分散在全身各组织及体液中，其中一半存在于肌肉组
织中。磷作为人体细胞 DNA 和 RNA 的重要组成元素，参与生命活动中非常重要
的代谢过程，是机体中一种很重要的元素。目前已知的生命形式都需要磷[3-4]。

砷广泛存在于自然界，如火山喷发和含砷的矿石。砷分布在多种矿物中，在
地壳中的质量分数为 1.5×10^{-4}%；通常与硫和其他金属元素共存，主要以硫化物
矿的形式在自然界中存在，有雄黄(As_4S_4)、雌黄(As_2S_3)、砷黄铁矿(FeAsS)、硫砷
黄铁矿($FeAsS_2$)等。另外，也有发现少量的天然砷晶体[5]。砷在自然界中只有一种
稳定同位素 ^{75}As[6]。

锑在地壳中的质量分数为 2×10^{-5}%，主要以单质或辉锑矿(主要成分为 Sb_2S_3)、
方锑矿(Sb_2O_3)、锑华(Sb_2O_3)和锑赭石(Sb_2O_4)的形式存在，尽管其含量并不丰富，
但依然在超过 100 种矿物中存在[7]。我国锑蕴藏量占世界第一位，是锑的主要供
应国。锑的稳定同位素有 ^{121}Sb 和 ^{123}Sb。

在自然界中有少数游离铋金属存在，但主要以化合态存在于矿石中：铋

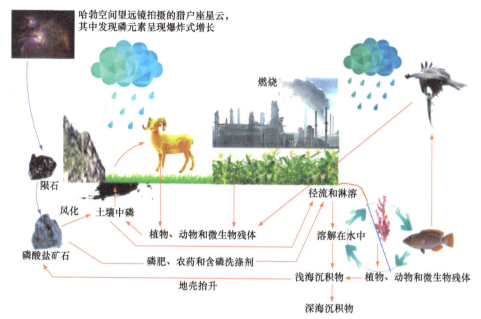

图 1-2 自然界中磷循环示意图

华(Bi_2O_3)、辉铋矿(Bi_2S_3)、硒辉铋矿($BiSe_3S_3$)等。铋在地壳中的含量不高，为 $4.8×10^{-6}\%$，丰度排第 69 位。天然铋矿的产地主要有澳大利亚、玻利维亚和我国。铋的稳定同位素只有 ^{209}Bi。

至今约有 100 个镆原子被侦测到，而所有镆原子的质量数介于 287～290。

1.1.2 氮族元素的成键特征

氮族元素基态原子的价层电子组态为 ns^2np^3，即都有 5 个价电子，使得最高氧化态可以达到 $+V$。其中由于 N 价层没有 d 轨道，价层电子不能向 d 轨道跃迁，不能形成 5 个共价键；且 N 电负性大，原子半径小，电荷密度高，因此其性质和本族其他元素相比大有不同：

(1) 氮仅能从电正性高的元素中夺取电子，形成离子型氮化物，如 Li_3N 和 Na_3N。

(2) 氮易形成强的(p-p) π 多重键。

(3) 氮的化合物比本族其他元素的化合物多，最多形成 4 个共价键，即配位数不超过 4。

(4) 与氧、氟相似，氮也有形成氢键的倾向。形成氢键时，氮既可作为质子的给予体，如 N—H···X(X = F、O 等)，又可作为质子接受体，如 $H_3N···H—X$。

(5) 氮与其他原子或基团键合时共享电子以满足八隅律是其最大特性(表 1-1)。

表 1-1 氮实现八隅体的途径

类型	键型	实例
获得电子，离子	N^{3-}	Li_3N，Na_3N
获得电子，共享	HN^{2-}，H_2N^-	Li_2NH，KNH_2，$Zn(NH_3)_2$
共享电子，单键	$:N{\Large\langle}$	NH_3，NCl_3
共享电子，双键	$\diagdown N{=}N\diagup$ 或 $\diagdown N{=}N\diagup$，$-N{=}O$	N_2F_2，N_2H_2，$ONCl$
共享电子，三键	$:N{\equiv}N:$，$-C{\equiv}N:$，$:C{\equiv}N$	N_2，$MeCN$，$(CN)_2$，KCN，$NaCN$
失去电子，共享	NH_4^+，$N_2H_5^+$	NH_4Cl，NH_4NO_3，$N_2H_5NO_3$，N_2H_5Cl

值得注意的是，在少数化合物中，氮原子并不具备八隅体的构型，典型的实例有 NO、NO_2 及 $(O_3S)_2NO^{2-}$ 等。它们都有一个未成对电子，是顺磁性物质。这些化合物的结构通常可用分子轨道理论描述。

氮族元素自上而下 +3 氧化态物质稳定性增加，而 +5 氧化态物质稳定性降低。这是因为自上而下过渡到 Bi 时，Bi 原子半径较大，成键时电子云重叠程度较小；Bi 原子的 4f 和 5d 轨道对原子核的屏蔽作用较小，6s 电子又具有较强的钻穿效应，所以 6s 电子能量显著降低，6s 电子成为"惰性电子对"(inert electron pair)而不易参与成键，导致 Bi 常显 +3 价。这种自上而下低氧化态比高氧化态物质稳定的现象称为惰性电子对效应(inert electron pair effect)。因此，+5 价铋在酸性条件下氧化性很强，不稳定。总体来讲，As、Sb、Bi 的 M(Ⅲ)基本以共价方式成键，其中 M 原子通常以不等性 sp^3 杂化轨道形成三个 σ 键并保留 ns^2 孤对电子，使得在气态中存在的 MX_3 单分子合乎逻辑地呈三角锥形。As、Sb、Bi 形成共价键的能力不如 N 和 P，并按 As＞Sb＞Bi 依次减弱。应当指出，在配合物中 M(Ⅲ)既可作为电子对的给予体，也可作为电子对的接受体进一步形成配位键。

除 N 原子的配位数不超过 4 外，其他原子的最高配位数可达到 6，如在固体 PCl_5 中存在 PCl_6^- [8]，P 的杂化方式为 sp^3d^2。

氮族中只有电负性较大的非金属元素 N 和 P 与活泼金属作用可以形成极少数 –3 价的离子型固态化合物，如 Li_3N、Mg_3N_2、Na_3P 及 Ca_3P_2 等。金属元素 Sb 和 Bi 则形成的是 +3 价离子型固态化合物，如 $Sb_2(SO_4)_3$、BiF_3 及 $Bi(NO_3)_3 \cdot 5H_2O$ 等。需要注意的是，氮族元素无论是 –3 价还是 +3 价离子型固态化合物，遇水都会发生强烈水解。

1.1.3 氮族元素性质的规律性

1. 氮族元素的一般性质

(1) 氮气是无色无味气体,临界温度为 126K,难以液化,在水中的溶解度很小,283K 时 1 体积水约可溶解 0.02 体积氮气。氮气在极低温(77K)下会液化成白色液体,在合成反应中可用作深度冷冻剂,如进一步降低温度至熔点 63K 以下时,会形成白色晶状固体(图 1-3)。市场上供应的氮气通常盛于黑色气体瓶中。

(a) 液态氮　　　　　　　　　　　　(b) 固态氮

图 1-3　液态氮和固态氮

(2) 磷有多种同素异形体,最常见的有白磷、红磷和黑磷三种(表 1-2)。纯白磷不溶于水,易溶于 CS_2,纯白磷是无色透明晶体,遇光逐渐变为黄色,也称黄磷。白磷剧毒,误食 0.1g 就能致死,皮肤若经常接触到单质磷也会引起吸收中毒。红磷呈暗红色粉末状,不溶于水、碱和 CS_2,无毒,熔点、沸点和燃点较高。红磷的化学活泼性比白磷小得多,易被氧化为磷酸,与 $KClO_3$ 摩擦即着火甚至爆炸。红磷与空气长期接触也会缓慢氧化,形成极易吸水的氧化物,即发生潮解。因此,保存在未密闭容器中的红磷在使用前应用水小心洗涤、过滤和烘干。黑磷比白磷和红磷更稳定、密度更大、化学活泼性更差,不溶于有机溶剂,但能导电,素有"金属磷"之称。由于形成黑磷所需的活化能较高,在一般条件下其他变体难以转变为黑磷。

表 1-2　白磷、红磷和黑磷的一些物理性质

同素异形体	分子结构	颜色	熔点/℃	燃点/℃	密度/(g·mL⁻¹)	在 CS_2 中的溶解性	在空气中的稳定性	毒性
白磷	P_4 四面体	白色	44.15	40	1.823	易溶	不稳定	剧毒
红磷	链状结构	暗红	590	240	2.0～2.4	不溶	较稳定	无毒
黑磷	片层结构	铁灰	610	490	2.67	不溶	最稳定	无毒

(3) 氮族中的砷、锑、铋又称砷分族，它们次外层的电子组态都是 18 电子，与氮、磷次外层 2 电子、8 电子的结构不同。由于 18 电子结构对核的屏蔽效应，砷、锑、铋有较强的极化作用和较大的变形性，是亲硫元素，在性质上表现出更多的相似性。砷与锑各有灰、黄、黑三种常见同素异形体，而铋没有。在常温下，灰砷、灰锑是最稳定的同素异形体。迅速冷却砷蒸气(270K)和锑蒸气(93K)可得到黄砷和黄锑。它们的结构和黄磷相似，是以 As_4 或 Sb_4 为基本结构单元组成的分子晶体，呈明显的非金属性。黄砷易溶于 CS_2，黄锑稍溶于 CS_2，它们都不稳定，在室温下转变为灰色变体。用液态空气冷却砷或锑的蒸气可得到黑砷或黑锑的无定形体。灰砷、灰锑和铋都有金属的外形，能传热导电，但不是良导体(锑的热导率相当于铜的 1/20，电导率约为铜的 1/27)，性脆易碎，都是易熔易挥发的金属。铋凝固时体积膨胀 3.33%，纯锑凝固时体积收缩率为(0.79 ± 0.14)%。

由于还没有足够稳定的镆的同位素，尚无具体物理性质报道。

2. 氮族元素某些性质的规律性

氮族元素的一些基本性质列于表 1-3。

表 1-3　氮族元素的基本性质

性质	氮	磷	砷	锑	铋	镆
元素符号	N	P	As	Sb	Bi	Mc
原子序数	7	15	33	51	83	115
价电子组态	$2s^22p^3$	$3s^23p^3$	$4s^24p^3$	$5s^25p^3$	$6s^26p^3$	$7s^27p^3$
常见氧化态	-3, -2, -1, +1~+5	-3, +3, +5	-3, +3, +5	+3, +5	+3, +5	可能有+2, +4
$r(M)/pm$	74	110	121	141	152	—
$r(M^{3-})/pm$	171	212	222	245	213	—
$r(M^{3+})/pm$	16	44	58	76	96	—
$r(M^{5+})/pm$	13	35	47	62	74	—
密度/(g·mL^{-1})	1.251×10^{-3}	1.82(白磷) 2.34(红磷)	5.727	6.684	9.808	11.00(推测)[1]
熔点/℃	-209.9	44.15	817	630.7	271.4	400(推测)[1]

续表

性质	氮	磷	砷	锑	铋	镆
沸点/℃	−195.8	280	616(升华)	1587	1564	1100 (推测)[1]
第一电离能/(kJ·mol⁻¹)	1402.3	1011.8	944	831.6	703.3	—
鲍林(Pauling)电负性标度	3.04	2.19	2.18	2.05	1.9	—

从表 1-3 可以看出，氮族元素从上到下金属性逐渐增强，这与 16、17 两族元素不同。由 N 到 As，熔点升高十分明显，再从 As 到 Mc，熔点又逐渐降低，反映了从典型的非金属→类金属→金属性质的转变。表 1-4 为氮族元素的元素类别递变所呈现的晶体类型的转变。

表 1-4　氮族元素的晶体类型转变

项目	元素					
	N	P	As	Sb	Bi	Mc
元素类别	非金属	非金属	类金属	类金属	贫金属	可能为贫金属
晶体类型	分子晶体	分子晶体	金属晶体	金属晶体	金属晶体	金属晶体
晶体结构	六方	体心立方	灰砷三方	灰锑三方	三方	未知

贫金属也称其他金属，指元素周期表 p 区的金属[9-10]。相比于过渡金属，贫金属的电负性较高，熔点和沸点较低，并且更软。但它们的熔沸点还是比同周期其他的主族元素高很多。图 1-4 中绿色区域为贫金属，蓝色区域为非金属，浅绿色区域为类金属(贫金属与类金属通过绿色深浅区分)。

1.1.4　氮族元素的电势图

氮族元素的标准电势图如下(尚未见镆的元素电势图报道)。

酸性溶液中：

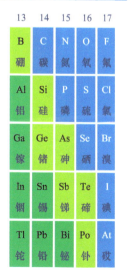

图 1-4　p 区元素类别性质

$$\overset{\displaystyle 0.96}{\overline{}}$$

$$NO_3^- \xrightarrow{0.803} N_2O_4 \xrightarrow{1.07} HNO_2 \xrightarrow{0.996} NO \xrightarrow{1.59} N_2O \xrightarrow{1.77} N_2 \xrightarrow{-1.87} NH_3OH^+ \xrightarrow{1.41} N_2H_5^+ \xrightarrow{1.275} NH_4^+$$

$$\underset{0.94}{\underline{}} \qquad \underset{-0.23}{\underline{}}$$

$$H_3PO_4 \xrightarrow{-0.276} H_3PO_3 \xrightarrow{-0.499} H_3PO_2 \xrightarrow{-0.508} P \xrightarrow{-0.10} P_2H_4 \xrightarrow{-0.006} PH_3$$

$$H_3AsO_4 \xrightarrow{0.56} H_3AsO_3 \xrightarrow{0.24} As \xrightarrow{-0.225} AsH_3$$

$$Sb_2O_5 \xrightarrow{0.605} SbO^+ \xrightarrow{0.204} Sb \xrightarrow{-0.51} SbH_3$$

$$Bi_2O_5 \xrightarrow{1.60} BiO^+ \xrightarrow{0.317} Bi \xrightarrow{-0.97} BiH_3$$

碱性溶液中：

$$\overset{\displaystyle 0.15}{\overline{}}$$

$$NO_3^- \xrightarrow{-0.86} N_2O_4 \xrightarrow{0.867} NO_2^- \xrightarrow{-0.46} NO \xrightarrow{0.76} N_2O \xrightarrow{0.94} N_2 \xrightarrow{-3.04} NH_2OH \xrightarrow{0.73} N_2H_4 \xrightarrow{0.11} NH_3$$

$$\underset{0.01}{\underline{}} \qquad \underset{-1.16}{\underline{}}$$

$$PO_4^{3-} \xrightarrow{-1.12} HPO_3^{2-} \xrightarrow{-1.57} H_2PO_2^- \xrightarrow{-2.05} P \xrightarrow{-0.89} PH_3$$

$$AsO_4^{3-} \xrightarrow{-0.67} AsO_3^{3-} \xrightarrow{-0.68} As \xrightarrow{-1.37} AsH_3$$

$$[Sb(OH)_6]^- \xrightarrow{-0.465} [Sb(OH)_4]^- \xrightarrow{-0.639} Sb \xrightarrow{-1.338} SbH_3$$

$$BiO_3^- \xrightarrow{0.56} BiO^+ \xrightarrow{-0.46} Bi \xrightarrow{<-1.60} BiH_3$$

结合氮族元素电势图可以获得某些重要含氮物种之间的转换关系(图 1-5)。

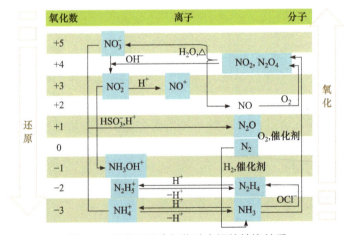

图 1-5 某些重要含氮物种之间的转换关系

(1) 氮族的特征氧化态应为+5，但稳定性各异。氮的+5 态较难形成，因为它没有 d 轨道，而且氮原子半径小，周围容纳不下 5 个配体。氮只有与氧或氟反应时才能获得+5 氧化态。磷、砷、锑的常见氧化态能够表现出明显的+5 氧化态特性，但铋很难达到该氧化态，因为其 $6s^2$ 电子不易参与形成化学键，体现为惰性电子对效应。

(2) 氮和磷具有多种氧化态，显示出丰富多彩的氧化还原行为(图 1-6)。

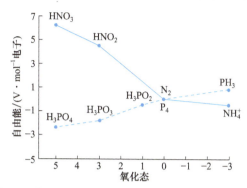

图 1-6　氮和磷在酸性溶液中氧化状态的稳定性比较

(3) As、Sb、Bi 并不是典型的金属和非金属元素，它们的单质不具有强氧化性或还原性，它们的+5 最高氧化态化合物却具有一定的氧化性，特别是 Bi(+5)化合物具有很强的氧化能力。例如，酸性溶液中的铋酸钠是很强的氧化剂。Bi(+5)的氧化性比 As(+5)和 Sb(+5)强得多，因为 Bi 的 I_4、I_5 比 Sb 大，同时 $6s^2$ 电子的惰性电子对效应更强，把 6s 电子激发至 6d 空轨道需要很大的能量。另外，砷分族的–3 氧化态化合物都具有一定的还原性。

图 1-7 是砷分族元素不同氧化态物质的吉布斯(Gibbs)自由能图。由图可以看出，Bi_2O_5 在转变为 BiO^+时，$\Delta_r G_m^{\ominus}$ 降低很多，Bi_2O_5 很不稳定，是强氧化剂。Sb(+5)、As(+5)进行同样的转变，$\Delta_r G_m^{\ominus}$ 降低却很少，故其氧化性不强。由图还可以看出，

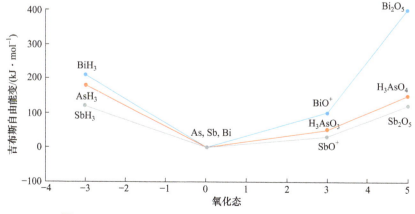

图 1-7　As、Sb、Bi 不同氧化态的吉布斯自由能变(pH = 0)

M(+3)较稳定，如 H_3AsO_3、SbO^+、BiO^+，不会歧化为氧化态为 0 及+5 的化合物。图 1-7 还表明，M(−3)转变为 M(0)时，吉布斯自由能有明显下降。这就是 M(−3)化合物具有一定还原性的热力学依据，其中比较常见的 M(−3)化合物只有 AsH_3。

思考题

1-1 氮族元素的性质与邻近的碳族元素、氧族元素及卤素有哪些异同？

1-2 为什么氮族元素可形成多价态化合物，而碳族元素不能？

1-3 根据氮族元素的电势图，预测氮族元素在自然界中的存在形式。

1.2 氮族元素的发现和命名

1.2.1 氮单质的发现和命名

氮及其化合物历史悠久。一般认为氮是由英国物理学家卢瑟福(D. Rutherford，1749—1819)在 1772 年发现的。卢瑟福指出空气中有一种成分不支持燃烧，将生物放入由空气分离得到的该气体中会窒息而死，于是将这种气体称为有害空气(noxious air)或固定空气(fixed air)[9]，这就是氮气。虽然瑞典化学家舍勒(C. W. Scheele，1742—1786)及英国物理学家、化学家卡文迪许(H. Cavendish，1731—1810)也在同一时期独立完成了相关研究，但因为卢瑟福更早公开发表而使卢瑟福广受赞誉。

氮气很不活泼，因此被拉瓦锡称为有毒气体，意为无生命的[11]。在氮气中，动物死亡，火焰熄灭。英文名称 nitrogen 来自于法语单词 nitrogène，德文中便直接以 sticken(导致窒息)和 stoff(物质)组合，命名为 stickstoff(导致窒息的物质)，日文及韩文便自此将之意译为"窒素"。19 世纪 70 年代，中国近代化学的启蒙者化学家徐寿(1818—1884)将 H、O、N、F、Cl 译为轻气、养气、淡气、弗气、氯气；直至 1933 年，化学家郑贞文(1891—1969)在其主持编写出版的《化学命名原则》一书中将它们改成氢、氧、氮、氟、氯，并一直沿用至今[12-13]。中文名称"氮"有冲淡气体之意。

卢瑟福　　　　　舍勒　　　　　卡文迪许　　　　　徐寿　　　　　郑贞文

1.2.2　磷单质的发现和命名

　　化学史上第一个发现磷元素的人是 17 世纪德国汉堡商人波兰特(H. Brand，约 1630—1710)。1669 年，他在一次实验中将砂、木炭、石灰等与尿混合加热蒸馏，意外得到一种十分美丽的物质：它色白质软，能在暗处放出闪烁的亮光，波兰特给它取名"冷光"，这种物质就是白磷。德国化学家孔克尔(J. Kunckel，1630—1703)探知这种发光物质是由尿中提取出来的，也开始用尿做实验，经过苦心摸索，终于在 1678 年实验成功。他把新鲜的尿蒸馏，待蒸到水分快干时取出黑色残渣，放置在地窖里使其腐烂，数日后将黑色残渣取出并与两倍于"尿渣"质量的细砂混合，然后一起放置在曲颈瓶中加热蒸馏，瓶颈则连接盛水的容器。起初用微火加热，继而用大火干馏至尿中的挥发性物质完全蒸发后，在接收容器中凝结成白色蜡状固体磷。后来，他为介绍磷曾写过一本名为《论奇异的磷质及其发光丸》的书。英国化学家波义耳(R. Boyle，1627—1691)差不多与孔克尔同时期用相近方法也制得了磷。

　　由于单质磷在空气中会自燃或缓慢氧化而放热发光，因此磷的拉丁文名称 phosphorum 原指"启明星"，意为"光亮"，它的英文名称是 phosphorus。中文里"磷"的本字为"粦"。

波兰特　　　　　　　　孔克尔　　　　　　　　波义耳

1.2.3　砷单质的发现和命名

　　中世纪欧洲重要的哲学家和神学家麦格努斯(A. Magnus，1193—1280)在 1250 年首次对砷进行记载，用雌黄与肥皂共同加热制得砷单质[5]。上古时期就为人所知和广泛使用的砷的化合物有雌黄、雄黄和砒霜(As_2O_3)。三者都曾用于中药，雌黄更是古代东西方均广泛使用的金黄色颜料[14]。雌黄也可用于修改错字，故有"信口雌黄"之说。

　　英语中 arsenic(砷)最初源自叙利亚语的雌黄(音 zarniqa，意为金黄色)。

麦格努斯

1.2.4　锑单质的发现和命名

早在公元前 3100 年的古埃及时期，化妆品刚被发明，Sb_2S_3 就用作化妆用的眼影粉[15]。在埃及发现了公元前 2500～2200 年间的镀锑的铜器[16]，但这种说法有争议[17]。

意大利冶金学家比林古乔(V. Biringuccio，1480—1539)在 1540 年出版的《火法技艺》(*De la Pirotechnia*)中描述了提炼锑的方法[18]。1604 年，德国人瓦伦廷(B. Valentine)出版了 *Currus Triumphalis Antimonii*(直译为《凯旋战车锑》)，其中介绍了金属锑与硫化锑的提取方法。一般认为纯锑最早是由哈扬(J. I. Hayyān)于 8 世纪时制得的，然而争议依旧不断[6,19-21]。地壳中自然存在的纯锑最早是由瑞典科学家和矿区工程师斯瓦伯(A. V. Siwabo)于 1783 年记载的。品种样本采集自瑞典西曼兰省萨拉市的萨拉银矿[22]。我国对锑的利用很早，在当时称为"连锡"。

锑的名称 antimony 来自中世纪拉丁语 antimonium，也可能来自 anti-monachos 或法文 antimoine，这些名称来源于早期炼金术士和锑的毒性，被称为"修士杀手"[23]。另一个常见的名称来源是希腊语(音 antimonos)，表示"对抗孤独"，可以解释为"未被以金属形式发现"或"未被发现为无杂质的"[24]。

瑞典化学家贝采利乌斯(J. J. Berzelius，1779—1848)自 stibium 中得出锑的标准元素符号 Sb[25]。锑在古代词语中其含义主要是锑的硫化物。

贝采利乌斯

1.2.5　铋单质的发现和命名

早在古希腊和罗马时期就有金属铋的应用，是由木炭还原辉铋矿制得，主要用作盒子和箱子的底座，是最早发现的十种金属之一。德意志的矿冶学家阿格里科拉(G. Agricola，1494—1555)约于 1546 年在《论矿物的本性》(*De Natura Fossilium*)中指出，基于对金属及其物理性质的观察，锑和铋是两种独立金属。炼金术时代的矿工也将铋命名为"tectum argenti"或"正在制造的银"。英国的若弗鲁瓦(C. F. Geoffroy，1729—1753)于 1753 年证明了这种金属不同于铅和锡。1757

阿格里科拉

年，法国的日夫鲁瓦(C. J. Geoffroy)经分析研究确定其为新元素铋。因为铋、锡、铅特别相似，早期人们常将铋与锡、铅混淆。但是金属铋并非银白色，而是略带粉红色。

1.2.6 镆的合成和命名

若弗鲁瓦

2004 年 2 月 2 日，由俄罗斯杜布纳联合核子研究所和美国劳伦斯利弗莫尔国家实验室联合组成的科学团队在 *Physical Review C* 上发文称成功合成了镆[2]。他们用 ^{48}Ca 离子撞击 ^{243}Am 目标原子，产生了 4 个镆原子。这些镆原子通过发射 α 粒子衰变为 ^{284}Nh，耗时约 100ms。

$$^{48}_{20}Ca + ^{243}_{95}Am \longrightarrow ^{291}_{115}Mc \longrightarrow ^{288}_{115}Mc + 3^{1}_{0}n\ Mc \longrightarrow ^{284}_{113}Nh + ^{4}_{2}He \qquad (1-2)$$

两国科学家的这次合作计划也对衰变产物 ^{268}Db 进行了化学实验，并发现了 Nh。科学家在 2004 年 6 月和 2005 年 12 月的实验中，通过量度自发裂变成功确认了 Mc 同位素[2, 26]。数据中的半衰期和衰变模式都符合理论中的 ^{268}Db，证实了衰变来自原子序数为 115 的原子核。但是在 2011 年，国际纯粹与应用化学联合会 (International Union of Pure and Applied Chemistry，IUPAC)认为该结果只是初步的，不足以称得上是一项发现。

其实，杜布纳团队早在 2003 年 7 月至 8 月就进行了该项反应。在两次分别进行的实验中，他们成功探测到 3 个 ^{288}Mc 原子与 1 个 ^{287}Mc 原子。2004 年 6 月，他们进一步研究这项反应，目的是要在 ^{288}Mc 衰变链中隔离出 ^{268}Db。团队在 2005 年 8 月重复进行了实验，证实了衰变的确来自 ^{268}Db。2013 年，由瑞典隆德大学核物理学家鲁道夫(D. Rudolph)领导的团队在德国达姆施塔特重离子研究中心，通过钙同位素撞击镅再次合成了 115 号元素[27]。

镆最初被称为 eka-铋。Ununpentium 是该元素获得正式命名之前，由 IUPAC 元素系统命名法所赋予的临时名称。研究人员一般称之为 "元素 115"。115 号元素主要有两个命名提议，一个提议是根据法国物理学家朗之万(P. Langevin，1872—1946)命名为 langevinium[28]，另一个提议是根据俄罗斯杜布纳联合核子研究所所在地莫斯科州命名为 moscovium[29-30]。IUPAC 于 2016 年 6 月 8 日正式采用后者命名[31]，并于 11 月 28 日正式将其添加到元素周期表中。2017 年 1 月 15 日，中华人民共和国全国科学技术名词审定委员会联合国家语言文字工作委员会组织化学、物理学、语言学界专家召开了 113 号、115 号、117 号、118 号元素中文定名会，将此元素命名为 "镆"[32]。

1.3 氮族元素单质的结构、性质和制备

1.3.1 氮族元素单质的结构

氮族元素单质有非金属、类金属和贫金属，晶体类别有分子晶体(N)、分子和原子晶体(P、As)、金属晶体(Sb、Bi、Mc)。其中，N、P、As、Sb 有多种同素异形体，Bi 和 Mc 尚未发现同素异形体。

1. 同素异形体的定义

1) 同素异形体概念的演变

同素异形体(allotrope)的概念最早于 1841 年由瑞典科学家贝采里乌斯提出[33]。

该术语出自希腊语，意为变异性[34]。在 1860 年阿伏伽德罗的原子学说被广为接受后，人们开始认识到元素可以多原子分子的形式存在，氧的两个同素异形体即被公认为 O_2 和 O_3[35]。1912年，生于拉脱维亚的德国籍物理化学家奥斯特瓦尔德(F. W. Ostwald，1853—1932)提出元素的同素异形现象仅是已知化合物多态现象的一个特例，并提议弃用同素异形体和同素异形现象这两个概念而用多形体(polymorph)和多形性(polymorphism)来代替[35]。尽管许多化学家在概念上遵从了这一提议，但 IUPAC 和大多数教科书仍支持同素异形体和同素异形现象这

奥斯特瓦尔德

种说法[35-37]，如国内外主流无机化学教科书便是这样沿用的[38-44]。

2) 对同素异形体概念的一般理解

同素异形体一般是指由同样的单一化学元素构成，性质却不相同的单质。同素异形体之间的性质差异主要表现在物理性质上，化学性质上也有活性的差异。例如，磷的两种同素异形体红磷 P_n 和白磷 P_4，它们的着火点分别是 240℃和 40℃，充分燃烧之后的产物都是 P_4O_{10}；白磷有剧毒，可溶于 CS_2，红磷无毒，不溶于 CS_2。此外，磷元素还有两种同素异形体——黑磷和紫磷。黑磷由白磷在 12000atm 下加热到 200℃转化而成，其外观像石墨，2014 年研究显示黑磷晶体具有石墨烯的结构，是直接带隙半导体(导带底部和价带顶部在同一位置)，有可能成为新型非线性光学材料[45]。此外，黑磷还具有独特的力学、电学和热学的各向异性。紫磷可以通过多种方法制得，其结构为与黑磷不同的层状结构。同素异形

体之间在一定条件下可以相互转化,这种转化有的是化学变化(生成了新物质),例如:

$$C(石墨) \longrightarrow C(金刚石), \quad \Delta_r H_m^{\ominus} = +1.987 kJ \cdot mol^{-1}$$

有的不是化学变化,例如:

$$S(正交) \underset{}{\overset{95.5℃}{\rightleftharpoons}} S(单斜)$$

一般来说,判断同素异形体之间的转变是化学变化还是物理变化,与判断其他物质之间的转变相同的是:可以看生成物与反应物的化学性质是否相同,相同是物理变化,不同是化学变化;也可以看生成物与反应物分子结构是否相同,相同是物理变化,不同是化学变化。

3) 同素异形体严格定义的探讨

大多数教材和手册认为同一种元素形成同素异形体的方式有三种[46-47]:组成分子的原子数目不同,如氧气 O_2 和臭氧 O_3;晶格中原子的排列方式不同,如金刚石、石墨和足球烯 C_{60};晶格中分子排列的方式不同,如正交硫和单斜硫。

关于第三种有极为不同的观点。例如,有人认为同素异形体与多晶型体是两个不同的化学概念[48],并从定义的出发点、结构单元、结合方式、存在状态及化学键参数方面列出了详细区别;提出各种富勒烯能否互称为同素异形体的疑问[49]。实际上,上述第三种指的正是多晶型体这一概念。

时至今日,随着科学技术的不断发展,人们对物质结构的认识更加准确,加之发现的同种元素组成的物质种类越来越多,对术语的定义也越来越明确。我们认为,同素异形体包含了多晶型体的概念;当专门研究同素异形体中的固体物质时,涉及更多的是分子中结构单元的空间排列,则使用多晶型体更恰当。或者称同素异形体的定义范围更广,多晶型体是其中特指的一种。因此,从上述同素异形体形成方式出发,建议其定义为"同一种元素的不同形态的纯单质互称同素异形体"。这里包含同一种化学元素、不同形态(包括不同物态)、组成和结构(包括原子、分子、离子)确定的单质等信息。这样就不会出现"单斜硫和正交硫不是同素异形体""富勒烯不能互称为同素异形体"等观点。

2. 氮、磷、砷和锑元素单质的同素异形体

氮、磷、砷和锑存在多种同素异形体(表 1-5),其结构在文献[50]~[54]中有详细介绍。

表 1-5　氮、磷、砷和锑单质同素异形体分类

元素	种类	分类	文献
N	4	分子氮、聚合氮、金属氮和原子簇氮	[50]
P	3	块体磷的不同物相类、磷纳米材料类和磷烯	[51-52]
As	4	块体砷的不同物相类、砷纳米材料类、砷烯、笼状及环状砷	[53]
Sb	6	灰锑、黑锑、黄锑、爆炸性锑、锑纳米管、锑烯	[54]

3. 贫金属铋元素单质的结构

铋在空气中稳定，在自然界中有单质存在[55]，但铋单质目前没有发现同素异形体。图 1-8 为铋的合成晶体，表面是非常薄且闪光的氧化层，属三方晶系。三方晶系是结晶学中七种晶体的一种[56]。它以晶体的一个三次对称轴或三次倒转轴为 c 轴，三个水平轴正端 120°且与 c 轴正交，通常采用四轴定向，$\alpha = \beta = 90°$，$\gamma = 120°$，$a = b \neq c$。但是也有部分三方晶系采用三轴定向，在这种情况下 c 轴不是三次对称轴，三个结晶轴和三次对称轴均呈斜交状态并且角度相同，彼此绕三次对称轴分布，$\alpha' = \beta' = \gamma' \neq 90°$，$a' = b' = c'$。三方晶系的常见单形为三方柱、三方双锥、菱面体和六方柱等。属于三方晶系的宝石矿物有蓝宝石(刚玉)、红宝石、电气石、石英(水晶、紫晶、黄晶、烟晶、芙蓉石)等。室温下金属铋的结构均由褶皱的六角形层堆积而成，层中每个原子具有 3 个最邻近的原子。如前所述，层与层之间的堆积方式能够使相邻一层中的 3 个原子在较远的距离与中心原子建立弱相互作用[57]。近年来发现铋具有放射性，其 α 衰变的半衰期为 1.9×10^{19}a，比宇宙当今的年龄还要大得多。

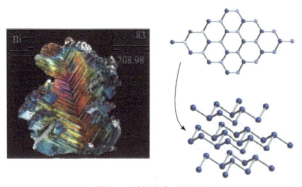

图 1-8　铋的合成晶体

4. 贫金属镆元素单质的结构

由于至今只侦测到约 100 个镆原子,具体单质结构尚无报道。有文献报道[58],利用量子隧穿模型的理论计算结果支持实验得出的 α 衰变数据。

1.3.2　氮族元素单质的性质

1. 氮元素单质的化学性质

N_2 分子的结构式为:N≡N:,即两个氮原子之间以三键结合,是已知最稳定的双原子分子。氮气在常温下表现出化学惰性,因此常用作保护气体。但在高温或放电条件下,N_2 分子中化学键被破坏而能与多种元素结合。例如,与 H_2 生成 NH_3;与 Mg、Ca 等生成离子型氮化物 Mg_3N_2、Ca_3N_2 等;与 O_2 在高温电弧下少量反应生成 NO,此反应吸热,是 O_2 与其他物质化合时所罕见的。N_2 只与锂在常温下化合成高晶格能的 Li_3N(由于反应速率很慢,有实际意义的反应温度为 250℃),但不与其他碱金属直接反应。N_2 与碱土金属反应都必须加热,如与 Ca 和 Sr 的反应温度分别为 410℃和 380℃。B 在 1200℃下才能与 N_2 反应,生成晶体 BN。Si 在 1400℃或更高温度下才能与 N_2 反应,生成 SiN 或 Si_3N_4。N_2 也能与一些过渡金属在高温和催化剂条件下反应生成过渡金属的氮化物,这类间充化合物化学性质稳定,具有金属外形,能导电,熔点和硬度高,可用作高强度材料。总之,提高温度可改善氮的活泼性,特别是在催化剂作用下。

几个典型的反应如下:

$$N_2 + 3H_2 \rlap{=}{=} 2NH_3$$
$$N_2 + O_2 \rlap{=}{=} 2NO$$
$$N_2 + 3Mg \rlap{=}{=} Mg_3N_2$$
$$N_2 + CaC_2 \rlap{=}{=} C + CaCN_2$$

N_2 分子的稳定性:如何理解 N_2 分子是最稳定的双原子分子[59]? N_2 分子中的三键(1 个 σ 键和 2 个 π 键,图 1-9)键能达到 946kJ·mol^{-1}[60]。这就是将 N_2 转化为氮化合物非常困难(N_2 分子不活泼性)的原因之一。

由紫外光电子能谱实验和理论计算可得氮分子轨道能级[61-63]。由 N_2 分子基态能级状态[64]图 1-10 可见,N_2 分子基态电子结构为:$KK(\sigma_g2s)^2(\sigma_u^*2s)^2(\pi_u2p)^4(\sigma_g2p)^2$。换句话说,$N_2$ 分子的最高占据分子轨道(HOMO)是 σ_g2p,它的能量很低;N_2 的电离能 15.58eV 接近氩的 15.75eV。在 N_2 分子中,π_u2p 分子轨道的能量比 σ_g2p 低,电离能更高;同时,N_2 分子的最低未占分子轨道(LUMO)π_g2p 比 σ_g2p 轨道能量

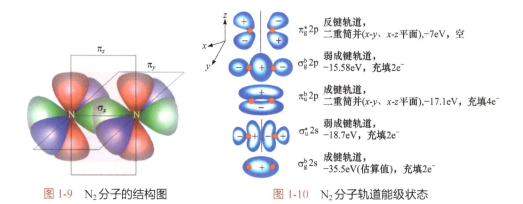

图 1-9　N_2 分子的结构图　　　　　　图 1-10　N_2 分子轨道能级状态

高 8.6eV，仅能由电正性高的碱金属等提供的电子所占领，而 $\sigma_g 2p$ 和 $\pi_g 2p$ 之间的间隙大，又无其他的轨道，因此分子不易发生简单的电子转移氧化还原过程：

$$N_2 - e^- \Longrightarrow N_2^+ \qquad \Delta_f H_m^{\ominus} = 153 \text{kJ} \cdot \text{mol}^{-1}$$

$$N_2 + e^- \Longrightarrow N_2^- \qquad \Delta_f H_m^{\ominus} = 351 \text{kJ} \cdot \text{mol}^{-1}$$

这就是 N_2 分子不活泼的原因之二。

N_2 分子不活泼的原因之三是它的极化率很低($1.53 \times 10^{-24} \text{C} \cdot \text{m}^2 \cdot \text{V}^{-1}$)，难以形成亲电和亲核取代反应中常涉及的高极性过渡态。

思考题

1-4　对同素异形体严格定义的探讨有什么意义？

1-5　以学过的无机化学理论知识为基础，查阅相关文献，设想可以通过什么途径活化 N_2 分子。(提示：模拟生物固氮和分子氮配合物活化 N≡N 键)

2. 磷元素单质的化学性质

单质磷的化学活泼性远高于氮，白磷又比红磷活泼得多。未加说明讨论磷的性质时，一般指白磷。白磷能够自燃，而红磷和黑磷都比白磷稳定，不容易自燃。白磷的蒸气在空气中发生氧化反应，反应的能量一部分以光的形式放出，这使得白磷在暗处发光。白磷是由 P_4 分子组成的分子晶体，键角为 60° 使得 P—P 键张力很大，易断裂，化学活性高。将白磷隔绝空气加热到 260℃ 就转变为无定形红磷。红磷的化学性质比较稳定，需加热到 400℃ 以上才能着火。黑磷是磷最稳定的一种变体，形成黑磷所需要的活化能很高，一般条件下其他变体不容易转变为黑磷，只有在 12000atm 压力下，将白磷加热到 200℃以上才能转变为类似石墨片状结构的黑磷。

磷单质并不稳定，从热力学上看(图 1-6)在水中能发生歧化反应：

$$P_4 + 6H_2O = PH_3\uparrow + 3H_3PO_2$$

但室温下歧化反应速率很慢，可以忽略。因此，可以把白磷置于水中保存，以防止与空气接触。

白磷溶解在热的浓碱溶液中能发生歧化反应生成磷化氢和次磷酸盐：

$$P_4 + 3KOH + 3H_2O = PH_3\uparrow + 3KH_2PO_2$$

加热时该反应更易进行。产物 KH_2PO_2 不稳定，可进一步歧化为 HPO_3^{2-} 或 PO_4^{3-}。

磷不与非氧化性酸作用，但是可被强氧化剂浓硝酸氧化成磷酸：

$$3P + 5HNO_3(浓) + 2H_2O = 3H_3PO_4 + 5NO\uparrow$$

白磷以其还原性强为特点，易与卤素单质剧烈反应，在氯气中也能自燃生成 PCl_3 或 PCl_5，也能与硫或若干金属剧烈反应。白磷在空气中燃烧时形成黄色火焰，生成 P_4O_6 或 P_4O_{10}。图 1-11 为干空气中温度和压力对磷氧化的影响。白磷甚至可以与有氧化性的金属离子反应还原出金属，有时也可与还原出的金属继续反应生成磷化物，例如：

$$2P + 5CuSO_4 + 8H_2O = 5Cu + 2H_3PO_4 + 5H_2SO_4$$

$$11P + 15CuSO_4 + 24H_2O = 5Cu_3P + 6H_3PO_4 + 15H_2SO_4$$

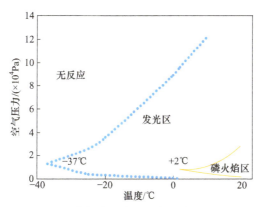

图 1-11 干空气中温度和压力对磷氧化的影响

当白磷沾到皮肤上时，使用 $0.2mol \cdot L^{-1}$ 的 $CuSO_4$ 溶液冲洗解毒，依据的原理就是上述两个反应。但是硫酸铜有毒，会损伤肾脏和大脑，目前在美国等一些国家已经不再使用。在一部美国海军编制的手册中则推荐使用碳酸氢盐溶液处理白磷。

3. 砷、锑、铋元素单质的主要化学性质

还原性：高温时能与氧、硫、卤素直接化合形成三价化合物，而与氟反应形成五价化合物。

可与金属反应，表现出氧化性：与碱金属反应形成 M_3R 型化合物，与碱土金属反应生成 M_3R_2 化合物，与ⅢA族元素化合生成 MR 型半导体材料。

常温下，砷、锑、铋都不溶于稀酸，但能与硝酸、热浓硫酸、王水等氧化性酸反应(As 和 Sb 有时也会被氧化为+5 价)：

$$2As + 3H_2SO_4(热、浓) =\!=\!= As_2O_3 + 3SO_2\uparrow + 3H_2O$$

$$2Sb + 6H_2SO_4(热、浓) =\!=\!= Sb_2(SO_4)_3 + 3SO_2\uparrow + 6H_2O$$

$$2Bi + 6H_2SO_4(热、浓) =\!=\!= Bi_2(SO_4)_3 + 3SO_2\uparrow + 6H_2O$$

As 能与熔融碱反应(Sb、Bi 不与 NaOH 反应)，但不与碱溶液反应。

$$2As + 6NaOH(熔融) =\!=\!= 2Na_3AsO_3 + 3H_2\uparrow$$

与酸碱的反应说明按 As、Sb、Bi 顺序，金属性增强，非金属性减弱。值得注意的是，它们的化合物一般有毒。

4. 镆元素单质的化学性质

目前镆只有原子，无单质存在，尚无具体化学性质报道。根据推算的化学属性，镆预计为 7p 系的第 3 个元素，是元素周期表中ⅤA族最重的成员，位于铋之下。预计镆延续铋的"惰性电子对效应"趋势，只具有+3 和+1 氧化态。镆(+Ⅰ)很可能具有一些独特的属性[65]。由于自旋轨道偶合作用，Fl 元素可能会有完整的轨道，并具有类似惰性气体的属性。因为 Mc^+ 会与 Fl 有相同的电子排布，则推测镆可能只有一个价电子。

1.3.3 氮族元素单质的制备

1. 氮元素单质的制备

工业上采用液态空气分馏法(liquid air fractionation)，利用 N_2(沸点 75K)和 O_2(沸点 90K)的沸点差异，蒸馏液态空气，N_2 先挥发，但无法得到纯 N_2。也可以

通过机械方法如加压反渗透膜和变压吸附法
(图 1-12)处理气态空气得到 N_2[66]。商品化 N_2
常是制作工业用 O_2 时的副产物。

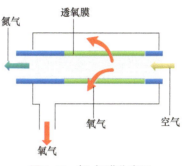

透氧膜
氮气
氧气
空气
氧气
图 1-12　氮-氧膜分离器

实验室制备方法较多:

(1) 利用加热 NH_4Cl 饱和溶液和固体
$NaNO_2$ 的混合物制备 N_2[67]。

$$NH_4Cl(饱和) + NaNO_2 === N_2\uparrow + 2H_2O + NaCl$$

该反应除生成 N_2,还有 NH_3、NO、O_2 和
水蒸气等杂质,该反应为明显的放热反应。在三次采油技术中曾用此方法产生的
N_2 疏松油层土壤以增加采油量。

(2) 要制得较纯的 N_2,可通过加热分解$(NH_4)_2Cr_2O_7$,或将 NH_3 通过红热的 CuO。

$$(NH_4)_2Cr_2O_7 === N_2\uparrow + Cr_2O_3 + 4H_2O$$

$$2NH_3 + 3CuO === 3Cu + N_2\uparrow + 3H_2O$$

(3) 光谱纯 N_2 可以通过叠氮化钡或叠氮化钠的热分解反应得到[68]。

$$2NaN_3 === 2Na + 3N_2\uparrow$$

例题 1-1

高纯 N_2 中还含有什么杂质? 怎样进一步除去?

解　经过精馏和分离的高纯 N_2 中还会含有极少量的水和 O_2。可使气流通过
干燥柱(内装分子筛或钠钾合金)和脱氧柱(内装加热的活性铜)以除去。

担载在硅胶上的二价锰的氧化物(MnO)是一种清洁而有效的除氧剂:

$$6MnO(担载) + O_2(g) \longrightarrow 2Mn_3O_4(担载)$$

2. 磷元素单质的制备

这里仅介绍白磷的制备,其余单质同素异形体的制备见文献[51]、[52]。

在自然界,磷以磷灰石、磷酸钙 $Ca_3(PO_4)_2$、氟磷灰石 $Ca_5(PO_4)_3F$、羟基磷灰
石 $Ca_5(PO_4)_3(OH)$ 的形式存在(图 1-13)。

(a)　　　　　　(b)　　　　　　(c)　　　　　　(d)

图 1-13　磷灰石(a)、磷酸钙(b)、氟磷灰石(c)和羟基磷灰石(d)

将磷酸钙矿或氟磷灰石矿混以石英砂(SiO₂)和炭粉置于 1773K 左右电炉中加热,通过蒸馏,将生成的磷蒸气和 CO 通过冷水,磷便凝结成白色固体(图 1-14)。这是工业制备白磷的主要方法[69],化学反应方程式如下。

$$2Ca_3(PO_4)_2 + 6SiO_2 + 10C \rightleftharpoons 6CaSiO_3 + 10CO\uparrow + P_4$$

$$4Ca_5(PO_4)_3F + 18SiO_2 + 30C \rightleftharpoons 3P_4 + 30CO\uparrow + 18CaSiO_3 + 2CaF_2$$

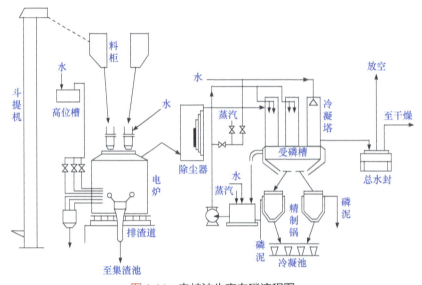

图 1-14　电炉法生产白磷流程图

纯白磷用真空蒸馏凝结而得。熔化后若迅速冷却,混入的少量空气会使分子排列不规则,得到的白色固体磷不透明,缓慢冷却会得到理想的几乎透明的白磷。氟大多以 CaF₂ 形式进入炉渣,还有约 20%以 SiF₄ 形式逸出。

这两个反应从热力学上是典型的偶合反应:利用加入酸性氧化物 SiO₂ 与碳,还原磷矿生成的碱性氧化物 CaO,生成高温下也很稳定的 CaSiO₃,使 $\Delta G > 0$ 的单独用碳作还原剂的反应在 1200~1400℃时得以进行[70-71]。

单质磷的用途并不广泛,主要用于制备磷酸,再通过磷酸制备各种磷化工产品。

电炉炼磷的主要问题是利用电炉还原法制取黄磷能耗高,固体废弃物、尾气排放污染大,会严重破坏周边的生态环境。

3. 砷元素单质的制备

这里仅介绍砷的矿物提炼原理,其单质同素异形体的制备见文献[53]。

砷在地壳中的含量不多,有时以游离态存在于自然界中,但主要以硫化物矿形式存在,如雄黄、雌黄、砷黄铁矿(图 1-15)。

我国古代已有分离单质砷的记录。唐代医药大师
孙思邈(581—682)用以下方法得到单质砷：

$$4Sn + As_4S_4 === 4SnS(黑) + As_4$$

$$4SnS + As_4S_4 === 4SnS_2(金黄) + As_4$$

从砷的硫化物矿提取单质，一般先将硫化物煅烧
为氧化物，再用碳还原，反应式如下：

图 1-15 砷黄铁矿

$$As_4S_4 + 7O_2 === As_4O_6 + 4SO_2\uparrow$$

$$As_4O_6 + 6C === As_4 + 6CO\uparrow$$

雄黄矿氧化焙烧提砷工艺流程见图 1-16。

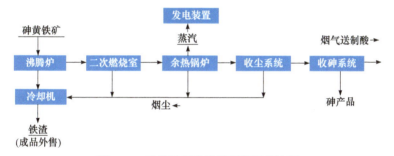

图 1-16 雄黄矿氧化焙烧提砷工艺流程

在空气中焙烧砷黄铁矿，砷元素以 As_4O_6 的形式升华而与氧化铁分离[72]，而
在无氧条件下焙烧则生成砷单质[73]。通过在真空条件或氢气气氛中升华(As_4 升华
点 887K)的方法可以将砷从硫或硫族元素中分离出来：

$$4FeAsS === 4FeS + As_4$$

也可以通过蒸馏熔融的铅砷混合物分离砷[74]。

环境原因使得美国和欧盟地区大部分的砒霜生产已停止。目前砷主要从提
炼铜产生的副产物中回收提取。从铜、黄金、铅冶炼厂排出的粉尘中就含有砷[75]。

4. 锑元素单质的制备

1) 制备原理和生产

锑和铋的常见矿物如图 1-17 所示，其中锑的矿物提炼原理与砷相同：

$$2Sb_2S_3 + 3O_2 + 6Fe === Sb_4O_6 + 6FeS$$

$$Sb_4O_6 + 6C === 4Sb + 6CO\uparrow$$

高品位辉锑矿(Sb_2S_3)可直接采用沉淀熔炼(precipitation smelting)法用铁在
830K 时还原：

$$Sb_2S_3 + 3Fe = 2Sb + 3FeS$$

图 1-17　辉锑矿和辉铋矿

我国锑的储量为世界第一(储量约为 210 万吨[76])，并且我国一直是最大的锑生产国[77-78]。湖南冷水江锡矿山的锑产量约占全国的 3/4，约占世界的 1/2，被称为"世界锑都"。

2) 冶炼技术进展

锑冶炼技术分为火法和湿法，目前火法技术占主导地位，火法炼锑的代表性处理工艺是鼓风炉挥发熔炼-反射炉还原工艺(图 1-18)[79-81]，我国锡矿山复合锑精矿的冶炼也采用此工艺。鼓风炉挥发熔炼工艺和反射炉还原工艺均存在许多弊端，针对传统锑精矿冶炼工艺存在的问题，我国工程技术人员开展了很多研究工作，取得了一系列研究成果[82]。他们创造了熔池熔炼工艺[83]、低温固硫工艺[84]、锑精矿电热挥发-锑氧粉电热还原[85]等锑精矿冶炼新技术。通过综合分析可知，富氧侧吹熔池熔炼工艺(图 1-19)和电热挥发-电热还原工艺(图 1-20)是锑精矿冶炼技术的发展方向。

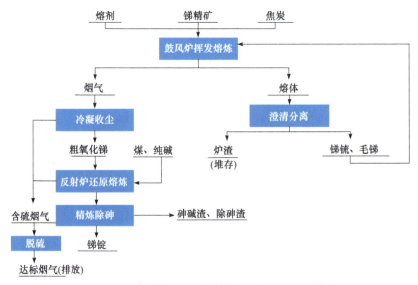

图 1-18　锑精矿鼓风炉挥发熔炼-反射炉还原工艺流程

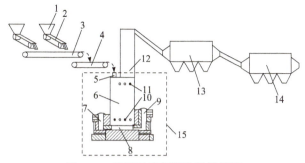

图 1-19　锑精矿富氧侧吹装置简图

1. 料仓；2. 计量皮带；3. 转运皮带；4. 电子皮带秤；5. 加料口；6. 炉身；7. 锑锍虹吸室；8. 炉缸；9. 炉渣虹吸室；10. 富氧空气喷枪；11. 二次风嘴；12. 上升烟道；13. 电收尘装置；14. 布袋收尘装置；15. 富氧侧吹挥发熔池熔炼炉

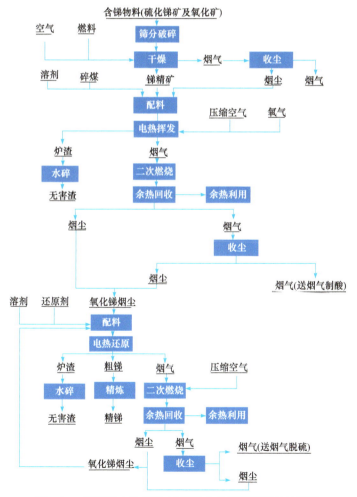

图 1-20　锑精矿电热挥发-锑氧粉电热还原新工艺流程图

5. 铋元素单质的制备

天然铋矿产地主要有澳大利亚、玻利维亚和我国[86]。铋的矿物提炼原理与砷相同：

$$2Bi_2S_3 + 3O_2 + 6Fe == 2Bi_2O_3 + 6FeS$$

$$Bi_2O_3 + 3C == 2Bi + 3CO\uparrow$$

高品位的辉铋矿(Bi_2S_3)可直接用铁在 830K 时还原：

$$Bi_2S_3 + 3Fe == 2Bi + 3FeS$$

另外，可用 C 或 CO 直接还原铋华(Bi_2O_3)，或利用混合熔炼使辉铋矿精矿和铋华精矿反应制备铋单质。

$$Bi_2O_3 + 3CO == 2Bi + 3CO_2\uparrow$$

$$Bi_2S_3 + 2Bi_2O_3 == 6Bi + 3SO_2\uparrow$$

国际上大多数铋是作为提取其他金属的副产品而生产的，包括铅、钨和铜的冶炼。铋的可持续性利用主要通过回收再利用途径，但工艺上较困难。曾有人认为，铋可以从电子设备的焊接接头中完整地回收，可随着近年来电子设备中焊料应用的效率增加，焊料用量明显减少，回收难度增大。从含银的焊料中回收银可能仍然具有经济效益，但回收铋的经济效益则较差[87]。因此，未来可行的回收方式主要是回收铋含量较多的催化剂，如磷钼酸铋、用于镀锌的铋以及作为快削加工的冶金添加剂。

6. 镆元素单质的制备

目前尚未制备出镆元素的单质。有证据的只是单个同位素原子的合成(表 1-6)，以及利用热聚变反应合成同位素原子的可能：$^{238}U(^{51}V, xn)^{289-x}Mc$。

表 1-6　镆元素同位素发现时序

同位素	发现年份	核反应
^{287}Mc	2003 年	$^{243}Am(^{48}Ca, 4n)$
^{288}Mc	2003 年	$^{243}Am(^{48}Ca, 3n)$
^{289}Mc	2009 年	$^{249}Bk(^{48}Ca, 4n)$
^{290}Mc	2009 年	$^{249}Bk(^{48}Ca, 3n)$

1.3.4 砷分族元素合金和金属间化合物

1. 合金

合金(alloy)是由两种或多种化学组分(至少一个组分为金属)构成的具有金属特性的物质，一般由各组分熔合成均匀的液体，再经冷凝而得。合金主要包括以下三种：元素形成的单一相固态溶液，许多金属相形成的混合物，金属形成的金属间化合物(intermetallic compound)。金属间化合物一般会有一种合金或纯金属包在另一种纯金属内。

合金的一些特性优于纯金属元素，具有某些特定应用。一些合金材料如钢(铁是溶剂，碳是溶质)、焊料、黄铜(铜和锌)、白镴(锡铅合金)、磷青铜(含 2%～8% 锡、0.1%～0.4%磷，其余为铜)及汞齐等见图 1-21。

(a) 钢　　　(b) 焊料　　　(c) 黄铜　　　(d) 白镴　　　(e) 磷青铜　　　(f) 汞齐

图 1-21 　各种合金材料

合金的生成通常会改变元素单质的性质。例如，钢的强度大于其主要组成元素铁。合金的物理性质如密度、杨氏模量、导电性和导热性可能与合金的组成元素有类似之处，但是合金的抗拉强度和抗剪切强度通常与组成元素有很大不同。少量的某种元素可能对合金性质造成很大影响。例如，铁磁性合金中的杂质会使合金的性质发生变化[88-89]。

2. 砷分族合金与互化物

砷分族元素能与许多金属形成合金，如在铅中加入 0.5%砷，可增加铅的硬度，用于制造子弹和轴承。锑的主要功用也是提高合金的硬度，另外使合金在常温下不被氧化。含锑合金可用于制造蓄电池栅极、轴承合金(如可代替磷青铜的锑青铜)、印刷合金等。以金属铋为基的伍德合金(质量分数：Bi 50%，Pb 25%，Sn 12.5%，Cd 12.5%)其熔点(343K)很低，可作保险丝并用于自动灭火设备和蒸气锅炉的安全装置。铋的熔点(544K)和沸点(1743K)相差一千多开尔文，因此可在原子能反应堆中用作冷却剂。

金属键是各向同性的，金属与金属可形成广泛的固溶体。但当原子的半径大小和电子键合状态差异相当大时，它们之间就不形成单纯的固溶体，而倾向于形成金属间化合物。砷分族元素与金属的作用中也表现出这一倾向。

砷可与大多数金属包括 s、p、d 区元素相作用[90-93]，所得物质的典型组成见表 1-7。由于这些物质化学计量的多样性、结构的复杂性和化学键的中间特性，将它们分类较困难。但也正因它们有趣的结构或有价值的物理性质，而受到人们的关注。特别是ⅢA～ⅤA 族化合物半导体与 Si、Ge 是等电子半导体。ⅢA～ⅤA 族半导体的重要价值是它们延伸了 Si、Ge 性质的范围(表 1-8)。例如，GaAs 的禁带宽度比 Si 稍大，但电子迁移率是 Si 的 5 倍多，熔点比 Si 低。砷与ⅢA 族的金属间化合物(MAs)的熔点和带隙能 E_g 都随 M 的原子序数增加而降低。

表 1-7 砷的金属间化合物

化合物	结构	化合物	结构	化合物	结构
Li_3As	$Na_3As(DO_{18})$	CrAs	MnP(B31)	Cu_3As	$Cu_3P(DO_{21})$
LiAs	单斜	Mn_3As	正交	Cu_5As_2	四方形
Na_3As	(DO_{18})	Mn_2As	$Cu_2Sb(C38)$	Cu_2As	六方形
K_3As	$Na_3As(DO_{18})$	MnAs	NiAs, MnP[b]	Zn_3As_2	$Zn_3P_2(D5_9)$
Rb_3As	$Na_3As(DO_{18})$	Fe_2As	$Cu_2Sb(C38)$	$ZnAs_2$	正交
			MnP(B31)		
Mg_3As_2	$Mn_2O_3(D5_3)$	$FeAs_2$	$FeS_2(C18)^c$	GaAs	ZnS(B3)
	La_2O_3				
MAs^a	NaCl(B1)	CoAs	$MnP(B31)^b$	InAs	ZnS(B3)
TiAs	TiP(B1), NiAs	$CoAs_2$	$CoSb_2$	GeAs	ZnS
$TiAs_2$	正交	$CoAs_3$	(DO_2)	$GeAs_2$	GaTe
V_3As	$Cr_3Si(A15)$	Ni_5As_2	六方形	Sn_4As_3	正交
VAs	MnP(B31)	NiAs	(B8)	SnAs	NaCl(B1)
VAs_2	$NbAs_2$	$NiAs_2$	$FeS_2(C18)^c$	AlAs	ZnS(B3)
Cr_2As	$Cu_2Sb(C38)$	$NiAs_3$	$CoAs_3(DO_2)$		

a. M = Sc, Y, La 系, Ac 系;
b. 其中许多为多晶，可用 NiAs 和 MnP 结构;
c. FeS_2 的白铁矿结构采用 C18，黄铁矿采用 C2。

表 1-8 砷与ⅢA 族化合物的性质

性质	AlAs	GaAs	InAs
颜色	橙色	灰色	灰色
熔点/℃	1740	1240	943

续表

性质	AlAs	GaAs	InAs
解离压(熔融下)/kPa	1.013	0.912	0.304
E_g/(kJ·mol^{-1})	208	138	34
电子迁移率/(m^2·V^{-1}·s^{-1})		0.85	3.3
空穴迁移率/(m^2·V^{-1}·s^{-1})		0.042	0.046
介电常数		12.5	14

注：E_g 是充满电子的满带上部和空的导带下部之间的能级宽度，简称带隙能或禁带宽度。

与砷相似，锑与 s、p、d 区元素作用也会形成合金及金属间化合物(表 1-9)[94-96]。锑与ⅢA族元素形成的化合物也是半导体(表 1-10)。此外，砷与锑、铋也能形成合金。

表 1-9　锑的金属间化合物

化合物	结构	化合物	结构	化合物	结构
Li$_3$Sb	Na$_3$As, Li$_3$Bi^a	Ti$_3$Sb	Cr$_3$Si(A15)^b	CoSb$_2$	单斜
Na$_3$Sb	Na$_3$As(DO$_{18}$)	TiSb	NiAs(B8)	CoSb$_3$	CoAs$_3$(DO$_2$)
NaSb	LiAs	TiSb$_2$	CuAs$_3$(C16)	Ni$_3$Sb	Cu$_3$Ti^a
K$_3$Sb	Na$_3$As(DO$_{18}$)	V$_3$Sb	Cr$_3$Si(A15)	NiSb	NiAs(B8)
KSb	LiAs	VSb	NiAs(B8)	NiSb$_2$	FeS$_2$(C18)^d
Rb$_3$Sb	Na$_3$As, Li$_3$Bi^a	VSb$_2$	CuAl$_2$(C16)	Cu$_3$Sb	Li$_3$Bi, Cu$_3$Ti
Cs$_3$Sb	NaTl(B32)	CrSb	NiAs(B8)	Cu$_5$Sb$_2$^{e}	
Mg$_3$Sb$_2$	La$_2$O$_3$(D5$_2$)	CrSb$_2$	FeS$_2$(C18)^d	Cu$_2$Sb	(C38)
Ca$_3$Sb$_2$^{b}		Mn$_2$Sb	Cu$_2$Sb(C38)	ZnMg$_2$Sb$_2$	La$_2$O$_3$
Sr$_3$Sb$_2$^{b}		MnSb	NiAs(B8)	ZnSb	CdSb(Be)
Ba$_3$Sb$_2$^{b}		Fe$_3$Sb$_2$	Ni$_2$In(B8$_2$)	AlSb	ZnS(B3)
M$_4$Sb$_3$^{c}	Th$_3$P$_4$(D7$_3$)	FeSb	NiAs(B8)	GaSb	ZnS(B3)
MSb^c	NaCl(B1)	FeSb$_2$	FeS$_2$(C18)^d	InSb	ZnS(B3)
MSb$_2$^{c}	LaSb$_2$	CoSb	NiAs(B8)	SnSb	NaCl(B1)

a. 已知多种变体；

b. 这些化合物由相图推得；

c. M = Sc, Y, La 系, Ac 系；

d. FeS$_2$(C18)表示白铁矿结构；

e. 其他一些 Cu-Sb 化合物的结构也未知。

表 1-10　锑与ⅢA族化合物的性质

性质	AlSb	GaSb	InSb
熔点/℃	1060	712	525
电子迁移率/($m^2 \cdot V^{-1} \cdot s^{-1}$)	0.02	0.4	7.8
空穴迁移率/($m^2 \cdot V^{-1} \cdot s^{-1}$)	0.042	0.14	0.075
E_g/($kJ \cdot mol^{-1}$)	144.75	64.66	17.37
反射指数	3.18	3.74	3.96
介电常数	11	15	17

1.3.5　氮族元素单质的应用

这里仅介绍一般氮族元素单质的应用，其他特殊同素异形体的应用见"历史事件回顾 1"。

1. 氮元素单质的应用

氮气用途广泛，大量用于合成氨工业。由于氮气性质不活泼，可用作焊接金属时的保护剂或用于惰性气氛手套箱中；填充在灯泡中，以防止钨丝氧化和高温下挥发，延长灯泡的使用寿命；还可以用于粮食[97]、水果和种子保护，避免害虫侵入。高温下 N_2 可以用于合成氮化铝、氮化硅、氮化钛等陶瓷材料[98-104]。液氮是像水一样的流体，常用作制冷剂[105]。

另外，氮气也用于氮活塞，也称为气弹簧、气活塞或气压棒和气撑杆。其原理与普通的弹簧活塞类似，主要区别是用封闭的活塞气缸取代机械弹簧，以气缸内气体被动受压时产生的压力势能取代弹簧受压时的弹性势能。相比机械弹簧，气弹簧不受金属疲劳影响，威力稍高且射击时的振荡更小，更有利于控制精度，但制造成本较高。国际体育比赛 10 米空气手枪男子组、10 米空气手枪女子组和 10 米空气手枪团体组项目用的就是氮气手枪。目前，氮气弹簧也已应用在高速锻造生产线上，以达到保证锻件质量、设备稳定和低成本运行[106]。

2. 磷元素单质的应用

单质磷本身的用途并不很广。工业上用白磷制备高纯度的磷酸，利用白磷的易燃性和燃烧产物 P_2O_5 能形成烟雾的特性，在军事上用来制"白磷弹"烟幕弹，但已被《特定常规武器公约》列为违禁武器弹药[107]。青铜中若含有少量磷则称为磷青铜，它富有弹性，且耐磨、抗腐蚀，用于制轴承、阀门等，其抗氢脆性高于普通铜[108]。白磷广泛用于制备有机磷化合物[109]。有机磷化合物有许多用途，包括用于塑化剂、阻燃剂、农药、萃取剂、神经毒剂和水处理方面[110-111]。

红磷用于制造农药和安全火柴，火柴盒侧面所涂的物质就是红磷、Sb_2S_3 等混合物。红磷也用于有机合成。早期的火柴用白磷、能释放氧气的 $KClO_3$、PbO_2 或硝酸盐和黏合剂制成，由于白磷的毒性而具有危险性，可能导致谋杀、自杀和意外中毒[112-113]。研究发现一种制造火柴的安全工艺，即由红磷、胶水和玻璃粉末混合，其中玻璃粉末用于增加摩擦力[114-115]，红磷的易燃性要低得多，可将其作为一种更安全的火柴制造替代品[116-117]。

磷可以将单质碘还原为氢碘酸：

$$P_4 + 10I_2 + 16H_2O =\!=\!= 4H_3PO_4 + 20HI$$

单质磷是将麻黄碱或伪麻黄碱还原为甲基苯丙胺的有效试剂[118]。为此，美国从 2021 年起将白磷和红磷列为管控试剂。

单质磷性质活泼，易于通过升华的方法提纯，是大多数磷化合物的制备原料(图 1-22)。

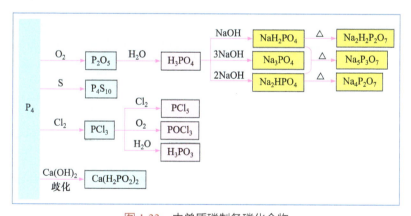

图 1-22　由单质磷制备磷化合物

3. 砷分族元素单质的应用

砷分族元素单质主要用于制备合金和先进半导体材料。近年来灰砷新性能的开发也受到人们的关注。2017 年，Zhao 等[119]发现在 1.8K 过冷态和 9T 强磁场的条件下，灰砷单晶具有强磁致电阻性能。其中，磁阻与磁场强度的平方呈数量级增大关系，且没有任何饱和的迹象。霍尔效应研究表明灰砷是一种几乎完美的"补偿半金属"(compensated semimetal)，具有极小的载流子迁移率，导致其具有极大的磁阻。这些结果表明灰砷块状晶体可能属于拓扑狄拉克半金属类别，而不是拓扑绝缘体。

历史事件回顾

1 氮族元素的同素异形体

一、计算化学对同素异形体的预测

1. 第一性原理对计算化学的推进

理论化学运用非实验推算解释或预测化合物的各种现象，泛指采用数学方法表述化学问题，而计算化学作为理论化学分支，常特指可以用计算机程序实现的数学方法。理论上，对任何分子都可以采用相当精确的理论方法进行计算。

1990 年，密度泛函理论(density functional theory，DFT)的提出使理论和计算化学进入新纪元，由其预测的分子几何结构和电子结构与实验数据非常吻合。Kohn[120]和 Pople[121]因为分别发展了密度泛函理论以及将这种量子力学计算方法融入计算化学中而获得了 1998 年诺贝尔化学奖。此时的计算化学被人们称为"探索化学世界的罗盘"。

新材料的宏观性质及应用前景与其微观原子结构密切相关。得益于超级计算机计算能力的飞速提升以及第一性原理计算方法的发展，如今人们可以通过计算模拟研发设计新材料。只需要给定凝聚态物质内部的原子比例，就可以通过大规模的第一性原理模拟计算，分析出新材料可能的微观结构，获得其电子结构性质，进而评估其潜在的应用价值以及设计可能的合成路径。这种新材料设计方法可以大幅缩减材料研发的经济成本和时间成本。使用计算模拟设计新材料的关键是如何依据元素组分确定原子的微观堆垛模式(stacking mode)，该过程称为结构搜索(structural search)。计算化学的发展同样为元素同素异形体的深入研究和创新探索提供了重要的理论支撑。

2. 计算化学对氮元素同素异形体的预测

人们通过理论预测对氮的各种同素异形体的结构形态、热力学与动力学稳定性进行了深度探索。1985 年，美国的 McMahan 和 Lesar 预测在高温和超高压条件下，氮原子能以共价键三维连接形成聚合网状结构[122]。随后，理论科学家也进一步预测了多种链状、层状和网状的聚合结构[123-130]。理论分析认为没有缺陷的完美晶体立方偏转结构聚合氮(cubic gauche nitrogen, cg-N)在常压下可以稳定存在[131-132]。2004 年，德国的 Eremets 和俄罗斯的 Gavriliuk 等研究者成功合成出 cg-N，首次将聚合氮的理论预测结果转变为实验事实[133]。

2003 年，Alemany 等[134]通过分子动力学方法预测亚稳态的金属化结构(cis-transchain, CH-N)，当压强超过 15GPa 后，其焓值远远高于氮的 cg-N 相。2004 年，Mattson 等基于第一性原理的计算方法，建议了氮的另一种金属相，该相具有链状结构 N_2—N_6，但该结构也不稳定[135]。Wang 等[136]基于第一性原理的随机搜索方法预测了热力学和动力学均稳定的聚合氮的两种结构 Pnnm 和 Cccm。这两种结构都是正交层状结构，每个氮原子与周围 3 个氮原子相连接。其中，Pnnm 相在 890GPa 下转变为 Cccm 结构。此外，通过计算发现 Pnnm 相在 450GPa 时可以从非金属原子相转变为金属相，首次提出可能存在稳定的具有金属特性的氮晶体。进一步计算表明，Pnnm 相在 600GPa 时的超导转变温度仅为 0.089K，低于其他氮化物。由此预测在一定极限状态下，氮可以金属化并具有超导性。

理论计算也成功预测了原子簇氮。理论计算发现可能稳定存在的原子簇氮主要有 N_4、N_6、N_8、N_{10} 和 N_{60} 等，它们都有多种结构模型和不同性质[137-138]。

二、极端条件下进行化学合成反应成为可能

随着科学技术的发展，金刚石对顶砧结合激光加热装置以及原位结构表征技术使极端条件下进行化学合成反应成为可能。

(1) Eremets 等于 2000 年首次合成和证实无定形结构聚合氮[139]。其在金刚石对顶砧中压缩氮气，在 80K 和 190GPa 下观测到不透光的黑色物质，并发现黑色固体在 300K 和 140GPa 时开始导电，且导电性随着压强增加而增加，当压强增加到 240GPa 时电阻率约为 $100\Omega\cdot m$。X 射线衍射中没有表现出晶体结构信号，进一步的光学和电学测试研究都证实该黑色固体为无定形结构的固体氮。

(2) 2004 年，德国的 Eremets 和俄罗斯的 Gavriliuk 等研究者[133]采用人工金刚石压砧热等静压技术，利用硼片作为近红外激光的吸收材料，将氮样品置于立方氮化硼垫圈中。研究发现氮样品在 300K 和 140GPa 时开始变黑，随后逐渐升高温度并改变压强，在 1998K 和 110GPa 条件下成功制备出无色透明晶体。X 射线衍射和拉曼光谱测试结果证实该样品为立方偏转结构 cg-N。四川大学原子与分子物理研究所的雷力等于 2018 年利用自行搭建的极端条件光谱平台和高压低温原位

测量装置,对红色的非晶η氮进行双面金刚石压砧激光加热,在 133.9GPa 和 2000K 条件下成功合成了国内首个 cg-N 透明晶体[140-141]。

(3) 美国的 Tomasino 等[142]于 2014 年利用金刚石对顶砧超高压生产装置结合激光加热技术,在 150GPa 和 3000K 以上极端条件下成功制备出另一种聚合氮结构: 类黑磷层状聚合氮(layered polymeric nitrogen,LP-N)。研究结果表明,LP-N 相为确实存在的一种原子聚合相,但其制备条件和稳定存在区域比 cg-N 更苛刻。

(4) 法国的 Laniel 等[143]于 2019 年通过对分子氮施加压强到 180GPa 以上,结合激光加热,在温度超过 2000K 和压强为 250GPa 时,获得了一种全新的六角片层聚合氮(hexagonal layered polymeric nitrogen,HLP-N)。

(5) 2018 年,中国科学院合肥物质科学研究院固体物理研究所的科研人员 Jiang 等[144]以普通氮气为原料,通过脉冲激光加热技术和超快光谱探测方法,建成了集高温高压产生及物性测量为一体的原位综合实验系统。利用该合成与测试实验系统,获取了高达 8000K 和 170GPa 的高温高压极端条件,并在此条件下通过原位测试研究分子氮在绝缘体—半导体—金属转变过程中的光学吸收特性和反射特性,确定了氮分子解离的相边界及“金属氮”合成的极端压强、温度条件。

由于在爆炸过程中会释放出超高能量且转化产物为 N_2,这些亚稳态同素异形体已成为含能材料的新技术开发领域,其相关材料有望在炸药、发射和推进剂等领域有应用前景。

三、氮的相图研究进展

以上新合成得到的各种氮同素异形体均为非金属无机物,其性能取决于内部组织和结构,由基本的一个相所组成,称为单相组织。单相相图只与温度和压强有关,不同的相区域显示其不同的组织和结构,也可在相图指导下合成同素异形体新相。这就是研究非金属同素异形体需要首先重视构建相平衡状态图的原因。

氮的相图非常丰富[144-147]。图 1-23 为氮在不同压强和温度条件下的相分布及相转化图。通常状况下 N_2 为气态分子,内部以极强的共价键结合,分子间以较弱的范德华作用力结合。理论和实验研究表明,在 100K 以下,随着压强逐渐增加至 100GPa,氮分别呈现α相、β相、γ相、δ相、ε相和ζ相等固体分子相。随着压强的继续增大,分子间距离不断被压缩。固体分子中分子间距逐渐接近原子尺寸,且不同分子中相邻原子之间的相互作用逐渐增强。当分子间相互作用与分子内部的原子间共价作用相当时,分子内部原有的共价键会被破坏发生断裂,从而双原子分子结构发生解离,转变为原子相,如图中η原子相。在原子相存在的极端压强(>100GPa)下,如果继续升高温度,外界压强和温度的双重作用会进一步影响原子核外电子的排布和原子之间的相互作用，固态的η原子相先转化为以 *cg*-N 和 LP-N 为代表的聚合氮形式，然后转化为原子聚合液，最后转变为金属氮[144-149]。表 1-11 为已知分子相氮的存在条件及所对应的空间点群[145,148]。

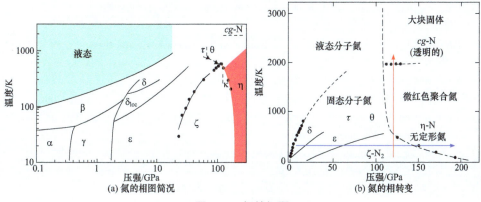

图 1-23 氮的相图

表 1-11 固态氮分子相的存在范围以及所对应的空间点群

分子相	压强	温度	空间点群
α相	<0.35GPa	<35.6K	$Pa\overline{3}$
γ相	0.35～1.96GPa	$<T_\beta$	$P4_2/mnm$
β相	<1.00GPa	40.0～300.0K	$P6_3/mmc$
ε相	1.96～20GPa	$<T_{\delta_{loc}}$	$R\overline{3}c$
δ_loc 相	由 δ 相部分有序组合而成，存在范围介于 ε 相与 δ 相		
δ相	3～10GPa	$>T_{\delta_{loc}}$	$Pm3n$
ζ相	>10GPa		可能是 $R\overline{3}c$、$P222_1$、$P2_12_12_1$ 或 $P4_12_12$ 等[54,133]
亚稳态分子相	θ相、τ相和κ相，结构不确定		

参 考 文 献

[1] Haire R G. Transactinides and the Future Elements. Dordrecht: Springer Science + Business Media, 2006.

[2] Oganessian Y T, Utyonkoy V K, Lobanov Y V, et al. Physical Review C, 2004, 69(2): 029902.

[3] Greenwood N N, Earnshaw A. Chemistry of the Elements. 2nd ed. Oxford: Butterworth-Elements Heinemann, 1997.

[4] Nelson D L, Cox M M. Lehninger's Principles of Biochemistry. 3rd ed. New York: Worth Publishing, 2000.

[5] Emsley J. Nature's Building Blocks: An A-Z Guide to the Elements. Oxford: Oxford University Press, 2001.

[6] Audi G, Bersillon O, Blachot J, et al. Nuclear Physics, 2003, 729(1): 123-128.

[7] 刁理品. 大众科学, 2021, (7): 4.

[8] Suter R W, Knachel H C, Petro V P, et al. Journal of the American Chemical Society, 1973, 95(5): 1474-1479.

[9] Weeks M E. Journal of Chemical Education, 1932, 9(2): 215.

[10] Schaffter S R. The Chemistry Student's Companion. North Carolina: Lulu Press Inc, 2006.

[11] Lavoisier A. Elements of Chemistry. Translated by Robert Kerr. Edinburgh: William Creech, Reprinted Dover Publications, 1965.

[12] 王笃年. 高中数理化, 2016, 19(Z2): 88-89.

[13] 刘怀乐. 化学教育, 1994, 15(4): 45-48.

[14] Bentley R, Chasteen T G. Chemical Educator, 2002, 7(2): 51-60.

[15] Shortland A J. Archaeometry, 2006, 48(4): 657-669.

[16] Gerberich H R, George C. Kirk-Othmer Encyclopedia of Chemical Technology. 5th ed. Hoboken: John Wiley & Sons Inc, 2004.

[17] Moorey P. Ancient Mesopotamian Materials and Industries: the Archaeological Evidence. New York: Clarendon Press, 1994.

[18] Enghag P. Angewandte Chemie International Edition, 2008, 44(21): 3174-3175.

[19] Weeks M E. Journal of Chemical Education, 1932, 9(12): 11.

[20] Dampier W C. A History of Science and its Relations with Philosophy & Religion. Cambridge: University of Cambridge, 1961.

[21] John W. Nature, 1929, 124(3133): 757.

[22] 胡世玲, 满发胜, 倪守斌, 等. 地震地质, 2000, 22(B12): 51-62.

[23] 雷霆. 锑冶金(现代有色金属冶金科学技术丛书). 北京: 冶金工业出版社, 2009.

[24] 莉迪亚·康, 内特·彼得森. 荒诞医学史. 王秀莉, 赵一杰, 译. 南昌: 江西科学技术出版社, 2018.

[25] Greenwood D N, Lippman J R. Gender and Media: Content, Uses, and Impact. // Chrisler J C, McCreary D R. Handbook of Gender Research in Psychology. New York: Springer, 2009.

[26] Oganessian Y T, Utyonkov V, Dmitriev S, et al. Physical Review C, 2005, 72(3): 034611.

[27] Rudolph D, Forsberg U, Golubev P, et al. Physical Review Letters, 2013, 111(11): 112502.

[28] 才磊. 中国科技术语, 2016, 18(6): 25-31.

[29] 张焕乔. 中国科技术语, 2017, 19(2): 25-26, 29.

[30] Helmenstine A M. Moscovium Facts: Element 115. (2018-08-26)[2022-11-09]. https://www.thoughtco.com/moscovium-facts-element-115-4122577.

[31] Rabinovich D. Chemistry International, 2018, 40(4): 27.

[32] 郭剑. 中国科技术语, 2017, 19(3): 44.

[33] Scherrmann J M, Wolff K, Franco C A, et al. Allotropy. Berlin: Springer, 2010.

[34] James A H M, Henry B, William A C, et al. A New English Dictionary on Historical Principle. London: Oxford University Press, 1888.

[35] Jensen W B. Journal of Chemical Education, 2006, 83(6): 838.

[36] Braslavsky S E. Pure Applied Chemistry, 2007, 79(3): 293-465.

[37] Raj G. Advanced Inorganic Chemistry. Krishna: Krishna Prakashan Media, 1995.

[38] 武汉大学, 吉林大学等校. 无机化学(上册). 3 版. 北京: 高等教育出版社, 2007.

[39] 宋天佑. 无机化学(上册). 2 版. 北京: 高等教育出版社, 2009.

[40] 北京师范大学无机化学教研室, 华中师范大学无机化学教研室, 南京师范大学无机化学教研室. 无机化学(上册). 4 版. 北京: 高等教育出版社, 2002.

[41] 龚孟濂. 无机化学. 北京: 科学出版社, 2010.

[42] Chang R. Chemistry. 10th ed. New York: McGraw Hill, 2010.

[43] Gary L M, Donald A T. Inorganic Chemistry. 3th ed. Hong Kong: Pearson Education Asia, 2004.

[44] David W, Oxtoby H, Gillis N H. Principles of Modern Chemistry. 4th ed. New York: Thomson Learning, 2002.

[45] Li L, Yu Y, Ye G J, et al. Nature Nanotechnology, 2014, 9: 372.

[46] 戚家俊. 黔南民族师范学院学报, 1999, 19(6): 42-44.

[47] 常文宝, 李克安. 简明分析化学手册. 北京: 北京大学出版社, 1981.

[48] 祝心德. 化学教育, 1989, 10(6): 39-41.

[49] 周改英. 化学教育, 2010, 31(10): 20-22.

[50] 魏灵灵, 李淑妮, 马艺, 等. 化学教育(中英文), 2021, 42(4): 17-30.

[51] 曹宝月, 崔孝炜, 乔成芳, 等. 化学教育(中英文), 2019, 40(16): 19-30.

[52] 曹宝月, 崔孝炜, 乔成芳, 等. 化学教育(中英文), 2020, 41(16): 49.

[53] 马艺, 魏灵灵, 李淑妮, 等. 化学教育(中英文), 2021, 42(8): 5-16.

[54] 邓卓, 黄采薇, 侯水亭, 等. 化学教育(中英文), 2020, 41(24): 1-11.

[55] 项斯芬, 严宣申, 曹庭礼, 等. 无机化学丛书第四卷: 氮磷砷分族. 北京: 科学出版社, 1995.

[56] 梁栋材. X 射线晶体学基础. 2 版. 北京: 科学出版社, 2018.

[57] 窦群. 半金属铋薄膜的生长及其性质研究. 杭州: 浙江大学, 2007.

[58] Samanta C, Chowdhury P R, Basu D N. Nuclear Physics A, 2007, 789(1): 142-154

[59] 杨奇, 谢钢, 陈三平, 等. 大学化学, 2015, 30(6): 33.

[60] Haynes W M. CRC Handbook of Chemistry and Physics. 91st ed. Boca Raton, London: CRC Press Inc, 2010.

[61] Al-Joboury M I, May D P, Turner D W. Journal of the Chemical Society, 1965, (11): 6350-6355.

[62] Turner D W, May D P. Journal of Chemical Physics, 1967, 46(3): 1156-1160.

[63] Mulliken R S. Canadian Journal of Chemistry, 2011, 36(1): 10-23.

[64] Martin R H. Angewandte Chemie International Edition in English, 1974, 13(10): 649-660.

[65] Keller O L, Nestor C W. Journal of Physical Chemistry, 1974, 78: 1945.

[66] Reich M, Kapenekas H. Industrial & Engineering Chemistry Research, 1957, 49(5): 869-873.

[67] Bartlett J K. Journal of Chemical Education, 1967, 44(8): 475.

[68] Eremets M I, Popov M Y, Trojan I A, et al. Journal of Chemical Physics, 2004, 120(22):

10618-10623.

[69] 黄孟健. 无机化学答疑. 北京: 高等教育出版社, 1989.

[70] Bailar J C, Emeleusedited H J. Comprehensive Inorganic Chemistry. Volume 4. Oxford: Pergamon Press, 1973.

[71] 天津化工研究院. 无机盐工业手册(下册). 2 版. 北京: 化学工业出版社, 1996.

[72] Matschullat J. The Science of the Total Environment, 2000, 249 (1-3): 297-312.

[73] 刘维, 梁超, 焦芬, 等. 一种含砷物料直接还原焙烧制备砷的方法. CN201611001156, 2017-05-10.

[74] Whelan J M, Struthers J D, Ditzenberger J A. Journal of the Electrochemical Society, 1960, 107 (12): 982-985.

[75] 段舞云, 邹春花, 阳征会, 等. 中国城乡企业卫生, 2015, 30(2): 4.

[76] Peng J, Hu R Z, Burnard P G. Chemical Geology, 2003, 200(1): 129-136.

[77] USA Geological Survey. Mineral Commodity Summaries 2018. Washington: USA Government Publishing Office, 2018.

[78] 东元. 世界有色金属, 2003, (12): 67-68.

[79] 赵瑞荣, 石西昌. 锑冶金物理化学. 长沙: 中南大学出版社, 2006.

[80] 张峰, 徐宝强, 邓勇, 等. 昆明理工大学学报, 2021, 46(1): 1-8.

[81] 何启贤. 铅锑冶金生产技术. 北京: 冶金工业出版社, 2005.

[82] 马登, 李东波, 陈学刚. 中国有色冶金, 2020, 49(4): 29.

[83] 罗振乾, 王吉坤. 云南冶金, 1987, (3): 48-52, 6.

[84] 刘小文, 杨建广, 伍永田, 等. 中国有色金属学报, 2012, 22(10): 2896-2901.

[85] 李东波, 邓卫华, 陆志方, 等. 锑金属的提取方法: CN108456789A. 2018-08-28.

[86] Anthony I W, Bideaux R A, Bladh K W, et al. Handbook of Mineralogy. Ⅰ (Elements, Sulfides, Sulfosalts). Chantilly: Mineralogical Society of America, 2011.

[87] 吉鸿安, 鲁兴武, 程亮, 等. 有色金属(冶炼部分), 2016, 4(3): 13-15.

[88] Hogan C M. Physical Review, 1969, 188(2): 870-874.

[89] Zhang X Y, Suhl H. Physical Review A, 1985, 32(4): 2530-2533.

[90] Smith J D. Arsenic, Antimony and Bismuth, Chapter 21 of Comprehensive Inorganic Chemistry. Britannica: Pergamon Press Ltd, 1975.

[91] Wills A F. Structural Inorganic Chemistry. 5th ed. Oxford: Oxford University Press, 1984.

[92] Greenwood N N, Earnshaw A. Chemistry of the Elements. Britannica: Pergarnon Press, 1984.

[93] 周公度. 无机结构化学. 北京: 科学出版社, 1982.

[94] Storrier G D, Colbran S B, Craig D C. Journal of the Chemical Society, Dalton Transactions, 1997, 17: 3011-3028.

[95] 马钦科. 元素的分光光度测定. 北京: 地质出版社, 1983.

[96] 冷树屏. 砷的分析化学. 北京: 中国环境科学出版社, 1986.

[97] Rehal J, Kaur G J, Singh A K. International Journal of Current Microbiology and Applied Sciences, 2017, 6(10): 1278-1295.

[98] 江楠. 工业技术, 2019, 18: 73-74.

[99] 吕帅帅, 周宇翔, 倪威, 等. 陶瓷学报, 2018, 39(6): 672-675.

[100] 郑彧, 张伟儒, 彭珍珍, 等. 硅酸盐学报, 2015, 34(S1): 344-347.

[101] 姚冬旭, 曾宇平. 硅酸盐学报, 2019, 47(9): 1235-1241.

[102] 韩耀, 李海燕, 谢志鹏, 等. 硅酸盐学报, 2021, 49(4): 673-680.

[103] 吴承伟, 张伟, 李东炬. 精密制造与自动化, 2020, 1: 1-4.

[104] 贾碧宏. 氮化硅/氮化钛结合碳化硅制备研究. 武汉: 武汉科技大学, 2019.

[105] Iancu C V, Wright Elizabeth R, Heymann J B, et al. Journal of Structural Biology (Elsevier BV), 2006, 153 (3): 231-240.

[106] 邵利芳, 党军. 锻造与冲压, 2019, 13(23): 68.

[107] 徐占峰, 郑杰. 西安政治学院学报, 2008, 21(5): 3.

[108] 杨琪, 王影, 陈进添, 等. 腐蚀与防护, 2014, 35(12): 1199-1201, 1207.

[109] Threlfall R E. Story of 100 years of phosphorus making, 1851-1951. Mumbai: Albright & Wilson, 1951.

[110] Crass M F. Journal of Chemical Education, 1941, 18(9): 428.

[111] 杜彩云, 李忠义. 有机化学. 武汉: 武汉大学出版社, 2015.

[112] 方文. 江苏教育, 1987, (21): 22.

[113] 吴志伟. 化肥工业译丛, 1989, (3): 37-45.

[114] 莫尊理, 陈红, 弓巧娟. 生活中的化学. 西安: 西北工业大学出版社, 2002.

[115] 王笃年. 高中数理化, 2020, (21): 56.

[116] Wiberg N, Holleman A F, Wiberg E. Inorganic Chemistry. New York: Academic Press, 2001.

[117] Goldfrank L R, Hoffman R S, Howland M A, et al. Goldfrank's Toxicologic Emergencies. New York: McGraw Hill, 2006.

[118] Skinner H F. Forensic Science International, 1990, 48(2):123-134.

[119] Zhao L X, Xu Q N, Wang X M, et al. Physical Review B, 2017, 95(11): 115-119.

[120] Hohenberg P, Kohn W. Physiscal Review, 1964, 136(3B): 864-871.

[121] Pople J A, Longuet-Higgins H C. Molecular Physics, 1958, 1: 372.

[122] McMahan A K, Lesar R. Physical Review Letters, 1985, 54(17): 1929-1932.

[123] Martin R M, Needs R. Physical Review B, 1986, 34(8): 5082-5092.

[124] Ross M. The Journal of Chemical Physics, 1987, 86: 7110-7118.

[125] Lewis S P, Cohen M L. Physical Review B, 1992, 46(17): 11117.

[126] Mailhiot C, Yang L H, McMahan A K. Physical Review B, 1992, 46: 14419-14435.

[127] Barbee T W. Physical Review B, 1993, 48: 9327.

[128] Zahariev F, Hu A, Hooper J. Physical Review B, 2005, 72: 214108.

[129] Ludwig S, Osheroff D D. Physical Review Letters, 2003, 91: 105501.

[130] Oganov A R, Glass C W. Journal of Physical Chemistry C, 2006, 124: 244704.

[131] Boates B, Bonev S A. Physical Review B, 2011, 83: 174114.

[132] Sergey V, Minaev B F. Physical Chemistry Chemical Physics, 2017, 19: 6698-6706.

[133] Eremets M I, Gavriliuk A A, Trojan I A, et al. Nature Materials, 2004, 3(8):558-563.

[134] Alemany M M G, Martins J L. Physical Review B, 2003, 68(2): 024110.

[135] Mattson W D, Portal D S, Chiesa S, et al. Physical Review Letters, 2004, 93(12): 125501.

[136] Wang X L, Tian F B, Wang L, et al. New Journal of Physics, 2013, 15: 013010.

[137] 阴亮. 亚稳态原子簇的探索性研究. 天津: 天津大学, 2006.

[138] 朱荣娇. 氮原子簇的探索性研究. 天津: 天津大学, 2006.

[139] Eremets M I, Hemley R J, Mao H K, et al. Nature, 2001, 411(6834): 170-174.

[140] 雷力, 蒲梅芳, 冯雷豪, 等. 高压物理学报, 2018, 32(2): 020102.

[141] 刘珊, 蒲梅芳, 张峰, 等. 光散射学报, 2019, 31(9): 236-241.

[142] Tomasino D, Kim M, Smith J, et al. Physical Review Letters, 2014, 113: 205502.

[143] Laniel D, Geneste G, Week G, et al. Physical Review Letters, 2019, 122: 066001.

[144] Jiang S Q, Holtgrewe N, Lobanov S S, et al. Nature Communications, 2018, 9: 2624.

[145] Lipp M J, Klepeis J P, Baer B J, et al. Physical Review B, 2007, 76(1): 014113.

[146] Gregoryanz E, Goncharov A F, Sanloup C, et al. The Journal of Chemical Physics, 2007, 126(18): 18450.5.

[147] Weck G, Datchi F, Garbarino G, et al. Physical Review Letters, 2017, 119(23): 235701.

[148] 王晓丽. 固态氮高压相的第一性原理研究. 长春: 吉林大学, 2008.

[149] 庞思平, 于永忠. 多氮化合物的理论与合成研究. 昆明: 中国化学会第四届有机化学学术会议, 2005.

第2章

简单化合物

2.1 氢 化 物

2.1.1 氢化物的制备

元素周期表中第 15 列所有元素均可与氢形成二元化合物。所有氢化物(EH_3)都有毒。氮的氢化物除了氨(NH_3),还包括氨的衍生物[1]。

1. 氨的制备

1) 实验室制备

氮在常温下与金属锂和高温下与金属镁反应的产物发生水解都能得到 NH_3:

$$Li_3N(s) + 3H_2O(l) === 3LiOH(aq) + NH_3(g)$$

$$Mg_3N_2(s) + 6H_2O(l) === 3Mg(OH)_2(s) + 2NH_3(g)$$

尽管这些活泼金属可以固氮,但不能用于工业上大规模合成氨。

实验室常用氯化铵和氢氧化钙固体混合物加热制取氨气:

$$2NH_4Cl(s) + Ca(OH)_2(s) \xrightarrow{\triangle} 2NH_3\uparrow + 2H_2O + CaCl_2$$

也可通过加热浓氨水制取氨气:

$$NH_3 \cdot H_2O \xrightarrow{\triangle} NH_3\uparrow + H_2O$$

浓氨水与 CaO 反应制取氨气(固体 CaO 吸收水分,溶剂减少而使 OH^- 浓度增加),同时放出热量,温度升高:

$$NH_3 \cdot H_2O + CaO === NH_3\uparrow + Ca(OH)_2$$

2) 工业制备

氨可以用于生产肥料，也是生产许多含氮化学品的氮源。自 1913 年在德国建立了第一个用哈伯(Haber)法生产合成氨的工厂以后，合成氨工业飞速发展，但氨的合成过程无论是合成条件、工艺路线、催化剂成分还是设备结构等，都与最初的方法相似，即在高温、高压及催化剂存在下，用氢气和氮气直接合成氨。Haber法在高温(400~500℃)、高压(30~100atm)和铁催化剂(并使用助催化剂)条件下由 N_2 和 H_2 直接合成 NH_3：

$$N_2(g) + 3H_2(g) \rightleftharpoons 2NH_3(g)$$

高温和催化剂可克服 N_2 的动力学惰性。由于高温不利于平衡转化，需要施加高压促进反应正向进行。以氮、氢为原料合成氨从第一次实验室成功到工业化投产经历了 150 年左右的时间[2]。19 世纪以前，研究者先后试图在常压和 50atm 条件下合成氨，但都以失败告终。19 世纪后半叶，随着物理化学的巨大进展，人们认识到合成氨反应的可逆性，增加压力和降低温度都可促使反应正向进行，但温度过低又使反应速率过慢。此外，催化剂也会对反应速率产生重要影响。德国物理化学家能斯特(W. H. Nernst，1864—1941)指出：氮和氢在高压下能够合成氨，并提供了一些实验数据。法国化学家勒夏特列(H. L. Le Chatelier，1850—1936)首次尝试高压合成氨实验，但混合气中进入了氧气导致爆炸，使他放弃了这一危险实验[3]。合成氨的高压技术是 20 世纪初进行大规模化工生产的难题，催生了三项诺贝尔化学奖。第一项于 1918 年授予哈伯(F. Haber，1868—1934)，以表彰他提出化学合成氨法。第二项于 1931 年授予化学工程师博施(C. Bosch，1874—1940)，以表彰他设计了可实现 Haber 法的第一个工厂。后来人们将工业合成氨的方法称为哈伯-博施(Haber-Bosch)法，以纪念博施做出的贡献。2007 年，第三位诺贝尔化学奖获得者埃特尔(G. Ertl，1936—)提出了合成氨反应机制，开创了一系列研究方法，为催化反应和表面化学领域的研究者广泛参考和使用，并创造了巨大的经济效益[4]。埃特尔获奖的另一个理由是，他解释了 CO 在金属催化剂表面转化为 CO_2 的化学机理。

勒夏特列　　　　　　哈伯　　　　　　博施　　　　　　埃特尔

2. 铵盐的制备

氨与酸作用得到铵盐，铵盐是由铵根离子 NH_4^+ 和酸根离子组成的化合物。

氨与硫酸、硝酸或盐酸直接发生中和反应，生成相应的硫酸铵、硝酸铵和氯化铵。

1) 氯化铵

侯德榜(1890—1974)于 1943 年发明氨碱法(ammonia-soda process)，又称侯氏制碱法，突破西方技术封锁，实现了我国氯化铵工业制备。该法将制碱与合成氨创造性地联为一体，包含两个循环(图 2-1)。第一个循环是 CO_2 的循环利用：

$$NaCl + CO_2 + NH_3 + H_2O \Longrightarrow NaHCO_3 + NH_4Cl$$

$$2NaHCO_3 \xrightarrow{\triangle} Na_2CO_3 + H_2O + CO_2\uparrow$$

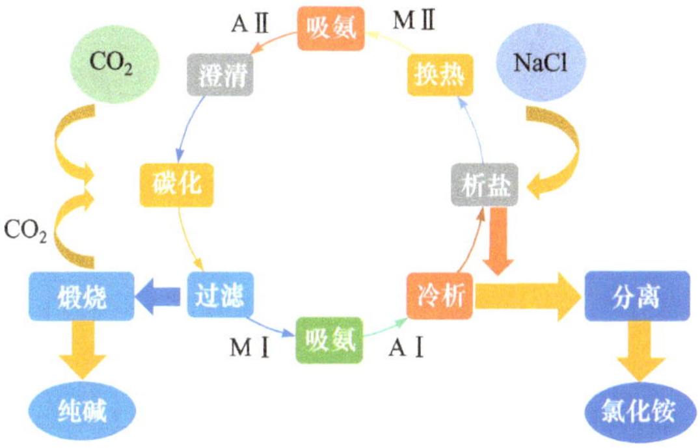

图 2-1　侯氏制碱法工业生产 NH_3

M Ⅰ 表示母液 Ⅰ，M Ⅱ 表示母液 Ⅱ；A Ⅰ 表示循环 Ⅰ，A Ⅱ 表示循环 Ⅱ

第二个循环是向母液中加入食盐细粉，使 NH_4Cl 单独结晶析出以供作氮肥，具体操作是：母液 Ⅰ NH_4Cl 溶液吸收氨气，冷却后 NH_4Cl 析出。过滤得到较纯净的 NH_4Cl 晶体，冷析后的滤液(含有氨气分子)中加入 $NaCl$，可进一步使得 NH_4Cl 沉淀。过滤得到 NH_4Cl 晶体，滤液为饱和食盐水母液 Ⅱ，经处理后回到第一步循环使用。到此法使 $NaCl$ 的利用率高达 96% 以上，降低了成本，实现了连续化生产，对世界制碱工业做出了重大贡献。

生产碳酸钾等钾盐的副产品也可以得到氯化铵。氯化铵很容易结块，通常需要添加防结块剂。在实验室可用以下方法制备氯化铵：

$$NH_3 + HCl \Longrightarrow NH_4Cl$$

$$NH_3 \cdot H_2O + HCl \Longrightarrow NH_4Cl + H_2O$$

2) 碳酸铵

通常采用碳化法将 CO_2、氨及水蒸气直接合成碳酸铵，通入冷却室，用水直接冷却，再经精制可得碳酸铵成品。

$$2NH_3 + CO_2 + H_2O \Longrightarrow (NH_4)_2CO_3$$

将工业碳酸铵与浓氨水混合，冷却，先沉淀出半透明结晶，而后变为光亮的针状结晶，迅速吸滤、干燥，得到纯品碳酸铵。

向碳酸钙溶液中加入硫酸铵后加热也可制得碳酸铵。

$$(NH_4)_2SO_4 + CaCO_3 \xrightarrow{\triangle} (NH_4)_2CO_3 + CaSO_4$$

尿素在水溶液中也会逐渐与水反应生成碳酸铵。其反应式如下：

$$CO(NH_2)_2 + 2H_2O \Longrightarrow (NH_4)_2CO_3$$

3) 硝酸铵

硝酸铵的生产方法有中和法和转化法两种。转化法是以硝酸磷肥生产过程的副产物四水硝酸钙为原料，与碳酸铵溶液进行反应，生成硝酸铵和碳酸钙沉淀，经过滤，滤液加工成硝酸铵产品或返回硝酸磷肥生产系统。中和法可以在常压、加压或真空条件下进行。若有价廉的蒸汽来源，可采用常压中和，以节约设备投资，简化操作。加压中和可以回收反应热，副产物蒸汽可用于预热原料和浓缩硝酸铵溶液。氨中和浓度为 64% 的硝酸时，每吨氨可副产蒸汽约 1t。采用真空中和可与结晶硝酸铵生产相结合，其设备与硫酸铵生产的饱和结晶器相似。

工业上采用较多的是加压中和工艺。加压中和在 0.4～0.5MPa 和 175～180℃ 下操作，硝酸浓度为 50%～60%，先用氨中和至 pH 为 3～4，以减少氨损失，再加氨调节 pH 约为 7，得到的硝酸铵溶液浓度为 80%～87%。回收的蒸汽用来蒸发液氨或作为真空蒸发硝酸铵溶液的热源。中和得到的稀硝酸铵溶液先用真空蒸发或降膜蒸发浓缩到 95%～99%，然后用不同方法造粒。塔式喷淋造粒是应用最广泛的硝酸铵造粒方法。

4) 碳酸氢铵

在一定温度下，将 CO_2 通入氨水至饱和，然后冷却，析出碳酸氢铵。

$$CO_2 + NH_3 + H_2O \Longrightarrow NH_4HCO_3$$

在碳酸氢铵肥料的生产中，将合成氨生产过程中的变换气通入浓氨水塔，吸收变换气中的 CO_2，生成碳酸氢铵结晶，经分离而得。

3. 氨的衍生物的制备

氨分子中的三个 H 依次被其他原子或基团取代所形成的化合物称为氨的衍生物。

1) 联氨

联氨(N_2H_4)又名肼，是无色发烟、具有类似氨臭味的油状液体。其液态(2~114℃)类似于水，有氢键存在。液相中的分子肼绕 N—N 轴呈扭曲构象[5]。

工业上生产联氨的主要方法是 1907 年的 Raschig 合成法。此法是在碱性溶液中用次氯酸盐部分氧化氨。反应步骤可简化为

$$NH_3(aq) + NaOCl(aq) === NH_2Cl(aq) + NaOH(aq)$$

$$2NH_3(aq) + NH_2Cl(aq) === N_2H_4(aq) + NH_4Cl(aq)$$

反应过程中存在 d 区金属离子催化产生的竞争性副反应：

$$N_2H_4(aq) + 2NH_2Cl(aq) === N_2(g) + 2NH_4Cl(aq)$$

可在反应混合物中加入明胶形成络合物，以除去 d 区金属离子。

通过蒸馏将得到的含肼稀溶液转化为水合肼 $N_2H_4 \cdot H_2O$ 的浓溶液。商业上往往更希望得到水合肼，因为该产品液态存在范围更宽，而且比纯肼价廉。为得到纯肼，可在肼的浓溶液中加入固体 NaOH 或 KOH 脱水，然后蒸馏。

$$NH_2Cl + NaOH + NH_3 === N_2H_4 + NaCl + H_2O$$

$$2NaOH + Cl_2 + 2NH_3 === N_2H_4 + 2NaCl + 2H_2O$$

也可以在肼的稀溶液中加入稀硫酸，首先得到硫酸肼沉淀，经过滤、干燥后和液氨反应，使硫酸铵沉淀析出，蒸发去除氨以后便得到无水肼。

$$N_2H_4 + H_2SO_4(稀) === N_2H_6SO_4$$

$$N_2H_6SO_4 + 2NH_3 === N_2H_4 + (NH_4)_2SO_4\downarrow$$

实验室制备少量硫酸肼也可采用 Raschig 法，并加石灰水或乙二胺四乙酸钠，以螯合痕量的重金属离子，避免后者催化分解产物。

$$2NH_3 + NaOCl + H_2SO_4 === N_2H_6SO_4 + NaCl + H_2O$$

还可以用氨和醛或酮的混合物与氯气进行气相反应合成异肼，再由异肼水解得无水肼。

2) 羟胺

羟胺可用 SO_2 或电解法在严格控制反应条件的情况下，通过还原硝酸盐或亚硝酸盐得到，也可在催化剂存在下，在盐酸溶液中用 H_2 还原 NO_2 制备[5]。

$$NO_2^-(aq) + 2HSO_3^-(aq) \xrightarrow{0℃} N(OH)(SO_3)_2^{2-}(aq) + OH^-(aq)$$

$$N(OH)(SO_3)_2^{2-}(aq) + H_3O^+(aq) + H_2O(l) \xrightarrow{50℃} NH_3OH^+(aq) + 2HSO_4^-(aq)$$

无水羟胺是在盐酸羟胺的 1-丁醇溶液中加入正丁醇钠($NaOC_4H_9$，NaOBu)制得。过滤除去生成的 NaCl，向滤液中加入乙醚可沉淀出羟胺：

$$[NH_3OH]Cl(sol) + NaOBu \longrightarrow NH_2OH(sol) + NaCl(s) + BuOH(l)$$

3）叠氮酸

联氨被亚硝酸氧化时可生成氢叠氮酸 HN_3：

$$N_2H_4 + HNO_2 = 2H_2O + HN_3$$

利用叠氮酸的挥发性，在实验室中可将稀硫酸与 NaN_3 混合制取 HN_3。

$$NaN_3 + H_2SO_4 \longrightarrow NaHSO_4 + HN_3$$

可用卤代烃、酰卤、重氮盐等与叠氮化钠反应，或用烃基取代肼、酰肼与亚硝酸反应制取相应的叠氮化合物。

4. 磷的氢化物的制备

磷的氢化物是磷化氢，又称膦。实验室理论上制备磷化氢的方法很多，其中有实用价值的方法可分为四类[6]。

(1) 金属磷化物的水解。几乎所有的金属都能形成相应的磷化物，目前发现的已有 200 多种[7]。金属磷化物在酸性、碱性、中性水溶液中发生水解反应产生磷化氢[7-8]。金属磷化物和水作用是最简便的制膦方法：

$$Mg_3P_2 + 6H_2O = 2PH_3 + 3Mg(OH)_2$$
$$AlP + 3H_2O = Al(OH)_3 + PH_3\uparrow$$

用于制备磷化氢的主要有磷化铝、磷化镁、磷化锌、磷化钙等。粮食熏蒸较多采用磷化铝[9]。为安全起见，在磷化铝中掺入氨基甲酸铵、硬脂酸锌[10]等，稀释生成的磷化氢，并控制反应温度不会过高。金属磷化物和水作用的产物中常含有氢、双膦和高级膦等杂质。膦在常温下能自燃，这与其中含双膦 P_2H_4 有关。由于双膦的沸点(329.2K)高于膦的沸点(185.4K)，因此可用冷凝方法分离双膦。

(2) 白磷与浓碱共热。单质磷是一种还原剂，与浓的碱金属氢氧化物作用产生磷化氢：

$$P_4 + 3KOH + 3H_2O = 3KH_2PO_2 + PH_3\uparrow$$

反应一般在隔绝空气条件下，在 $C_{1\sim10}$ 或 $C_{5\sim10}$ 醇溶液中进行[11-12]，并常有副反应发生。

$$P_4 + 4KOH + 4H_2O = 4KH_2PO_2 + 2H_2\uparrow$$

当温度超过 250℃时，活性的红磷和水反应也可以产生磷化氢[13]。

$$P_4 + 6H_2O = 2H_3PO_3 + 2PH_3\uparrow$$

生成的磷化氢往往因为含有 P_2H_4 而会自燃。磷化氢可用铜、汞、银等较不活泼的金属盐溶液吸收：

$$4CuSO_4 + PH_3 + 4H_2O = 4Cu\downarrow + H_3PO_4 + 4H_2SO_4$$

$$24CuSO_4 + 11PH_3 + 12H_2O = 8Cu_3P\downarrow + 3H_3PO_4 + 24H_2SO_4$$

(3) 亚磷酸的热解。亚磷酸在 210℃左右发生歧化反应：

$$4H_3PO_3 = 3H_3PO_4 + PH_3$$

在抽成真空的长颈烧瓶中进行这一反应，产生的气体再经干冰、液氮等冷凝提纯，产率可达 97%[14]。

(4) 碘化磷与水或碱作用：

$$PH_4I + H_2O = H_3O^+ + PH_3\uparrow + I^-$$

由于产物有 HI，在碱性溶液中进行有助于提高 PH_3 产率。PH_4I 是一种易于获得较高纯度的商品试剂，实验室制备 PH_3 用该法为宜，这样制得的 PH_3 纯度最高。

一般制备的 PH_3 气体中含有氢气和 P_2H_4，纯净的磷化氢必须经过适当的分离步骤才能得到。

5. 砷的氢化物的制备

砷化氢不能由单质化合得到，一般由 As 与 Zn 合成 Zn_3As_2，然后与 H_2SO_4 反应，再经多步纯化、液化而得，还可由砷化铝水解制得。

$$2As + 3Zn(s) = Zn_3As_2$$

$$Zn_3As_2 + 3H_2SO_4 = 3ZnSO_4 + 2AsH_3$$

若检验样品中含有砒霜，可与锌和盐酸反应放出 AsH_3 气体：

$$As_2O_3(s) + 6Zn(s) + 12HCl(aq) = 2AsH_3(g) + 6ZnCl_2(aq) + 3H_2O(l)$$

但产物中往往夹杂砷的低价氢化物，须用真空法进行分离。

用 NH_4Br 在液氨中分解 Na_3As 可得高纯度的 AsH_3，产率达 90%：

$$Na_3As + 3NH_4Br \xrightarrow{\text{液氨}} AsH_3 + 3NaBr + 3NH_3$$

也可由含电正性金属化合物的质子迁移反应制备：

$$Zn_3As_2(s) + 6H_3O^+(l) \longrightarrow 2AsH_3(g) + 3Zn^{2+}(aq) + 6H_2O(l)$$

还可用电化学还原砷盐的酸性或碱性溶液制备。较好的方法是低温下在乙醚中用 $LiAlH_4$ 或 $LiBH_4$ 还原 $AsCl_3$，或者用 KBH_4 还原 $Na[As(OH)_4]$ 制备：

$$4[As(OH)_4]^- + 3[BH_4]^- + 7H^+ === 4AsH_3 + 3H_3BO_3 + 7H_2O$$

6. 锑的氢化物的制备

用含负氢的化合物还原高价 Sb 制得[15]：

$$2Sb_2O_3 + 3LiAlH_4 === 4SbH_3 + 1.5Li_2O + 1.5Al_2O_3$$

$$4SbCl_3 + 3NaBH_4 === 4SbH_3 + 3NaCl + 3BCl_3$$

金属锑化物与酸作用：将金属锑与 Na、Mg、Zn 等制成合金，然后与稀酸作用，此法产率约为 15%：

$$Zn_3Sb_2 + 6H_3O^+ === 2SbH_3 + 3Zn^{2+} + 6H_2O$$

$$Mg_3Sb_2 + 6H_3O^+ === 2SbH_3 + 3Mg^{2+} + 6H_2O$$

也可通过含电正性金属化合物的质子迁移反应制备，反应方程式为

$$Na_3Sb + 3H_2O === SbH_3 + 3NaOH$$

$$Zn_3Sb_2(s) + 6H_3O^+(l) === 2SbH_3(g) + 3Zn^{2+}(aq) + 6H_2O(l)$$

7. 铋的氢化物的制备

BiH_3 可由甲基铋 $BiH_2Me(BiH_2CH_3)$ 重新分配原子而得[16]：

$$3BiH_2CH_3 \longrightarrow 2BiH_3 + Bi(CH_3)_3$$

反应物甲基铋本身不稳定，由 $LiAlH_4$ 还原 $BiCl_2CH_3$ 而得[17]：

$$2BiCl_2CH_3 + LiAlH_4 \longrightarrow 2BiH_2CH_3 + LiAlCl_4$$

2.1.2 氢化物的性质

氮族元素氢化物都是锥形结构，自上而下键角逐渐减小(表 2-1)。

表 2-1 氮族元素氢化物的键角变化

键角从 NH_3 到 SbH_3 的巨大变化归因于 sp^3 杂化程度的减小，空间效应可能也起到部分作用。E—H 的键电子对彼此排斥：中心原子 E 的半径小时排斥力最大。例如，NH_3 中 N 周围的 H 原子尽可能远离，以接近四面体方式排布。随着中心原子半径由上而下逐渐增大，键电子对的斥力逐渐减小，键角接近 90°。

对于氮族元素氢化物 EH_3(E = N、P、As、Sb、Bi)，依顺序 N→P→As→Sb→Bi，键角∠HEH 依次减小，这意味着空间结构上 5 种氢化物中 NH_3 最"平面"而 BiH_3 最"锥形"。从杂化角度，随着氮族元素原子序数递增，其氢化物中心原子杂化轨道中 s 成分减少，p 成分逐渐增多[18]，导致 NH_3 中的 3 个 H 空间布局最"伸展"[19]，而在 BiH_3 中最"收缩"，这从侧面证实了 NH_3 最"平面"而 BiH_3 最"锥形"的构型特征[20]。吕仁庆等[21]在研究甲基自由基与硅甲基自由基结构后指出，平面结构比锥形结构的中心原子更倾向于负电性化，而锥形结构比平面结构更有利于中心原子正电性化。5 种氮族元素氢化物依 NH_3→PH_3→AsH_3→SbH_3→BiH_3 顺序，中心原子 E 的金属性逐渐增强，荷电由负变正($-1.029e$→$0.158e$→$0.230e$→$0.515e$→$0.537e$)，NH_3 中 N 有最多的负电荷($-1.029e$)，而 BiH_3 中 Bi 有最多的正电荷($0.537e$)，致使 BiH_3 的锥形最为突出。

1. 氨的性质

1) 物理性质

氨分子中氮原子采取不等性 sp^3 杂化，有很强的极性。氨分子的其他特性与其结构特点有关，如表现出很强的水合性和配位性。

氨是有刺激性臭味的无色气体，极易溶于水，由于氨分子间存在氢键，它的熔点(−77.7℃)和沸点(−33.3℃)比同族其他元素的氢化物高。氨在低温下形成两种稳定的水合物，即 $NH_3 \cdot H_2O$ 和 $2NH_3 \cdot H_2O$，它们的熔点分别为−79.0℃和−78.8℃[22]。测定结果表明，氨水中并不存在 NH_4^+、OH^- 或 NH_4OH 分子，而是氨分子和水分子以复杂的氢键相连。

氨的沸点较低，极易液化，在常压下冷却至−33.3℃或在常温下加压至 700～800kPa，气态氨就液化成无色液体，同时放出大量热，能够使周围物质的温度急剧下降，所以氨常作为制冷剂。氨的沸点明显高于本族其他元素的氢化物，显示了氢键的影响。

氨极易溶于水，273K 时 1 体积水能溶解 1200 体积氨，293K 时可溶解 700 体积水。氨的水溶液称为氨水。氨水的密度小于 1(液氨在 243K 的密度约为 $0.67g \cdot mL^{-1}$)，氨含量越多，密度越小。一般市售浓氨水的密度是 $0.88g \cdot mL^{-1}$，含 NH_3 约 28%，相当于 $15mol \cdot L^{-1}$。

液氨的介电常数比水低得多，是有机化合物的较好溶剂，但溶解离子型无机物能力不如水。对醇类化合物、胺类化合物、铵盐、氨基化合物(amide)和氰化物等溶质而言，液氨是一种有用的非水溶剂。

与水相似，液氨也能发生自偶解离：

$$2H_2O(l) \rightleftharpoons H_3O^+(aq) + OH^-(aq) \qquad K_w = 1 \times 10^{-14}$$

$$2NH_3(l) \rightleftharpoons NH_4^+(am) + NH_2^-(am) \quad K_a = 1.9 \times 10^{-33}$$

NH_4^+ 与 NH_2^- 可以进行简单的酸碱中和反应：

$$NH_4Cl(am) + NaNH_2(am) \rightleftharpoons NaCl(am) + 2NH_3(l)$$

与水不同，液氨有溶解碱金属、碱土金属等活泼金属的特性，生成的稀溶液均呈淡蓝色，溶解任何碱金属的稀溶液都具有同一吸收波长的蓝光，实验证明该物种是氨合电子，电子处于 4~6 个 NH_3 的"空穴"中(图 2-2)。因为含有氨合电子，所以有顺磁性、导电性和强还原性[23]。

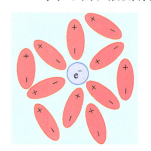

图 2-2　氨合电子

$$M + nNH_3 \rightleftharpoons [M(NH_3)_x]^+ + [M(NH_3)_y]^- \quad (n = x + y)$$

2) 化学性质

NH_3 参与的化学反应可归为三大类：配合反应、取代反应、氧化反应。

(1) 配合反应：氨分子中 N 上有一对孤对电子，可以作为路易斯碱与路易斯酸发生加合反应。例如，与 BF_3 发生以下反应：

$$BF_3 + :NH_3 \longrightarrow FB_3 \leftarrow NH_3$$

氨分子也是弱的布朗斯台德碱，在水中发生质子转移反应：

$$NH_3(g) + H_2O(l) \rightleftharpoons NH_4^+(aq) + OH^-(aq)$$

氨分子中的孤对电子倾向于与其他分子或离子配位形成氨合物，其中氨分子用 N 上的孤对电子和中心金属离子形成 σ 配键，如$[Ag(NH_3)_2]^+$、$[Cu(NH_3)_4]^{2+}$和$[Zn(NH_3)_4]^{2+}$。这种作用使一些难溶于水的化合物如 $AgCl$、$Cu(OH)_2$ 和 $Zn(OH)_2$ 可溶于氨水。氨的配合物不仅数量多，而且研究得较深入，包括它们在水溶液中的稳定性、反应动力学、振动光谱、电子吸收光谱及晶体结构等。

(2) 取代反应。取代反应可从两个角度考虑，一个是将 NH_3 分子看作三元酸，其中 H 原子依次被取代，生成含氨基(—NH_2)、亚氨基($>NH$)的衍生物和氮化物。

例如，当痕量催化剂 $FeSO_4$ 存在时，NH_3 与金属钠反应生成氨基钠：

$$2Na(s) + 2NH_3(l) === 2NaNH_2(am) + H_2(g)$$

另一个角度是将取代反应看作其他化合物中的原子或原子团被氨基或亚氨基取代。这类反应与水解反应类似，实际上是氨参与的复分解反应，称为氨解反应。

例如，光气与氨反应生成尿素：

$$COCl_2 + 4NH_3 === CO(NH_2)_2 + 2NH_4Cl$$

又如，$HgCl_2$ 中的一个 Cl 原子被氨基取代得氨基氯化汞：

$$HgCl_2(aq) + 2NH_3(aq) === Hg(NH_2)Cl(s) + NH_4Cl(aq)$$

$Hg(NH_2)Cl$ 是白色沉淀，该反应用于定性检验水溶液中的 Hg^{2+}。

(3) 氧化反应：由于 NH_3 中 N 为-3 氧化态，显示还原性。与氢一样，在常温下，氨在水溶液中能被许多强氧化剂(Cl_2、H_2O_2、$KMnO_4$ 等)氧化，例如：

$$3Cl_2 + 2NH_3 === N_2 + 6HCl$$

HCl 继续与 NH_3 反应，可生成 NH_4Cl 白烟，因此工厂常用盛有浓 $NH_3 \cdot H_2O$ 的敞口小瓶检查氯气管道的漏点。当 Cl_2 过量时：

$$3Cl_2 + NH_3 === NCl_3 + 3HCl$$

此反应可看作 Cl_2 的歧化。产物 NCl_3 为黄色油状液体，有爆炸性，可分解为 N_2 和 Cl_2。

NH_3 在空气中不能燃烧，在纯氧中会发生一系列反应，例如：

$$4NH_3 + 5O_2 === 4NO + 6H_2O \qquad \Delta H_{298K} = -906.05kJ \cdot mol^{-1}$$

$$4NH_3 + 3O_2 === 2N_2 + 6H_2O \qquad \Delta H_{298K} = -1267.5kJ \cdot mol^{-1}$$

$$4NH_3 + 4O_2 === 2N_2O + 6H_2O \qquad \Delta H_{298K} = -1103.9kJ \cdot mol^{-1}$$

$$4NH_3 + 7O_2 === 4NO_2 + 6H_2O \qquad \Delta H_{298K} = -1134.5kJ \cdot mol^{-1}$$

$$4NH_3 + 6NO === 5N_2 + 6H_2O \qquad \Delta H_{298K} = -1809.8kj \cdot mol^{-1}$$

其中最重要、最有实际意义的是氨氧化生成 NO 的反应，它是工业制硝酸的基础。为使氨有效转化成 NO，通常利用铂或铂-铑催化剂进行选择性催化氧化：

$$4NH_3(g) + 5O_2(g) === 4NO(g) + 6H_2O(g)$$

2. 铵盐的性质

1) 物理性质

铵盐一般为无色晶体，易溶于水，是强电解质。从结构来看，NH_4^+ 和 Na^+

是等电子体。NH_4^+ 的半径(143pm)比 Na^+ 大，接近于 K^+，一般铵盐的性质也类似于钾盐，易溶，易成矾。铵盐和钾盐是同晶形化合物，常把铵盐和碱金属盐归为一类。

2) 化学性质

铵盐的化学性质与碱金属盐(尤其是 K^+ 盐和 Rb^+ 盐)非常相似。

受热分解：固态铵盐受热都易分解，根据组成铵盐的酸根阴离子对应酸的性质的不同，铵盐分解时有以下三种情况。

组成铵盐的酸根阴离子对应的酸是非氧化性、挥发性酸，加热时酸与氨气同时挥发，冷却时又重新化合生成铵盐。例如：

$$NH_4Cl(s) \xrightarrow{\triangle} NH_3 + HCl\uparrow$$

$$NH_3 + HCl \Longrightarrow NH_4Cl$$

$$(NH_4)_2CO_3 \xrightarrow{\triangle} NH_4HCO_3 + NH_3\uparrow$$

$$NH_4HCO_3 \xrightarrow{\triangle} NH_3\uparrow + H_2O + CO_2\uparrow$$

组成铵盐的酸根阴离子对应的酸是难挥发性酸，加热时则只有氨气逸出，酸或酸式盐仍残留在容器中。例如：

$$(NH_4)_2SO_4 \xrightarrow{\triangle} H_2SO_4 + 2NH_3\uparrow$$

$$(NH_4)_3PO_4 \xrightarrow{\triangle} H_3PO_4 + 3NH_3\uparrow$$

组成铵盐的酸根阴离子对应的酸是氧化性酸，加热时发生氧化还原反应，无氨气逸出，但会生成 N_2、O_2 或者氮氧化物和水蒸气，可能引起爆炸，如 NH_4NO_3、NH_4ClO_4 和 $(NH_4)_2Cr_2O_7$ 也具有类似情况，使用时必须注意。

高氯酸铵的热分解依赖于温度：

$$4NH_4ClO_4 \xrightarrow{\leqslant 300℃} 2N_2O + 3O_2 + 2Cl_2 + 8H_2O$$

$$2NH_4ClO_4 \xrightarrow{\geqslant 300℃} N_2 + 2O_2 + Cl_2 + 4H_2O$$

铵盐溶于水，强酸的铵盐溶液(NH_4Cl)因存在下列平衡而显酸性：

$$NH_4^+(aq) + H_2O(l) \Longrightarrow NH_3(aq) + H_3O^+(aq) \qquad pK_b = 9.25$$

若是铵盐溶液与烧碱溶液共热，则可用离子方程式表示为

$$NH_4^+ + OH^- \xrightarrow{\triangle} NH_3\uparrow + H_2O$$

若反应物为稀溶液且不加热，则无氨气逸出，可用离子方程式表示为

$$NH_4^+ + OH^- == NH_3 \cdot H_2O$$

当铵盐中的阴离子具有氧化性时，NH_4^+ 被氧化：

$$NH_4NO_3(s) \xrightarrow{\text{约200℃}} N_2O(g) + 2H_2O(g)$$

加强热或引爆硝酸铵时发生以下反应：

$$2NH_4NO_3(s) == 2N_2(g) + O_2(g) + 4H_2O(g)$$

2mol 的 NH_4NO_3 可分解生成 7mol 气体分子，体积膨胀了 700 倍。利用该性质可制作炸药。硝酸盐肥料往往与碳酸钙或硫酸铵等混合以增加其稳定性。

铵盐的检验方法通常是将试剂与碱混合(必要时加热)，如果放出氨气则为铵盐。碱性溶液中的 $K_2[HgI_4]$(奈斯勒试剂或称铵态氮试剂)是鉴定 NH_4^+ 的特效试剂。在试液中加入少量氢氧化钾，然后煮沸，将沾有奈斯勒试剂的滤纸放在试管口检测逸出气体中是否有氨气。如果没有干扰离子可以直接向试液中加入奈斯勒试剂检验。

3. 氨衍生物的性质

1) 联氨

联氨又名肼，其结构如图 2-3 所示，因孤对电子的排斥作用，反式结构较为稳定，可以看成是 NH_3 的一个 H 被氨基所取代，N 仍为 sp^3 杂化。

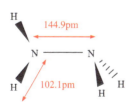

图 2-3　肼的空间比例模型

联氨稳定性比 NH_3 差，受热即发生分解性爆炸产生 N_2、H_2 和 NH_3。联氨在空气中燃烧放出大量的热，并转变成氮气：

$$N_2H_4(l) + O_2(g) == N_2(g) + 2H_2O(g) \qquad \Delta H = -621.5\,kJ \cdot mol^{-1}$$

$$2N_2H_4(l) + N_2O_4(l) == 3N_2(g) + 4H_2O(g) \qquad \Delta H = -1038.7\,kJ \cdot mol^{-1}$$

联氨及其衍生物主要用作导弹及火箭的燃料。联氨若与适当的氧化剂，如液态 N_2O_4、液氧、过氧化氢、硝酸或氟结合使用，能产生很高的排气速率及推动力，

且其本身比较稳定，易于储存。但缺点是凝固点(2℃)偏高，在高空中会固化，因此常使用其衍生物如二甲基肼$(CH_3)_2NNH_2$ 等，或将甲基肼 CH_3NHNH_2 和$(CH_3)_2NNH_2$混合使用。

联氨的碱性比氨弱，与酸 HX 反应生成两个系列的盐(N_2H_5X 和 $N_2H_6X_2$)。

$$N_2H_4(aq) + H_2O(l) \rightleftharpoons N_2H_5^+(aq) + OH^-(aq) \qquad pK_{b1} = 7.93\ (pK_{a2} = 6.07)$$

$$N_2H_5^+(aq) + H_2O(aq) \rightleftharpoons N_2H_6^{2+}(aq) + OH^-(aq) \qquad pK_{b2} = 15.05\ (pK_{a1} = -1.05)$$

通常把联氨用作碱性溶液中的强还原剂，联氨能将很多金属盐还原为金属，包括银在内。由于联氨的氧化产物在多数情况下是氮气，可用于回收贵金属，也是传统生产镜子的方法。联氨及其盐还是有机合成及分析化学中常用的还原剂。

$$N_2H_4(aq) + 4AgBr \xrightarrow{\quad} 4Ag + N_2\uparrow + 4HBr$$

由于 N 上孤对电子具有配位能力，联氨能与过渡金属生成配位化合物，有时可作为桥联配体，如单核$[Pt(NH_3)_2(N_2H_4)_2]Cl_2$ 和双核$[(NO_2)_2Pt(N_2H_4)_2Pt(NO_2)_2]Cl_2$ 等。

联氨还用作发泡剂和处理锅炉水以除去其中的溶解氧，防止管道氧化。

2) 羟胺

羟胺 NH_2OH 可看作 NH_3 分子中的一个 H 原子被 OH 基取代而来(图 2-4)。

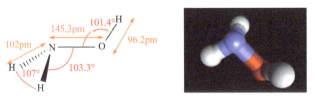

图 2-4　NH_2OH 的结构

羟胺的碱性比肼还弱：

$$NH_2OH(aq) + H_2O(l) \rightleftharpoons (NH_3OH)^+(aq) + OH^-(aq) \qquad pK_b = 8.18$$

在碱性溶液中，羟胺主要按下式分解：

$$3NH_2OH \xrightarrow{\quad} NH_3 + N_2 + 3H_2O$$

在酸性溶液中，主要分解产物为氧化二氮：

$$4NH_2OH \xrightarrow{\quad} 2NH_3 + N_2O + 3H_2O$$

羟胺为无色、易潮解的低熔点(32℃)固体，必须保存在 0℃以下，以免分解。常见的是羟胺的水溶液或者盐，如$(NH_3OH)Cl$、$(NH_3OH)NO_3$、$(NH_3OH)_2SO_4$等，它们是稳定的、水溶的白色固体。

　　羟胺既可作氧化剂又可作还原剂,但以还原性为主,羟胺的还原产物在不同的情况下不同。例如,羟胺与溴化银反应产生氮气及一氧化二氮,与硝酸亚汞反应则主要产物为一氧化二氮。

$$2NH_2OH + 2AgBr = 2Ag + N_2 + 2HBr + 2H_2O$$

$$2NH_2OH + 4AgBr = 4Ag + N_2O + 4HBr + H_2O$$

$$2NH_2OH + 2Hg_2(NO_3)_2 = 4Hg + N_2O + 4HNO_3 + H_2O$$

　　羟胺可被亚硝酸或硝酸氧化,与亚硝酸的反应通常在酸性介质中进行:

$$(NH_3OH)^+ + HNO_2 = N_2O + H_3O^+ + H_2O$$

　　羟胺与硝酸的反应只有在硝酸浓度较高时才能发生(25℃时所需硝酸的最低浓度约 2.5mol · L^{-1})。该反应有诱导期,随后是快速自催化过程,亚硝酸是主要催化剂。羟胺被硝酸氧化为亚硝酸的反应可表示为

$$(NH_3OH)^+ + 2HNO_3 = 3HNO_2 + H_3O^+$$

反应历程如下:

$$HNO_2 + HNO_3 \rightleftharpoons N_2O_4 + H_2O$$

$$NH_2OH + N_2O_4 \longrightarrow HNO + N_2O_3 + H_2O$$

$$HNO + N_2O_4 \longrightarrow HNO_2 + N_2O_3$$

$$N_2O_3 + H_2O \rightleftharpoons 2HNO_2$$

$$HNO_2 + (NH_3OH)^+ \longrightarrow N_2O + H_3O^+ + H_2O$$

　　其中,NH$_2$OH 和 N$_2$O$_4$ 生成 HNO、N$_2$O$_3$ 和 H$_2$O 是决定反应速率的一步。由此可见,羟胺被硝酸氧化的产物是 N$_2$O 和 HNO$_2$,并有若干中间产物。

　　羟胺盐还原铁(Ⅲ)的反应是定量的,但历程很复杂,总反应可表示为

$$2(NH_3OH)^+ + 4Fe^{3+} \longrightarrow 4Fe^{2+} + N_2O + 6H^+ + H_2O$$

　　通常羟胺以其稳定盐的形式存在。在众多的有机反应中,羟胺主要用作亲核试剂。它可以与简单的亲电试剂进行反应,如与烷基化试剂、酰基化试剂、氧基膦试剂、硅基化试剂、醛、酮和迈克尔受体等反应,也可以用来制备异唑、异唑啉和取代嘧啶等杂环化合物。在一些特别反应中,羟胺还可作为还原剂。羟胺与烷基化试剂反应,最终产物可能是 *O*-烷基取代或 *N*-烷基取代的化合物,具体是

何种产物取决于反应所用的原料[24-28]。羟胺与酯的反应一般分为两种情况：与 α-卤代或羟基取代酯反应主要发生在 α-位，生成 N-羟基-α-氨基酸的衍生物[29]；与一般的酯反应主要生成异羟肟酸[30]。羟胺与醛酮反应通常生成肟[31-32]。羟胺与醛在特定条件下反应生成腈，这是制备腈的一种方法[33]。羟胺还可以用来制备吡啶衍生物[34]。

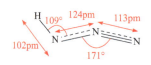

图 2-5　叠氮酸 HN₃ 的分子结构

3) 叠氮酸

HN_3 分子中的 3 个 N 原子以线形共振结构相互连接，分子结构如图 2-5 所示。HN_3 分子中的两个 N—N 键的夹角为 171°，H—H 键与靠近 H 的 N—N 键间的夹角约为 109°，靠近 H 原子的第 1 个 N 是 sp² 杂化，第二个 N 原子是 sp 杂化，端位的 N 原子不杂化。分子中有一个正常 π 键和一个离域 π 键，与 H 相连的第一个 N 原子给出 1 个电子，第二个 N 原子给出 2 个电子，第三个 N 原子给出 1 个电子，形成一个三中心四电子的大 π 键。正常 π 键存在于第一个和第二个 N 之间。HN_3 中 N 原子的平均氧化态为 $-1/3$。

纯 HN_3 为无色有刺激性臭味的液体，熔点 $-80℃$，沸点 $35.7℃$。HN_3 极不稳定，受热或撞击立即爆炸分解。HN_3 在水溶液中稳定，在水中略有电离，酸性类似于乙酸，为弱酸，$K_a = 1.9 \times 10^{-5}$。叠氮酸的水溶液几乎不分解，但存在反应速率较慢的歧化反应：

$$HN_3 + H_2O \longrightarrow NH_2OH + N_2$$

叠氮化物一般不稳定，易分解，剧烈程度与金属有关：其碱金属、碱土金属盐加热时只分解不爆炸，分解为氮气和相应金属，锂盐加热生成氮化锂；但重金属盐受撞击时会爆炸，产生氮气，常用于起爆剂，如叠氮化铅 $Pb(N_3)_2$(lead azide，简称 LA)。

4. 磷的氢化物的性质

自 18 世纪后半叶开始研究磷的氢化物，人们了解最多的是膦 PH_3(phosphine)及双膦 P_2H_4(diphosphine)，还分离得到了 P_3H_5、P_4H_6、P_9H_5、P_7H_3 等，近年合成了双磷烯(di-phosphene)的衍生物 R—P=P—R，而 R_3P=PR 早已被制得。PH 物质只有光谱意义，其 P—H 键键长为 143pm，相当于单键。木星大气中有 PH_3。理论分析认为：磷烷 PH_5 分解为膦和氢时会释放出热量 159kJ·mol⁻¹。磷化合物 PH_4X 均不稳定。

1) 磷化氢(膦)

常温下磷化氢是无色气体。P 的电负性小于 N,PH_3 分子间的氢键力弱于 NH_3,PH_3 比 NH_3 容易汽化。PH_3 的偶极矩($\mu = 0.55D$)小于 NH_3 的偶极矩($\mu = 1.45D$)。磷化氢约在 150℃ 时着火。磷化氢微溶于水,在 17℃ 水中的溶解度为 $26g \cdot 100mL^{-1}$,可溶于乙醇、乙醚、氯化亚铜。在水中溶解的磷化氢依下式电离:

$$PH_3 + H_2O \rightleftharpoons PH_2^- + H_3O^+$$

$$PH_3 + H_2O \rightleftharpoons PH_4^+ + OH^-$$

27℃ 时的电离常数为:$K_a = 1.6 \times 10^{-29}$,$K_b = 4.0 \times 10^{-28}$。因此,磷化氢既是一种弱酸,也是一种弱碱。与 NH_3 比较,PH_3 的碱性微不足道。pH 测定表明,磷化氢的水溶液呈中性。溶解于水中的磷化氢可以缓慢地分解出磷、氢气和一种组成近似于 P_2H 的黄色固体。

纯净的磷化氢无味[35-36],含有杂质(可能为双膦或磷的有机衍生物)时会有一种类似大蒜的臭味[37]。磷化氢比白磷毒性大,接触浓度为 $0.05mg \cdot L^{-1}$ 的磷化氢气体半小时即可使人丧命。磷化氢对昆虫的毒理作用与氧气和二氧化碳关系很大[38-40]。PH_3 进入人体后会破坏细胞代谢,使其无法与氧气结合,并且会对人体的神经系统、心、肝、脾、肾都造成影响[41-45],对健康有重大危害。

PH_3 的物理和热力学性质见表 2-2。

表 2-2　PH_3 的物理和热力学性质[46]

性质	数值	性质	数值
相对分子质量	33.998	临界压力/MPa	6.54
熔点/℃	−133.78	气体密度/$(g \cdot L^{-1})$	1.39
沸点/℃	−87.74	$\Delta S_m^\ominus$ (25℃)/$(J \cdot mol^{-1} \cdot K^{-1})$	210.2
汽化热/$(kJ \cdot mol^{-1})$	14.62	$\Delta_r H_m^\ominus$ (25℃)/$(kJ \cdot mol^{-1})$	5.4
熔化热/$(kJ \cdot mol^{-1})$	1.13	$\Delta_r G_m^\ominus$ (25℃)/$(kJ \cdot mol^{-1})$	13.5
临界温度/℃	51.6		

与氧的反应:磷化氢和氧的混合物在一定条件下发生支链连锁反应可导致爆炸,爆炸前的瞬间可观察到在暗处发光的白烟。

$$PH_3 + 2O_2 \longrightarrow H_3PO_4$$

磷化氢的爆炸下限为占空气体积比的 1.79%[47]。某些对磷化氢呈惰性的气体（如 H_2、Ne、CO_2、SO_2）在压力低于磷化氢或氧时，由于阻止反应链向器壁的扩散而爆炸下限降低。乙烯、苯、四氯化碳、四甲基铅则使爆炸下限提高。

与金属离子的反应：磷化氢是一种较强的还原剂，可将许多金属离子还原成游离的金属单质。

$$4H_2O + PH_3 + 8AgNO_3 == 8Ag + H_3PO_4 + 8HNO_3$$

与铜、银、金及其盐类也可以发生反应。当磷化氢不足时：

$$4CuSO_4 + PH_3 + 4H_2O == 4Cu\downarrow + H_3PO_4 + 4H_2SO_4$$

当磷化氢过量时：

$$24CuSO_4 + 11PH_3 + 12H_2O == 8Cu_3P\downarrow + 3H_3PO_4 + 24H_2SO_4$$

与卤化磷的反应：高价态的卤化磷可被磷化氢还原成低价态。

$$3PCl_5 + PH_3 == 4PCl_3 + 3HCl$$

与卤化氢的反应：磷化氢与无水的卤化氢在气相中可直接化合成相应的卤化磷。

$$PH_3 + HI == PH_4I$$

PH_4I 常温下是固体，而 PH_4Cl 和 PH_4Br 是气体。

配合反应：PH_3 比 NH_3 键角小得多，分子极性弱，但与过渡金属配合时，PH_3 或 PR_3 的配位能力比 NH_3 强得多，是因为除形成 σ 配位键外，P 的空 d 轨道可以接受过渡金属的电子对，形成 d-d 型反馈 π 键，从而使配合物更加稳定。

热解反应：高温时磷化氢可按下式解离。

$$4PH_3(g) == P_4(g) + 6H_2(g)$$

室温时这一反应速率相当缓慢，所以磷化氢在室温下的解离可以忽略不计。磷化氢的热解为一级反应，500℃时的速率常数约为 $8\times10^{-3}s^{-1}$。一般实验条件下生成的 P_4 以红磷的形式沉积下来。PH_3 的热稳定性高于 $AsHs$，而低于 NH_3。

光化学反应：磷化氢光解产生氢气和红磷[48-49]。

$$4PH_3 \xrightarrow{h\nu} P_4 + 6H_2$$

P_2H_4 是反应的初级产物和主要中间体。在光解过程中，P_2H_4 的浓度先增加到一个极值再降低。P_2H_4 的产率随 PH_3 浓度的增大而增大。从 P_2H_4 到 P_4 要经历一个复杂的过程。由于磷化氢光化学反应的提出，人们将木星上的巨大红斑解释为磷化氢光解成了红磷。

参与有机反应:磷化氢和醛在加热下(100℃)可得到含有羟甲基的叔膦化合物[50]。

$$PH_3 + 3RCHO \longrightarrow [RCH(OH)]_3P$$

2) 双膦及其他低价磷的氢化物

将一般方法制备的磷化氢气体在–80~0℃下冷凝,可得到一种无色液体 P_2H_4,称为双膦(也称二磷烷)。双膦的分子结构类似于 N_2H_4,其中 P—P 键键长为 2.218Å,P—H 键键长为 1.452Å[51]。P_2H_4 的沸点为 329.2K,熔点为 174.2K。因此,在 174~273K 时可将 P_2H_4 从主要水解产物 PH_3 中分出,再进一步分馏提纯。对 PH_3 进行光解反应可得 P_2H_4。

单磷化钙(CaP)水解产生双膦:

$$2CaP + 4H_2O \Longrightarrow 2Ca(OH)_2 + P_2H_4$$

使 PH_3 通过浸没在液氨中的钙可得到单磷化钙 CaP。由于一般制备的磷化氢气体中就含有双膦,实际制备双膦时并不需要先制备单磷化钙,而是直接收集和提纯磷化钙(Ca_3P_2)水解的产物[51],此外,采用低压静电放电也可以由 PH_3 合成 P_2H_4。

双膦可以在空气中自燃。由于含有痕量双膦,PH_3 曾被误认为是可以自燃的气体。

液体双膦和 HF 剧烈反应产生 PH_3 及$(PH)_n$,在 HF:P_2H_4 的摩尔比很高的情况下,也有 H_3PF_2 生成[52]。

双膦最重要的反应是热解:

$$(3x - y)P_2H_4 \longrightarrow (4x - 2y)PH_3 + 2P_xH_y \quad (x > y)$$

该分解反应主要与温度、光、容器的表面性质和表面积等有关[51, 53]。

双膦在室温下分解的最终产物是一种组成近似为 P_2H 的黄色固体。它的着火点约为 160℃,在水、乙醇等一般溶剂中均不溶,只溶于磷和双膦。室温下非常稳定,但易被强氧化剂氧化。加热 P_2H_4 可得到各种磷的氢化物,如 P_9H_2、P_9H_4、P_5H_2 等[51]。

5. 砷的氢化物的性质

砷化氢(AsH_3)又称砷化三氢、砷烷、胂,是最简单的砷化合物,无色、剧毒、可燃气体,部分物理性质见表 2-3。可溶于水(200mL·L^{-1})及多种有机溶剂[54]。

表 2-3 AsH₃ 与 SbH₃ 的部分物理性质

性质	AsH$_3$	SbH$_3$
熔点/℃	−116.3	−88
沸点/℃	−62.5	−18.4
密度/(g · L^{-1})	1.640	2.204
摩尔生成焓/(kJ · mol^{-1})	66.4	145.1
键能 E_{M-H}/(kJ · mol^{-1})	247	255
M—H 键键长/pm	151.9	170.7
HMH 键角/(°)	91.83	91.3
偶极矩/(C · m)	0.733×10^{-30}	0.383×10^{-30}
核磁共振氢谱中的化学位移(TMS = 10.0)/ppm	8.50	8.62

热分解：与一些较重的氢化物一样(如 SbH₃、H₂Te 和 SnH₄)，AsH₃ 不稳定(动力学上较稳定，但热力学上不稳定)。其分解反应是马氏试砷法的基础。

$$2AsH_3 \Longrightarrow 3H_2 + 2As$$

AsH₃ 加热至 300℃ 时快速分解。在空气中加热时易燃烧生成砷的氧化物和水，在有限供氧时生成单质砷和水。砷化氢是制备纯净或接近纯净的砷的金属复合物的原料[55]。例如，属于二锰系列的[(C₅H₅)Mn(CO)₂]₂AsH，其核心 Mn₂AsH 是平面结构。

砷化氢是强还原剂，介于 PH₃ 及 SbH₃ 之间。室温下 AsH₃ 易被 O₂ 或空气氧化而自燃：

$$2AsH_3 + 3O_2 \Longrightarrow As_2O_3 + 3H_2O$$

砷化氢会与强氧化剂如高锰酸钾、次氯酸钠或硝酸等剧烈反应。

古蔡试砷法(Gutzeit test)：利用 AsH₃ 与 Ag⁺ 反应生成黑色物质检测砷。虽然该方法在分析化学中已不再使用，但仍可以此为例解释 AsH₃ 与"软"金属阳离子的结合力。在古蔡试砷法中，含水的砷化合物(一般是亚砷酸盐)被锌和 H₂SO₄ 还原生成 AsH₃。AsH₃ 气体逸出并通入 AgNO₃ 溶液或粉末状的 AgNO₃ 中。AsH₃ 与 AgNO₃ 溶液反应则生成黑色的 Ag₃As，并进一步还原得到 Ag。

$$As_2O_3 + 6Zn + 12H^+ \Longrightarrow 6Zn^{2+} + 2AsH_3\uparrow + 3H_2O$$

$$AsO_3^{3-} + 3Zn + 9H^+ === 3Zn^{2+} + 3H_2O + AsH_3\uparrow$$

$$AsO_4^{3-} + 4Zn + 11H^+ === 4Zn^{2+} + 4H_2O + AsH_3\uparrow$$

酸碱反应：As—H 键有酸性，可被去质子化，这个性质经常被利用。

$$AsH_3 + NaNH_2 === NaAsH_2 + NH_3$$

AsH_3 与三烷基铝反应时生成三聚物 $[R_2AlAsH_2]$。一般认为 AsH_3 是非碱性的，但可被超酸质子化，生成四面体形离子 $[AsH_4]^+$。

与卤化物的反应：砷化氢与卤素(F_2、Cl_2)或它们的化合物(如 NCl_3)的化学反应非常危险，可导致爆炸。

生成联胂的反应：虽然 $H_2As\text{-}AsH_2$ 及 $H_2As\text{-}As(H)\text{-}AsH_2$ 可被探测到，但与 PH_3 不同，AsH_3 很难形成稳定的链。联胂在−100℃以上不稳定。

6. 锑的氢化物的性质

锑化氢(SbH_3)在常温常压下为具有难闻的大蒜臭味(类似 AsH_3 气味)的无色剧毒、窒息性易燃气体，部分性质见表 2-3，微溶于水(5 体积水能溶解 1 体积 SbH_3)，溶于乙醇、乙醚、苯和二硫化碳。

化学性质：与 AsH_3 的热分解类似，在容器壁上形成一层明亮的锑镜，不同之处在于锑镜不溶于次氯酸钠。重金属氢化物一般很不稳定，SbH_3 也是如此。在室温下缓慢分解，200℃时能剧烈分解成氢和锑。

$$2SbH_3 === 3H_2\uparrow + 2Sb$$

与碱反应迅速：

$$SbH_3 + 3KOH === K_3Sb + 3H_2O$$

与氯激烈反应生成 $SbCl_3$ 和 HCl，该反应是自催化反应，可能爆炸。

$$SbH_3 + 3Cl_2 === SbCl_3 + 3HCl$$

在空气中可以燃烧：

$$4SbH_3 + 3O_2 === 4Sb + 6H_2O$$

与硝酸银溶液反应析出银。该反应的自催化性强，一旦分解形成金属覆膜，会急速分解，在湿玻璃管中 24h 即完全分解。

7. 铋的氢化物的性质

铋化氢(BiH_3)又称胉(Bi 电负性低于 H，显+3 价)。铋化氢在同族 XH_3 化合物中相对分子质量最大。铋化氢不稳定，即使在 0℃以下仍然会分解为铋和氢气(分解温度仅为228K)。铋化氢三角锥结构中H—Bi—H键键角大约为90°。铋化氢的毒性比同族氢化物都强，稳定性小于其他氮族元素氢化物，数分钟内就会完全分解：

$$2BiH_3 = 3H_2\uparrow + 2Bi$$

2.1.3 氢化物及其衍生物的应用

1. 氨的应用

氨用于制造氨水、氮肥(尿素、碳铵等)、复合肥料、硝酸、铵盐、纯碱等，广泛应用于化工、轻工、化肥、制药、合成纤维等领域(图2-6)。含氮无机盐及有机物中间体、磺胺药、聚氨酯、聚酰胺纤维和丁腈橡胶等都需直接以氨为原料。氨还可以作为生物燃料提供能源。

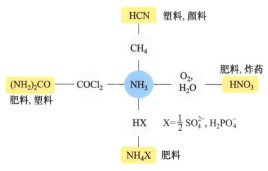

图 2-6 氨的主要应用领域

1) 合成尿素

尿素是最重要的含氮肥料，也是使用量较大的含氮化合物。工业上生产尿素(图2-7)以NH_3和CO_2为原料：

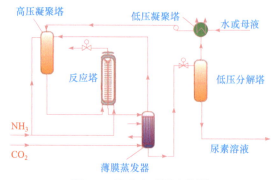

图 2-7 工业合成尿素装置

$$CO_2(g) + 2NH_3(l) = NH_2COONH_4(l)$$

$$NH_2COONH_4(l) = H_2NCONH_2(l) + H_2O(l)$$

现代化流程实行 CO_2 和 NH_3 全循环，NH_3 回收率可达 98.6%～99.5%。

2) 冷冻机的循环制冷剂

氨是一种天然的中温制冷剂，具有优良的环境性能和热力学性能，氨的消耗臭氧潜能值 ODP = 0，全球增温潜能值 GWP = 0，是一种环境友好型的制冷剂。此外，氨允许的含水量为 0.2% 以下，即使有微量水存在，也不会像氟利昂那样容易出现"冰塞"，故对氨制冷系统管路系统的干燥要求不如氟利昂严格。氨的来源广泛、价格低廉，在相同充注体积下，其充注成本仅为空调制冷剂 R22 的 1/10 左右，比 R410A 更廉价。

3) 制备氨水

氨水是实验室重要试剂，军事上作为一种碱性消毒剂，用于消毒 G 类毒剂。常用的是浓度 10% 的稀氨水，冬季使用浓度则为 20%。无机工业用于洗涤羊毛、呢绒、坯布，溶解和调整酸碱度，并作为助染剂等。有机工业用作胺化剂，生产热固性酚醛树脂的催化剂。医药上利用稀氨水对呼吸和循环的反射性刺激作用医治晕倒和昏厥，并可作为皮肤刺激药和消毒药。

2. 铵盐的应用

可用作氮肥的铵盐称为铵态氮肥(图 2-8)，是指液态氨、氨水，以及氨与酸作用生成的铵盐，如硫酸铵、氯化铵、碳酸氢铵等，一般含氮量低于 35%。其中，使用硝酸铵化肥时需防爆处理。

图 2-8　铵态氮肥及其喷洒

铵盐还具有强烈的杀菌和防霉防蛀性能。

氯化十二烷基二甲基苄基铵可用作腈纶的匀染剂。季铵盐分子中的两个烷基是长链烷基的产品，对各种纤维具有良好的柔软作用，能使纤维膨胀柔软，外观美观，手感平滑，是一种常用的纤维柔软剂。溴化双十八烷基二甲基胺不仅可作杀菌剂，还对棉、毛、合成纤维织物具有显著的柔软作用。十八烷基二甲基羟乙基胺硝酸盐是一种极好的抗静电剂。季铵盐还可作防水剂、缓染剂、石油破乳剂等。

3. 氨的衍生物的应用

1) 联氨

联氨更多地用作还原剂。联氨与 H_2O_2 反应生成 N_2 和 H_2O，反应放出大量热，因此联氨及其衍生物可用作火箭推进剂：

$$N_2H_4(l) + 2H_2O_2(l) === N_2(g) + 4H_2O(g)$$

$$5N_2O_4(g) + 4N_2H_3(CH_3)(g) === 12H_2O_2(g) + 9N_2(g) + 4CO_2(g)$$

高温锅炉将水转化为蒸汽，水中的溶存氧会加快锅炉钢铁制件的腐蚀过程。将适量的联氨加入锅炉水中可以除氧，从而阻滞腐蚀过程：

$$N_2H_4(aq) + O_2(g) === N_2(g) + 2H_2O(l)$$

联氨的衍生物加热时生成 N_2 和自由基。由于生成 N_2，这些衍生物被用作泡沫塑料和橡胶生产中的起泡剂。由于生成自由基，它们被用作自由基聚合反应的引发剂。羟胺年产量的 97% 用于制造己内酰胺，后者是制造尼龙-66 的前驱体。

2) 羟胺

羟胺可使某些金属离子还原为低氧化态，例如：

$$2AgBr(s) + 2NH_2OH(aq) === 2Ag(s) + N_2(g) + 2HBr(aq) + 2H_2O(l)$$

$$4Fe^{3+}(aq) + 2(NH_3OH)^+(aq) + 5H_2O(l) === 4Fe^{2+}(aq) + N_2O(g) + 6H_3O^+(aq)$$

用作还原剂时，联氨和羟胺的氧化产物可以离开反应体系，不给反应溶液中带入杂质。

盐酸羟胺($NH_2OH \cdot HCl$)是羟胺系列产品中重要的产品，是重要的化工原料和有机合成中间体，具有广泛用途[56]。$NH_2OH \cdot HCl$ 为无色单斜结晶，易溶于水，溶于乙醇、甘油，不溶于乙醚，吸湿性强，受潮后逐渐分解，加热至 151℃ 以上也分解。盐酸羟胺可以还原蓝色的铜氨溶液，生成无色的亚铜氨溶液。盐酸羟胺与氧化锌或碳酸锌反应生成羟胺配合物 $Zn(ONH_3)Cl_2$。

羟胺作为一种廉价易得的合成原料在有机合成及其相关领域具有很大的潜在应用价值。对羟胺类衍生物的有机方法学研究一直在不间断地进行，其中比较经典的反应有 Weinreb(温勒伯)酮合成反应和 Beckmann(贝克曼)重排反应。根据羟胺衍生物上取代基的位置可将羟胺衍生物分为三类，如图 2-9 所示。近几年由羟胺衍生物及其氧化物参与的环加成反应，过渡金属催化的 C—N、C—O 交叉偶联反应以及自由基类型的反应研究快速发展。

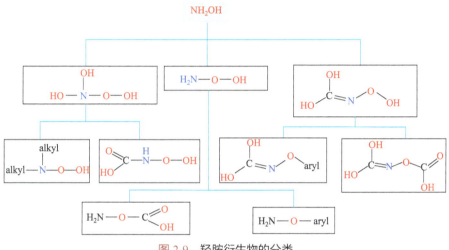

图 2-9　羟胺衍生物的分类

3) 叠氮化物

叠氮根离子(N_3^-)并非直线形结构，无论是离子型还是有机物皆有微微弯曲(约 172°)，价电子数为 16，与 N_2O 和 CO_2 为等电子体，结构见图 2-10。N_3^- 化学性质类似于卤离子，如白色的 AgN_3 和 $Pb(N_3)_2$ 难溶于水。作为配位体能与金属离子形成一系列配合物，如 $Na_2[Sn(N_3)_6]$、$Cu(N_3)_2(NH_3)_2$ 等。N_3^- 是布朗斯台德碱，其共轭酸是叠氮酸 HN_3，$pK_a = 4.77$。作为路易斯碱，是 d 区金属离子的良好配位体。

图 2-10　叠氮根离子的结构

叠氮化钠(NaN_3)同样在热力学上不稳定，加热或电火花可引发分解：

$$2NaN_3(s) = 2Na(l) + 3N_2(g)$$

该反应同时显示出动力学稳定性(室温下操作不发生危险)，可利用该反应制作汽车安全气囊(图 2-11)。气囊系统原理：碰撞事故发生的一瞬间，气囊迅速充气膨胀，保护驾车人员不被仪表盘或方向盘直杆伤害。气囊系统的特殊要求：产生气体的化学物质必须是稳定且容易操作的物质；气体必须能够快速生成(在 20～60ms 的时间内完成充气)，又不能因偶然原因而充气；产生的气体必须无毒而且不燃烧。氮气看来是最好的选择。

 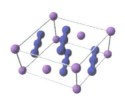 

(a) 叠氮化钠晶体　　(b) 叠氮化钠晶体结构　　(c) 安全气囊

图 2-11　叠氮化钠与汽车安全气囊

叠氮化钠相对比较稳定，是制备其他叠氮化物的主要原料，其生产已商品化。NaN_3 为无色六角形晶体，易溶于水和液氨，微溶于乙醇，不溶于乙醚，常温下稳定，高温分解。它可由 N_2O 通入熔融的氨基化钠得到，反应产生的水立即与过量的氨基化钠作用生成氨：

$$NaNH_2 + N_2O \longrightarrow NaN_3 + H_2O$$

$$NaNH_2 + H_2O \longrightarrow NaOH + NH_3$$

总反应为　　　　　$$2NaNH_2 + N_2O = NaN_3 + NaOH + NH_3$$

还可通过其他方法制得，如在 175℃ 下，将粉末状的硝酸钠加入氨基化钠中，产率达 65%。

$$3NaNH_2 + NaNO_3 = NaN_3 + 3NaOH + NH_3$$

用亚硝酸钠与联氨制备：

$$NaNO_2 + N_2H_4 = NaN_3 + 2H_2O$$

在氨基化钠的工业生产较难实现的情况下，也可用氧化钠作原料在 110～190℃ 反应：

$$2Na_2O + N_2O + NH_3 = NaN_3 + 3NaOH$$

N_3^- 与重金属形成的化合物不稳定。例如，叠氮化铅$[Pb(N_3)_2]$和叠氮化汞$[Hg(N_3)_2]$对震动十分敏感，常用作引爆剂。$Pb(N_3)_2$ 为有毒晶状固体，通常为白色至淡黄色粉末，具有高度爆炸性，因对撞击极为敏感而用作雷管(图 2-12)。$Pb(N_3)_2$

(a) $Pb(N_3)_2$晶体SEM图　　　　　(b) 雷管

图 2-12　$Pb(N_3)_2$ 晶体的 SEM 图和用以制作炸药的雷管

感度很大，通常在水和绝缘橡胶容器中储存。从约 150mm 的高度落下，或 7mJ 的静电放电都会导致 $Pb(N_3)_2$ 爆炸，爆速约为 $5.18km \cdot s^{-1}$，故可用于引爆其他炸药。

　　少量的 $Pb(N_3)_2$ 可用乙酸铵和重铬酸钠销毁。$Pb(N_3)_2$ 不易潮解，水的存在不会降低其撞击感度。$Pb(N_3)_2$ 可与铜、锌、镉或合金反应生成相应的叠氮化物。例如，与铜发生置换反应生成的叠氮化铜爆炸性更强，不适于用作炸药。叠氮化钠既可用来制取叠氮化铅，也可用作叠氮化铅的保护剂和稀释剂，以防发生危险。可以在溶液中加入葡萄糖或环糊精以稳定叠氮化铅。潮湿的叠氮化铅完全是稳定的，可以安全存放。

　　$Pb(N_3)_2$ 可从叠氮化钠及可溶性铅盐的混合溶液中沉淀得到：

$$Pb(NO_3)_2 + 2NaN_3 \Longrightarrow Pb(N_3)_2 + 2NaNO_3$$

该沉淀法得到的产品常被其他离子所污染。用氧化铅和叠氮酸反应的缺点是：不溶性的 $Pb(N_3)_2$ 仅在氧化铅的表面生成，操作叠氮酸溶液具有很大的危险性。为克服上述困难，可用纯亚硝酸铅的水溶液和叠氮酸的醇溶液反应，产物除不溶性的叠氮化铅和水外，均为气体：

$$Pb(NO_2)_2 + 4HN_3 \Longrightarrow Pb(N_3)_2 + 2N_2 + 2N_2O + 2H_2O$$

　　其他金属叠氮化物一般由叠氮化氢或其钠盐通过互换反应制得，例如：

$$M_2CO_3 + 2HN_3 \Longrightarrow 2MN_3 + CO_2 + H_2O$$

$$(M = K, Rb, Cs；其叠氮化物均为四方结构)$$

　　叠氮化钡[$Ba(N_3)_2$]容易爆炸，但其对震动的感度不如叠氮化铅，可用以下方法制备：

$$Ba(OH)_2 + 2HN_3 \Longrightarrow Ba(N_3)_2 + 2H_2O$$

　　将 $Ba(N_3)_2$ 和其他金属的硫酸盐反应，可用来制备各种叠氮化物：

$$Ba(N_3)_2 + Li_2SO_4 \Longrightarrow 2LiN_3 + BaSO_4$$

　　加热 $Ba(N_3)_2$ 可以得到高纯度的氮气：

$$Ba(N_3)_2 \Longrightarrow Ba + 3N_2$$

　　制备共价型叠氮化物如 IN_3，可于 0℃在叠氮化银的二氯甲烷溶液中，边搅拌边滴加碘的二氯甲烷浓溶液,待二氯甲烷蒸发后,便得到金黄色的针状 IN_3 结晶

$$AgN_3 + I_2 \xrightarrow{CH_2Cl_2} IN_3 + AgI$$

由于 IN_3 具有爆炸性，只能少量制备。

其他共价型叠氮化物如 FN_3(黄绿色气体)、ClN_3、BrN_3(橙色液体)和 $SO_2(N_3)_2$ 等，可在一定条件下通过下列反应制得：

$$F_2 + 4HN_3 =\!=\!= FN_3 + 4N_2 + NH_4F$$
$$NaOCl + NaN_3 + 2CH_3COOH =\!=\!= ClN_3 + 2CH_3COONa + H_2O$$
$$Br_2 + NaN_3 =\!=\!= BrN_3 + NaBr$$
$$SO_2Cl_2 + 2NaN_3 =\!=\!= SO_2(N_3)_2 + 2NaCl$$

4. 磷的氢化物的应用

磷化氢是防治仓库害虫的一种高效熏蒸剂，也是我国储粮仓库常用的杀虫剂。我国应用磷化氢杀虫始于 20 世纪 60 年代初期。多年来，它在防治储粮害虫中发挥了重要作用。由磷化铝产生磷化氢的方法，施药安全简便，杀虫广谱药效高，残留量极低，用药量少，生产成本低。

磷化氢在地球上是与生命有关的有毒气体，被认为是潜在的生物信号，可以作为其他行星和天体上存在生命的证据。磷化氢是化学活性非常强的无机物小分子，在地球富含氧气的大气环境中很快被氧化。磷化氢的来源至少有两种：一种是非生命过程(包括来自金星地表、微陨星、闪电或云层内部的化学过程)，这些过程释放出一定量磷化氢；另外一种是生命活动过程。这说明天体生物学家倾向于把磷化氢当作一种生命示踪信号，认为只有生命活动才会有这种高效的化学反应，持续产生大量的磷化氢。2020 年 9 月，*Nature Astronomy* 发表的一篇行星科学研究论文称[57]，研究人员在金星大气中探测到了磷化氢气体，探测到一个只属于磷化氢的特征光谱，估算出金星云层中的磷化氢丰度为 20ppb($1ppb = 10^{-9}$)。该论文考察了可能产生磷化氢的方式，包括来自金星地表、微陨星、闪电或云层内部的化学过程。

5. 砷的氢化物的应用

砷烷在半导体工业中用于大规模集成电路，如在半导体工业中用于外延硅的 n 型掺杂、n 型扩散和离子注入工艺，以及砷化镓($GaAs$)、磷砷化镓($GaAsP$)、磷化镓(GaP)薄膜的生产。

基于 AsH_3 的热不稳定性检验砷毒的方法称为马氏试砷法。将含有砷毒的样品、锌和酸反应放出 AsH_3 气体，AsH_3 在无氧条件下通过加热的玻璃管形成亮黑色砷镜，可检测 0.007mg 砷的存在。AsH_3 是强还原剂，不仅能将高锰酸钾、重铬酸钾等还原，还能将某些重金属离子还原为金属。基于还原 $AgNO_3$ 而检验砷毒的方法称为古蔡试砷法，比马氏试砷法更为灵敏，可检验微量砷。

6. 锑的氢化物的应用

SbH_3 毒性比 AsH_3 弱，微溶于水，易溶于有机溶剂，也可以产生锑镜。

7. 铋的氢化物的应用

如用强还原剂(锌)在稀酸(不包括稀硝酸)的存在下，可将 +3 价的铋化合物还原成 BiH_3，稍热解 BiH_3 可得到亮棕色的铋镜，可检验出铋的存在。这是分析化学上检验铋非常灵敏的方法，即铋的马氏法。

BiH_3 的还原性很强，可以从 $AgNO_3$ 中还原出银，从 $CuSO_4$ 中还原出铜。因此可用这两种溶液吸收铋化氢气体。利用高纯 BiH_3 与金属有机化合物加热可制备许多低杂质合金，例如：

$$In(CH_3)_3 + BiH_3 === InBi + 3CH_4$$

2.2　氧　化　物

2.2.1　氮氧化物的制备、结构与性质

氧化物中 N 的氧化态从 +1 到 +5，这些氧化物的物理性质和结构列于表 2-4。

表 2-4　氮的氧化物

物种	氧化态					
	+1	+2	+3	+4	+5
电中性物种	氧化二氮	一氧化氮	三氧化氮	二氧化氮	四氧化二氮	五氧化二氮
	麻醉剂，不活泼	顺磁性气体	能形成蓝色固体，熔点101℃，气相分解为 NO_2 和 NO	红棕色顺磁性气体	气态与 NO_2 呈平衡	$\{[NO_2][NO_3]\}$ 无色离子型固体，熔点32℃，气相不稳定
负离子物种			亚硝酸根  氧化剂和还原剂			硝酸根 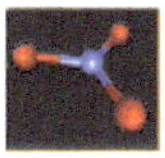 氧化剂
正离子物种	 氧化剂，路易斯酸				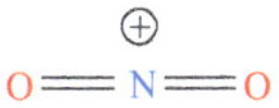 O=N=O 氧化剂，硝化剂，路易斯酸	

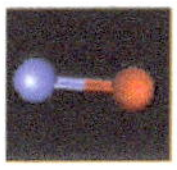

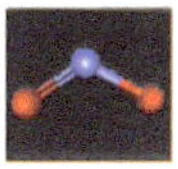

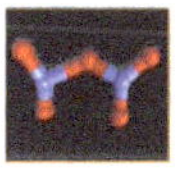

N₂O、NO、N₂O₃、N₂O₄ 及 N₂O₅ 很早就被人们熟知。NO₃ 是在含 N₂O₄、O₂ 的低压放电管中形成的，它的寿命很短。N₂O₂ 则为 NO 的二聚体，有时用化学式 (NO)₂ 表示。此外，还有不稳定的氧化四氮(N₄O)及二氧化四氮(N₄O)₂。氮(Ⅳ)氧化物有毒，以低浓度存在于大气中，特别是光化学烟雾中，它在碱性溶液中歧化为 NO_2^- 和 NO_3^- (图 2-13)。

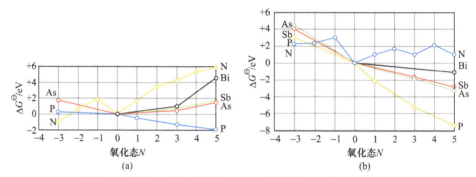

图 2-13　氮族元素在酸性溶液(a)和碱性溶液(b)中的 Froster 图

在氮化学中，氧化物是研究得较为深入的一类化合物，它们广泛用于有机及基本化学工业中作硝化剂或氧化剂。氮的氧化物又是主要的大气污染源之一，了解它们的反应对研究大气及环境化学有重要意义。此外，在配位化学中，氮的氧化物是常见的配位体。

1. 氮(Ⅴ)的氧化物

N₂O₅ 又称硝酐，是硝酸的酸酐，常温下为固态。

1) 结构

N₂O₅ 是平面形分子，分子中存在离域 π 键。其中 2 个 N 原子主要为 sp² 杂化，含有 6 个 σ 键和 2 个三中心四电子的离域 π 键。端位 4 个 O 是等价的。通常认为固态时 N₂O₅ 为离子晶体，它由两种离子构成：硝酰阳离子(NO_2^+)和硝酸根离子(NO_3^-)。其中阳离子呈直线形，键长 115pm，阴离子呈三角形，键长 122pm，阴、阳离子的中心 N 原子间距为 273pm，且阳离子垂直于阴离子所在平面。这种物质称为硝酸硝鎓。

2) 性质

N₂O₅ 在低温时为白色鳞片状结晶[58]，常温下为无色柱状结晶体，密度 1.63g·mL⁻¹，微溶于水，水溶液呈酸性。熔点 29℃，在室温下有升华现象，随着温度的上升，白色晶体逐渐变为浅黄、橙黄直至棕褐色，伴随分解释放出 O₂ 和红

棕色 NO_2 的同时呈现出液态。遇高温或可燃性物质会发生爆炸。纯品 N_2O_5 在 0℃ 环境下 10d 可分解一半，在 20℃ 环境下 10h 可分解一半，在 −60℃ 以下环境中可储存 1 年[59-60]。

实验证明，N_2O_5 在有机溶剂中的分解速度依次为 $CHCl_3 > CCl_4 > C_2H_2Cl_4 > CH_3NO_2$。一般，$N_2O_5$ 在非极性溶剂中分解较快，在极性溶剂中分解较慢，在硝酸中分解很慢，其原因可能是存在离子的动态平衡：

$$2HNO_3 \rightleftharpoons N_2O_5 + H_2O$$

$$N_2O_5 \rightleftharpoons NO_3^- + NO_2^+$$

3) 制备

N_2O_5 固体于 1840 年首次由干燥的氯气通过硝酸银在试管壁上制得[61]。此后，作为硝化剂的 N_2O_5 引起了有机化学家的广泛注意，其合成方法有数种。

(1) 硝酸经 P_2O_5 脱水。

$$2HNO_3(l) + P_2O_5(s) = N_2O_5(s) + 2HPO_3(l)$$

(2) 臭氧氧化法[62]。

$$N_2O_4(l) + O_3(g) = N_2O_5(s) + O_2(g)$$

$$2NO(g) + 3O_3(g) = N_2O_5(s) + 3O_2(g)$$

(3) 电解法。

(i) N_2O_4 电解氧化法。

阳极反应　　　　　$N_2O_4 + 2HNO_3 \longrightarrow 2N_2O_5 + 2H^+ + 2e^-$

阴极反应　　　　$2HNO_3 + 2H^+ + 2e^- \longrightarrow N_2O_4 + 2H_2O$

总反应　　　　　　　　$4HNO_3 = 2N_2O_5 + 2H_2O$

(ii) 无水硝酸电解法。N_2O_4 电解氧化过程会产生水，可与电解液中的 NO_2^+ 结合生成硝酸。为提高产物 N_2O_5 的质量和电流效率，可使用无水硝酸电解脱水技术[63]，其反应如下。

阳极反应　　　　　$4HNO_3 \longrightarrow 2N_2O_5 + 4H^+ + O_2(g) + 4e^-$

阴极反应　　　　　　$2e^- + 2H^+ \longrightarrow H_2(g)$

总反应　　　　　　$4HNO_3 = 2N_2O_5 + 2H_2(g) + O_2(g)$

(4) FNO_2 和 $LiNO_3$ 法。用 FNO_2 和 $LiNO_3$ 制备 N_2O_5，反应为[64]

$$BrF_5 + 3LiNO_3 = 3LiF + BrONO_2 + O_2 + 2FNO_2$$

$$FNO_2 + LiNO_3 \rightleftharpoons LiF + N_2O_5$$

N_2O_5 用作制造硝酸、无水金属盐和硝基配合物的原料，在有机化学中用作氧化剂、硝化剂和丙烯酸酯聚合的抑制剂，在军事工业中用于制备炸药。

2. 氮(IV)的氧化物

从氮族元素的电势图可以看到氮的中间氧化态化合物容易发生歧化反应。

1) N_2O_4 的结构

N_2O_4 为 V 形结构，N 原子以 sp^2 杂化轨道成键，分子为平面形。

N_2O_4 由两个 NO_2 分子结合而成。NO_2 分子的中心原子 N 的 2s 电子中有一个被激发到 p_z 轨道，再采取 sp^2 杂化，分别与两个氧原子形成一个 σ 键；氮的 p_z 轨道中的两个电子和两个氧原子各自的 p_z 轨道中的一个电子形成三中心四电子π键；每两个二氧化氮分子中氮原子的未成键 sp^2 杂化轨道重叠形成 σ 键，从而形成一个 N_2O_4 分子。综上所述，每个 N_2O_4 分子中存在 5 个 σ 键，由 2 个三中心四电子π键形成的 1 个六中心八电子的大π键，分子的形状与乙烯类似。

2) 性质

N_2O_4 的固体、液体及气体均为无色。随着温度升高，NO_2 增多，颜色加深，由褐色变为赤红色。在大气压下，N_2O_4 的沸点为 21.2℃，熔点为−11.2℃。由于 N_2O_4 的分子呈对称结构，较为稳定，可溶于水、二硫化碳等。

N_2O_4 易与水反应生成等摩尔的硝酸和亚硝酸混合物。

$$N_2O_4 + H_2O \rightleftharpoons HNO_2 + HNO_3$$

当温度升高时，亚硝酸分解为硝酸和 NO，是强氧化剂。其与氨混合，在低温下发生爆炸。N_2O_4 与许多有机溶剂如酯、醚、酮、腈形成分子加合物。液体 N_2O_4 腐蚀某些金属(碱金属、碱土金属、锌、镉和汞等)，生成金属盐，放出 NO。

N_2O_4 容易解离的事实与其长而弱的 N—N 键有关。未成对电子占据的分子轨道几乎等同地分布在 NO_2 的三个原子上而不是集中在 N 原子上。这种结构不同于与其等电子的草酸根离子($C_2O_4^{2-}$)，后者中的 C—C 键更强，因为 CO_2 中的电子更多地集中在 O 原子上。

工业上制取 N_2O_4 的方法是氨的催化氧化。N_2O_4 与许多燃料如胺、肼等接触能自燃，是一种优良的氧化剂。但它的液态温度范围很窄，极易凝固和蒸发。常温下的 N_2O_4 处于不断汽化的状态中。悬浮于空气中的 N_2O_4 减压立刻分解为 NO_2 气体。

N_2O_4 是最重要的火箭推进剂之一。因为比较容易保持在液态，它主要用于组成可储存液体推进剂，在早期的液体燃料洲际导弹中被广泛应用。N_2O_4 可以与许多火箭燃料组成双组元自燃推进剂，如 N_2O_4/混肼、N_2O_4/偏二甲肼、N_2O_4/一甲基肼等。最常见的组合是 N_2O_4/偏二甲肼，苏联的质子号运载火箭和中国的长征二号运载火箭应用的就是这种组合。

3) NO_2

纯 N_2O_4 无色，在常温下部分解离为 NO_2，显红棕色。NO_2 是一种高度活性气态物质，又称为过氧化氮，有神经麻醉性毒性。NO_2 在加压时很容易聚合，通常情况下与其二聚体混合存在，构成一种平衡态混合物(图 2-14)。混合气体的组成与温度有关，极低温时以固态 N_2O_4 存在，达到熔点 264K 时，极少量 N_2O_4 发生解离，产生 NO_2 的量不超过 1%，颜色为黄色。随着温度升高，反应向生成 NO_2 的方向进行，达到沸点 294K 时，NO_2 的量约占 15%。在 416K 以上时，全部为 NO_2。

图 2-14　不同温度下 N_2O_4-NO_2 混合物的颜色
从左到右温度逐渐升高

NO_2 是 V 形极性分子，具有大 π 键结构，O—N—O 键键角约为 120°。大 π 键含有四个电子，其中两个进入成键 π 轨道，两个进入非键轨道。NO_2 分子中 N 周围的价电子数为 5，相当于三对电子对，其中两对是成键电子对，还有一个成单电子，具有顺磁性。

NO_2 溶于水并与水反应生成硝酸或硝酸和一氧化氮：

$$3NO_2 + H_2O = 2HNO_3 + NO$$

NO_2 溶于水后只有部分与水发生反应，水溶液呈黄色。生成的硝酸同时也会分解，因此可以看作可逆反应。因为 NO_2 溶于水后还生成一氧化氮，所以 NO_2 不是硝酸的酸酐。

NO_2 可以直接被过氧化钠吸收，生成硝酸钠：

$$2NO_2 + Na_2O_2 = 2NaNO_3$$

也可以被氢氧化钠吸收，发生歧化反应：

$$2NO_2 + 2NaOH = NaNO_2 + NaNO_3 + H_2O$$

若与 NO 一起被吸收，则发生归中反应：

$$NO_2 + NO + 2NaOH = 2NaNO_2 + H_2O$$

NO_2 与金属氧化物发生反应生成无水硝酸盐和一氧化氮：

$$3NO_2 + MO = M(NO_3)_2 + NO$$

NO_2 中 N 的氧化态为+4，有氧化性，可以支持某些金属和非金属的燃烧(现象为固体在红棕色气体中燃烧,发出耀眼光芒,随着燃烧气体的红棕色逐渐褪去)：

$$2C + 2NO_2 \xrightarrow{\text{点燃}} 2CO_2 + N_2$$

$$4Mg + 2NO_2 \xrightarrow{\text{点燃}} 4MgO + N_2$$

也可以与氨气反应：

$$8NH_3 + 6NO_2 = 12H_2O + 7N_2$$

NO_2 在化学反应和火箭燃料中用作氧化剂，在亚硝基法生产硫酸中用作催化剂，在工业上可以用来制作硝酸。NO_2 的氧化性较强，C、S、P 等在 NO_2 中容易燃烧，它与许多有机物的蒸气混合可形成爆炸性气体。氮氧化物都为非可燃物，但都可以助燃，因此 N_2O、NO_2 和 N_2O_5 等遇高温或可燃性物质能引起爆炸。此外，许多氮氧化物有毒，且多为神经毒气。

3. 氮(Ⅲ)的氧化物

N_2O_3 是亚硝酸的酸酐，沸点约为 3℃，在−101.1℃以下为蓝色固体(图 2-15)，熔化后生成蓝色液体，后者解离为 NO 和 NO_2。

$$N_2O_3(l) = NO(g) + NO_2(g)$$

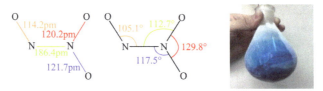

图 2-15 N_2O_3 的结构和蓝色固体

NO_2 显示黄棕色的事实意味着，N_2O_3 解离得越多，蓝色液体透出更多的绿色。

4. 氮(Ⅱ)的氧化物

NO 是强的 π-接受体配位体，是城市大气中一种难以处理的污染物。从工业角度看，NO 是主要的氮的氧化物，是氨氧化制硝酸的必经之路。

1) 结构

NO 为双原子分子，分子构型为直线形，键长为 115pm。N 与 O 之间形成 1 个 σ 键、1 个二电子 π 键与 1 个三电子 π 键，氮与氧各有一对孤对电子，键级为

2.5，有 11 个价电子，是奇电子分子，具有顺磁性。分子轨道式为$(\sigma_{1s})^2(\sigma_{1s}^*)^2(\sigma_{2s})^2$ $(\sigma_{2s}^*)^2(\sigma_{2p})^2(\pi_{2p})^4(\pi_{2p}^*)^1$，反键轨道($\pi_{2p}^*$)^1 上易失去电子生成亚硝酰阳离子 NO^+。

大多数奇电子分子都有颜色，NO 仅在液态或固态时才呈蓝色。NO 分子在固态时会缔合成松弛的双聚分子$(NO)_2$，这也是它具有单电子的必然结果。

2) 性质

NO 会形成二聚物$(NO)_2$，该反应是吸热反应。NO 在空气中很容易被氧化成二氧化氮，后者是一种红棕色气体，该气相反应对 NO 是二级反应。这是因为与 O_2 分子发生直接碰撞的是瞬间产生的$(NO)_2$ 二聚体。

NO 是吸能化合物，若能找到适当的催化剂，就可将污染物 NO 转化为 N_2 和 O_2 从而直接排放至自然界。

NO 在水中的溶解度较小，而且不与水发生反应。

NO 主要表现为还原性。常温下 NO 很容易氧化为二氧化氮，也能与卤素反应生成卤化亚硝酰 NOX，例如：

$$2NO + Cl_2 =\!=\!= 2NOCl$$

NO 与 O_2 可与水反应：

$$4NO + 3O_2 + 2H_2O =\!=\!= 4HNO_3$$

NO 可以被过氧化钠吸收：

$$Na_2O_2 + 2NO =\!=\!= 2NaNO_2$$

NO 很容易与吸附在容器壁上的氧反应生成 NO_2。NO_2 又与 NO 结合生成 N_2O_3：

$$NO + NO_2 \rightleftharpoons N_2O_3$$

由于分子中存在孤对电子，NO 还可以与金属离子形成配合物。例如，与 $FeSO_4$ 溶液形成棕色可溶性的硫酸亚硝酰合铁(II)：

$$FeSO_4 + NO =\!=\!= [Fe(NO)]SO_4$$

3) 制备

实验室中通常用铜和稀硝酸反应制备 NO：

$$3Cu + 8HNO_3(稀) =\!=\!= 3Cu(NO_3)_2 + 2NO\uparrow + 4H_2O$$

这种方法制备的 NO 可能含有一定量的 NO_2 和少量 N_2。在硝酸浓度和反应温度较低时，反应生成的气体中杂质较少。例如，用铜和稀硝酸在其凝固点之上进行反应，以维持溶液不凝固，反应生成的气体几乎为纯的 NO。注意事项：稀 HNO_3 的浓度不能过高，否则可能会生成 NO_2，也不能过低，否则反应速率过慢，以体积比 1∶4 左右较为理想。铜片要用纯铜,因为有些合金元素可能会导致硝酸的还原产物混有 NO_2。用胶塞塞住注射器针头之前要确保注射器内无空气,否则生成的 NO 会被氧化。

实验室中还常通过亚硝酸钠和稀硫酸在启普发生器中反应制备 NO:

$$6NaNO_2 + 3H_2SO_4 === 3Na_2SO_4 + 2H_2O + 4NO\uparrow + 2HNO_3$$

也可通过干法制备:

$$3KNO_2 + KNO_3 + Cr_2O_3 === 2K_2CrO_4 + 4NO\uparrow$$

工业上将氮与氧混合气体通过电弧直接化合成 NO:

$$N_2 + O_2 === 2NO$$

催化氧化法:在钯或铂催化剂存在的条件下,氨在氧气或空气中燃烧生成气体 NO,经精制、压缩等工序后制得 NO 产品:

$$4NH_3 + 5O_2 === 4NO + 6H_2O$$

热解法:加热分解亚硝酸或亚硝酸盐,获得气体经精制压缩等工序,即制得 NO 产品。

酸解法:亚硝酸钠与稀硫酸反应制取粗一氧化氮,再经碱洗、分离、精制、压缩,可制得纯度 99.5% 的 NO:

$$3NaNO_2 + H_2SO_4(稀) === 2NO\uparrow + NaNO_3 + Na_2SO_4 + H_2O$$

4) 应用

NO 在常温下为气体,具有脂溶性是使它在人体内成为信使分子的可能原因之一。NO 具有多种生物功能,它以自由基的形式参与传递电子和基体的氧化还原过程。分子的配位性使 NO 与血红素铁和非血红素铁具有很高的亲和力,以取代 O_2 和 CO_2 的位置。根据研究报道,血红蛋白-NO 可以失去它附近的碱基而变成自由的原血红素-NO,这就意味着自由的碱基可以自由地参与催化反应,自由的蛋白质可以自由地改变构象,自由的血红素可以自由地从蛋白质中扩散,这三种变化中的任何一种或它们的组合都会在鸟苷酸环化酶的活化过程中起重要作用。NO 起着信使分子的作用,当内皮向肌肉发出放松指令以促进血液流通时,会产生一些 NO 分子,这些分子很小,能很容易地穿过细胞膜。血管周围的平滑肌细胞接收信号后舒张,使血管扩张。美国的弗奇戈特(R. F. Furchgott,1916—2009)、伊格纳罗(L. J. Ignarro,1941—)和慕拉德(F. Murad,1936—)三位科学家因阐述 NO 作为信使分子的具体作用机制荣获 1998 年诺贝尔生理学或医学奖。NO 的生物学作用和其作用机制研究方兴未艾,它的作用发现提示着无机分子在医学领域中研究的前景。

NO 作为非肾上腺素能非胆碱能(non-adrenergic- non-cholinergic，NANC)神经元递质，在泌尿生殖系统中起着重要作用，成为排尿节制等生理功能的调节物质，这为药物治疗泌尿生殖系统疾病提供了理论依据。现已证明人体内广泛存在着以 NO 为递质的神经系统，它与肾上腺素能、胆碱能神经和肽类神经一样重要。若其功能异常可能引起一系列疾病。

另有研究表明，在神经系统中，NO 通过扩散作用于相邻的周围神经元如突出前神经末梢和星状胶质细胞，再激活鸟苷酸环化酶(GC)从而提高环磷酸鸟苷(cGMP)水平，产生生理效应。在免疫系统中，NO 可以产生于人体内多种细胞中。例如，当体内内毒素或 T 细胞激活巨噬细胞和多形核白细胞时，能产生大量的诱导型 NOS 和超氧化物阴离子自由基，从而合成大量的 NO 和 H_2O_2，这在杀伤入侵的细菌、真菌等微生物和肿瘤细胞、有机异物及在炎症损伤方面起着十分重要的作用。

5. 低氧化态氮与氧形成的化合物

N_2O 俗称笑气，与 N_3^- 为等电子体，可用作麻醉剂。动力学因素使得 N_2O 为无色的不活泼气体，室温下与许多试剂不发生反应。N_2O 的结构见图 2-16。

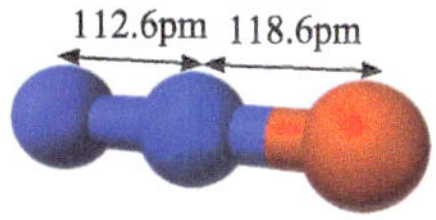

图 2-16 N_2O 的结构

112.6pm 118.6pm

利用熔融硝酸铵的反歧化反应制备 N_2O 时，必须谨慎操作以免发生爆炸，反应中阳离子是被阴离子氧化的：

$$NH_4NO_3(l) \xrightarrow{250℃} N_2O(g) + 2H_2O(g)$$

标准电势数据表明，无论在酸性还是碱性溶液中，N_2O 都是强氧化剂(图 1-5)。

$$N_2O(g) + 2H^+(aq) + 2e^- \longrightarrow N_2(g) + H_2O(l) \qquad \varphi^\ominus = 1.77V \qquad pH = 0$$

$$N_2O(g) + H_2O(l) + 2e^- \longrightarrow N_2(g) + 2OH^-(aq) \qquad \varphi^\ominus = 0.94V \qquad pH = 14$$

实验室制备少量 N_2O，可将 NO 气体通入亚硫酸钾溶液得到

$$K_2SO_3 + 2NO \longrightarrow K_2SO_3(NO)_2 \longrightarrow K_2SO_4 + N_2O$$

也可以通过硝酸铵的热分解制备，分解作用约在 170℃ 开始，由于反应放热并可能导致爆炸，因此需注意控制温度(<250℃)，同时防止产生的水倒流进入熔体。产物含少量 NO 及 N_2 等杂质，为除去 NO，可将混合气体通过硫酸亚铁溶液。

硝酸铵固体热分解法也可以用于工业上生产 N_2O。工业上还可以通过氨氧化法生产 N_2O，此反应的产物虽然相当复杂，但若在 200～300℃ 用含铁或铋的锰作催化剂，N_2O 产率可达 88%。在 200℃ 用 MnO-BiO 作催化剂，产率可达 71%。

N_2O 和氮的其他氧化物比较，相当不活泼，常温下不与卤素、碱金属等发生

反应，与氢的主要反应是：

$$N_2O + H_2 \longrightarrow N_2 + H_2O$$

H_2-N_2O 混合气的燃点比 H_2-O_2 混合气的低，但放出的热量比 H_2-O_2 混合气的高，原因是 N_2O 分子发生解离所需的能量($188kJ \cdot mol^{-1}$)低于 O_2 分子的 $251kJ \cdot mol^{-1}$。当然，H_2-N_2O 的反应不仅与 N_2O 的解离有关，其反应历程也很复杂。

某些金属的碳、磷、硫或氧化物的生成热较高，其在 N_2O 中加热时能发生燃烧，甚至比在空气中燃烧得更旺，反应生成氧化物和氮气。

$$M + N_2O \longrightarrow MO + N_2$$

N_2O 与原子氯反应，产生的中间氧化物分解，最终得到相应的单质。

$$Cl + N_2O \longrightarrow [ClO] + N_2$$

$$2[ClO] \longrightarrow Cl_2 + O_2$$

约200℃时，N_2O 与熔融的氨基化钠或氨基化钾反应，生成叠氮化物。

$$2KNH_2 + N_2O \longrightarrow KN_3 + KOH + NH_3$$

高于58℃时，N_2O 分解为氮气和氧气。

$$N_2O \longrightarrow N_2 + 1/2O_2$$

NO 和 NO_2 的混合物常用 NO_x 表示，是城市空气污染的主要危害之一，其主要危害光化学烟雾如图 2-17 所示。

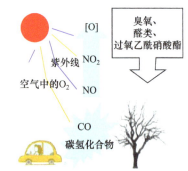

图 2-17　光化学烟雾及产生机理

全世界每年因燃烧产生的氮氧化物约有 10t，主要是 NO。尽管 N_2 和 O_2 直接化合形成 NO 的反应自由能很大($84kJ \cdot mol^{-1}$)，在 298K 时的平衡常数很小(5.27×10^{-31})，但在高温燃烧条件下仍有少量 NO 生成，其生成速率强烈依赖于温度。光化学烟雾的形成与 NO_x 有关。在通常使用汽油作燃料的情况下，汽车尾气中就有含量可观的一级污染物碳氢化合物和 NO。虽然 NO 本身并不吸收大气低层的辐射线，但它很容易转化成 NO_2，后者能吸收大气低层的可见光及紫外光。

$$NO_2 + h\nu \longrightarrow NO + O$$

$$O + O_2 \longrightarrow O_3$$

$$O_2 + 2NO \longrightarrow 2NO_2$$

氮氧化物在高温、强光、低湿度的异常气候条件下，发生光化学反应，产生臭氧、过氧基、醛类、有机硝基化物等二级污染物，形成蓝色强氧化性气溶胶光化学烟雾。20 世纪 40 年代，美国洛杉矶遭遇了严重的光化学烟雾污染事件。20 世纪 50 年代之后，其他国家的一些城市也发生过类似事件。

光化学烟雾包含一系列复杂连锁反应，这些由 NO 而来的蓝色强氧化性气溶胶二级污染物会刺激眼睛，缩短视程，造成肺水肿。产生的 NO_2 进入人体血液，形成氧化血红蛋白，使血红蛋白丧失输氧功能。光化学烟雾还能危害农作物和观赏植物。

2.2.2　磷氧化物的制备、结构与性质

磷生成的氧化物是 P_4O_6 和 P_4O_{10}，而不是 P_2O_3 和 P_2O_5，与 P_4 中含有的键有关，P_4 分子中 P 原子的配位数为 3，P 原子上还有一对孤对电子。P_4O_6 中的 P—O—P 键是由 P—P 键在 O_2 分子进攻下断开形成的；在 O_2 过量时，P_4O_6 的 P 上的孤对电子易配位到 O 原子上进而生成 P_4O_{10}。与氮氧化物不同，以四面体方式成键是磷氧化物的一个特点。

P_4O_6 和 P_4O_{10} 均为白色固体，分别为亚磷酸和磷酸的酸酐，其结构见图 2-18。

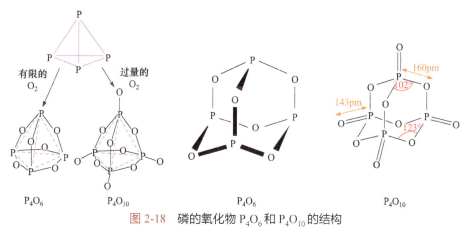

图 2-18　磷的氧化物 P_4O_6 和 P_4O_{10} 的结构

1. P$_4$O$_6$

1) 制备

P$_4$O$_6$ 为无色蜡状有大蒜气味的极毒晶体，有滑腻感，曾误以为其分子结构是 P$_2$O$_3$，因此三氧化二磷的名称一直沿用至今。白磷被氧化成 P$_4$O$_6$ 的作用因反应温度、气体流速、气体中除氧外其他气体的种类和量、白磷的分散程度及容器的几何形状而异。白磷置于内径为 17mm 的管内于 419～423K，通入 12.0kPa 气体(含 75%O$_2$ 和 25%N$_2$)，流速为 30L·h^{-1}，生成 P$_4$O$_6$，产率(按白磷量计)为 50%，产物中含少量白磷。在汞弧灯照射下使白磷转化为红磷，然后加热蒸出 P$_4$O$_6$ 纯制或于 CS$_2$ 中重结晶纯制。

于 823～873K、9.3kPa 下使白磷和 N$_2$O 反应生成 P$_4$O$_6$，产率为 50%。将 O$_2$ 通入白磷的 CCl$_4$ 溶液，得浅黄色物，后经真空干燥得白色 P$_4$O$_6$。有研究报道低温等离子体作用于 P、P$_4$O$_{10}$、Ca$_3$(PO$_4$)$_2$ 混合物会生成 P$_4$O$_6$。

白磷和 CO$_2$(摩尔比为 1∶1.5～15)在 1000～1700K 瓷管反应后，将混合产物 P$_4$O$_6$ 和 P$_4$O$_7$ 迅速冷却到 600K，两种氧化物可通过真空蒸馏分离(另一产物 CO 可作燃料)。

2) 结构与性质

P$_4$O$_6$ 为 T$_d$ 结构，与金刚烷类似，可以看作金刚烷中的四个叔碳被磷原子替代，而六个仲碳被氧原子替代。其中 P—O 键能为 360kJ·mol^{-1}，标准摩尔生成焓为 −1640.1kJ·mol^{-1}[按 P$_4$O$_{10}$(s)的标准摩尔生成焓为−2983.1kJ·mol^{-1} 计算]，升华热为 66.94kJ·mol^{-1}。P$_4$O$_6$(l) ══ P$_4$O$_6$(g)的标准摩尔反应焓变为 39.33kJ·mol^{-1}，反应熵变为 87.9J·K^{-1}·mol^{-1}。不同温度下 P$_4$O$_6$ 的蒸气压见表 2-5。

表 2-5　不同温度下 P$_4$O$_6$ 的蒸气压

温度/K	323	333	343	353	373	393	413	433	443
p/kPa	1.08	1.81	2.93	4.60	10.4	21.3	39.8	69.2	88.8

P$_4$O$_6$ 和过量的冷水混合并振荡，最终生成亚磷酸 H$_3$PO$_3$，若不振荡则分成两层，两层相互发生反应得 H$_3$PO$_3$ 和少量 H$_3$PO$_4$、P，还可能有 P$_2$O 等。P$_4$O$_6$ 与热水反应较剧烈，生成 H$_3$PO$_4$、PH$_3$ 及红磷。

$$P_4O_6 + 6H_2O(冷水) ══ 4H_3PO_3$$

$$P_4O_6 + 6H_2O(热水) ══ 3H_3PO_4 + PH_3\uparrow$$

在 473～673K 下将 P$_4$O$_6$ 置于密封管中，减压时按下式发生热分解反应：

$$2P_4O_6 \Longrightarrow 3P_2O_4 + 2P(红色)$$

P_4O_6 在空气中加热燃烧的现象因 P_4O_6 纯度、反应条件、P_4O_6 中的磷含量而异。因 P_4O_6 中含有白磷及少量湿气，燃烧时有绿色光焰(298K 白磷在 P_4O_6 中的溶解度为 $1.7g \cdot 100g^{-1}$，P_4O_6 体系的化学式是 $P_{2.00}O_{2.91}$ 或 $P_{2.06}O_{3.00}$)，绿色光焰因 O_2 压强增大而加强，在 0.1MPa 时最强。纯 P_4O_6 被氧化时不显绿色。当有湿气存在时，含白磷的 P_4O_6 和 O_2 反应的产物是 PO_2 和 P_4O_{10} 的混合物。

P_4O_6 与 Cl_2、Br_2 反应生成 $POCl_3$、$POBr_3$。P_4O_6 与 I_2 的反应很慢，在加压条件下，P_4O_6 与 I_2 在 CCl_4 溶液中反应，析出橙红色的 P_2I_4：

$$P_4O_6 + X_2 \longrightarrow POX_3 \ (X = Cl, Br)$$

$$5P_4O_6 + 8I_2 \Longrightarrow 4P_2I_4 + 3P_4O_{10}$$

高于 423K 时，S 也能氧化 P_4O_6：

$$P_4O_6 + 4S \Longrightarrow P_4O_6S_4$$

P_4O_6 与 HCl 反应生成 PCl_3 和 H_3PO_3，与 B_2H_6 反应则生成 $H_3BP_4O_6BH_3$：

$$P_4O_6 + 6HCl \Longrightarrow 2H_3PO_3 + 2PCl_3$$

$$P_4O_6 + B_2H_6 \Longrightarrow H_3BP_4O_6BH_3$$

P_4O_6 能取代羰基镍中的羰基，生成 $P_4O_6[Ni(CO)]$、$(P_4O_6)_2Ni(CO)_2$、$Ni(CO)(P_4O_6)_3$、$Fe(CO)_4(P_4O_6)$。在 $Fe(CO)_4(P_4O_6)$ 中，P_4O_6 的一个 P 原子和 Fe 原子配位。

P_4O_6 与冷水反应生成亚磷酸的反应很缓慢，工业上制备亚磷酸主要有 PCl_3 的水解反应：

$$PCl_3(s) + 3H_2O(l) \Longrightarrow H_3PO_3(aq) + 3HCl(aq)$$

亚磷酸主要用于制备碱式亚磷酸铅，产品用作聚氯乙烯的稳定剂。

2. P_4O_{10}

1) 制备

磷与足量氧反应生成 P_4O_{10}：

$$4P + 5O_2 \Longrightarrow P_4O_{10}$$

产物中常含有少量 P_4O_6，P_4O_6 于 448～473K 长时间通空气或 O_3 可转化为 P_4O_{10}。1073～1273K 下，白磷和过量干空气(过量系数为 2.30～2.55)作用可获得电工工业用纯 P_4O_{10}[金属杂质总量为 5×10^{-3}%，硫为(5×10^{-5}～1×10^{-4})%]。约 1273K 高温下，P_2O_4 被 CO_2 氧化成 P_4O_{10}：

$$2P_2O_4 + 2CO_2 \Longrightarrow P_4O_{10} + 2CO$$

$K_4P_2O_7$ 和 SO_3 作用会生成 K_2SO_4 和 P_4O_{10}。

2) 结构

固态、液态 P_4O_{10} 的结构比较复杂。常温下 P_4O_{10} 至少有三种晶体和两种无定形变体。

由气态 P_4O_{10} 冷凝得到的是无定形。商品 P_4O_{10}(纯度 99.5%)接近于无定形。无定形 P_4O_{10} 在真空中或 CO_2 中升华得六方晶体,称为 H 型。H 型在不同温度下加热(加热时间长短不同)得斜方晶体,称为 O 型和 O′型。H 型熔化为不稳定、具有较高蒸气压的液体。具有较高蒸气压的液体冷凝生成与无定形体相似的物质。O 型、O′型熔融得黏度大、蒸气压低的液体,这种液体迅速冷却得玻璃态物质。H 型晶体中的键长、键角均与 P_4O_{10} 分子相近,所以 H 型刚熔化时都是 P_4O_{10}。H 型中含有独立的 P_4O_{10}。O 型是片状结构,含有 10 个 P 和 10 个 O 组成的环。O′型也是片状结构,含有 6 个 P 和 6 个 O 组成的环。O 型和 O′型都是由 PO_4 四面体排列形成的,其键长等均,与 P_4O_{10} 分子不同。O 型和 O′型相互间的转化是 PO_4 的重排,必须在升温条件下,经较长时间加热才能完成。在高压釜中在低于熔点时加热,H 型首先转化成 O 型,再转化为 O′型,这可能就是 PO_4 重排需要时间的缘故。

3) 性质

P_4O_{10} 的脱湿能力极强,即使在 363K 时其脱湿能力仍然很强。室温下,P_4O_{10} 可使体系内残余水蒸气的压力小于 $1.33 \times 10^{-3}Pa$。P_4O_{10} 吸湿后在固态表面形成磷酸,从而阻碍内层 P_4O_{10} 和湿气的反应。若把 P_4O_{10} 分散在玻璃棉上使用,其吸湿的效率更高。

P_4O_{10} 溶于水的最终产物是 H_3PO_4,溶解热为 $188.3kJ \cdot mol^{-1}$。工业上大量 P_4O_{10} 被用来制备 H_3PO_4、$H_4P_2O_7$ 及磷酸酯。

$$P_4O_{10} + 6H_2O \Longrightarrow 4H_3PO_4$$

$$P_4O_{10} + 6Et_2O \longrightarrow 4PO(OEt)_3$$

H 型 P_4O_{10} 极易溶于水,溶解时发生"嘶嘶"声,O′型 P_4O_{10} 溶解要慢得多,O 型 P_4O_{10} 溶解最慢,即使在 363K 溶解速度仍很慢。H 型溶于冷水中约有 80% 转化为四偏磷酸$[(HPO_3)_4]$。纸上色层实验结果进一步表明:77%的 P_4O_{10} 转化为环状$(HPO_3)_4$,15%转化为 $H_5P_3O_{10}$,8%转化为 H_3PO_4、$(HPO_3)_3$、$H_6P_4O_{13}$ 等。O 型、O′型的水解产物中有一定量的聚合酸。

事实上,P_4O_{10} 的水解反应很复杂,水分子促使 P—O—P 键断裂,由于断裂部位和程度不同,产物不同,但水解的最终产物都是 H_3PO_4。P_4O_{10} 和 100% H_2O_2 反应生成过一磷酸(H_3PO_5)，而没有四偏磷酸(其在有一定量 H_2O_2 时便迅速被水解)。

4) 应用

P_4O_{10} 是一种高效率的干燥剂。表 2-6 为几种常用干燥剂的干燥效率，数值表示 298K 时 $1m^3$ 被干燥的空气中以 g 为单位的水蒸气含量。

表 2-6　常见干燥剂的干燥效率

干燥剂	$CaCl_2$	CaO	NaOH	浓 H_2SO_4	$Mg(ClO_4)_2$	硅胶	P_4O_{10}
水蒸气含量	0.34g	0.20g	0.16g	0.003g	2×10^{-3}g	3×10^{-3}g	1×10^{-5}g

P_4O_{10} 甚至可以夺取化合态的 H_2O。例如，使 HNO_3 和 H_2SO_4 脱水得到各自的酸酐：

$$P_4O_{10}(s) + 12HNO_3(l) = 6N_2O_5(s) + 4H_3PO_4(l)$$
$$P_4O_{10}(s) + 6H_2SO_4(l) = 6SO_3(g) + 4H_3PO_4(l)$$
$$4HClO_4 + P_4O_{10} = 2Cl_2O_7 + 4HPO_3$$

P_4O_{10} 还能使某些含羟基、酰胺的化合物脱水，例如：

$$2RCONH_2 + P_4O_{10} = 2RCN + 4HPO_3$$

磷酸是最重要的无机磷化合物，可由 H_2SO_4 分解磷酸钙(磷灰石的有效成分)得到：

$$Ca_3(PO_4)_2(s) + 3H_2SO_4(aq) = 2H_3PO_4(aq) + 3CaSO_4(s)$$

这样制得的 H_3PO_4 称为湿法磷酸。湿法磷酸含杂质量较高，主要用于生产磷肥。纯度较高的磷酸由白磷燃烧得到 P_4O_{10}，然后与 H_2O 反应制备，这样制得的 H_3PO_4 称为炉法磷酸。

生物玻璃(bioglass)是能实现特定的生物、生理功能的玻璃。生物玻璃植入人体骨缺损部位后能与骨组织直接结合，起到修复骨组织、恢复其功能的作用。生物玻璃是佛罗里达大学美国人亨奇于 1969 年发明的。其主要成分是约 45% Na_2O、25% CaO、25% SiO_2 和 5% P_4O_{10}。若添加少量其他成分，如 K_2O、MgO、CaF_2、B_2O_3 等，可得到一系列有实用价值的生物玻璃。用这种玻璃造人体骨比某些金属要优越得多。

3. 磷的其他氧化物

1) P_2O_4

P_4O_6 热分解得白色固体 P_2O_4 与 P。P_2O_4 于 453K 升华，623K 在空气中转化

成 P_4O_{10}。P_2O_4 溶于水得 H_3PO_4 和 H_3PO_3 的混合溶液。

P_2O_4 的晶体有两种：α 型(菱形)含 P_4O_8 和 P_4O_9，其平均组成为 $P_4O_{8.1}\sim P_4O_9$；β 型(单斜)由 P_4O_7 和 P_4O_6 组成，化学式为 $P_4O_{7.7}\sim P_4O_8$，P_4O_7 比 P_4O_6 多一个端基氧。α 型、β 型的结构参数相近，但晶体密度不同。纯的 P_4O_7、P_4O_8、P_4O_9 很难得到，已经证明 P_4O_8 为无定形。

P_4O_6 和 P_4O_{10}(摩尔比为 1∶2)在釜中回流 34h，得约等摩尔量的 P_4O_7 和 P_4O_8。

在 473~523K 真空条件下加热 P_4O_6，发生下列反应：

$$P_4O_6 \longrightarrow (PO_2)_n + P(红磷)$$

用分级升华的方法可分离红磷和 $(PO_2)_n$，产物是光亮透明的晶体，密度为 $2.537\text{g}\cdot\text{mL}^{-1}$(295.8K)。由蒸气密度测得 $(PO_2)_n$ 的相对分子质量(293~741)因温度而异。例如，1673K 时为 459±20。若按 459 计算，相当于 P_7O_{14}，也很可能是 P_8O_{16}。

$(PO_2)_n$ 是笼形化合物，在空气中易潮解，易溶解于水，溶解时发出"嘶嘶"声，溶液中有 H_3PO_3 和 $(HPO_3)_n$，并有少量 PH_3 释出。热和光对 $(PO_2)_n$ 均无明显作用。

2) P_2O_6

在 133Pa 低压下，P_4O_{10} 和 O_2 的混合气通过有静放电装置的热管，得蓝紫色固体。过氧化磷(P_2O_6)在蓝紫色固体中含量为 2%。干的蓝紫色固体在室温下能稳定存在几天，而在减压条件下会受热(403K)分解放出 O_2。P_2O_6 溶于水得到不稳定的、具有强氧化性的过磷酸溶液，它能使 KI 转化为 I_2。过氧化磷可能是 P_4O_{11} 和 P_4O_{12} 的混合物，可理解为 P_4O_{10} 中部分 P—O—P 转变为 P—O—O—P。

3) PO

273.2K 时，$POCl_3$ 在氯化三乙基铵(Et_3NHCl)中电解，或 $POCl_3$ 和 Mg 在 C_2H_5OH 中反应得褐色物 $(PO)_n$。此物不溶于水，比较稳定。

2.2.3　砷、锑、铋的氧化物

砷分族不是典型的金属和非金属元素，它们的单质不具有强氧化性或还原性。元素的最高氧化数(V)的化合物却具有一定的氧化性，特别是 Bi(V)的化合物具有很强的氧化能力，如酸性溶液中的铋酸钠就是著名的氧化剂。Bi(V)的氧化性比 As(V)和 Sb(V)强得多，因为 Bi 的第四电离能和第五电离能比 Sb 大，而且由于 $6s^2$ 的惰性电子对效应更强，把它们激发至 6d 空轨道需要很大的能量。另一方面，砷分族氧化态为–3 的化合物具有一定的还原性。

1. 砷的氧化物

与高稳定性的磷(V)氧化物不同，砷、锑、铋更易形成氧化态为+3 的氧化物，

如 As_2O_3、Sb_2O_3 和 Bi_2O_3。在气相，砷(Ⅲ)和锑(Ⅲ)氧化物的化学式为 E_4O_6，具有类似 P_4O_6 的四面体结构。砷、锑、铋的确能形成+5 氧化态的氧化物，但铋(Ⅴ)氧化物不稳定，迄今未能表征其结构。

砷有两种常见氧化物：As_4O_6(Ⅲ)和 As_4O_{10}(Ⅴ)。砷的氧化物比氮的氧化物少，可能是由于砷难以形成双键。

1) As(Ⅲ)的氧化物

As(Ⅲ)的氧化物至少有两种多晶变体：白砷石和砷华。

As_2O_3 俗名砒霜，有剧毒，为白色粉末，是最重要的砷氧化物，主要用于制造杀虫药剂、除草剂和含砷的药物。As_2O_3 是亚砷酸的酸酐，微溶于水，在热水中溶解度稍大，两性偏酸。在水中既可按酸式电离，也可按碱式电离：

$$As^{3+}(aq) + 3OH^-(aq) \rightleftharpoons As(OH)_3(aq)$$

$$H_3AsO_3(aq) \rightleftharpoons AsO_3^{3-}(aq) + 3H^+(aq)$$

加酸时生成三价砷盐，加碱时生成亚砷酸盐。碱性溶液中的亚砷酸盐是还原剂，能将弱氧化剂碘还原为 I^-：

$$AsO_3^{3-}(aq) + I_2(s) + 2OH^-(aq) \longrightarrow AsO_4^{3-}(aq) + 2I^-(aq) + H_2O(aq)$$

该反应在强酸性溶液中向相反方向进行，即砷酸将 I^- 氧化为 I_2。这是介质酸碱性影响氧化还原电势的一个典型实例。

As(Ⅲ)的氧化物是制备砷的其他化合物的原料。一般可用下述方法获得：在空气中燃烧砷，煅烧砷的化合物(如砷黄铁矿 $FeAsS$)或 $AsCl_3$ 的水解：

$$4AsCl_3 + 6H_2O \longrightarrow As_4O_6 + 12HCl$$

As_2O_3 的主要反应如下：

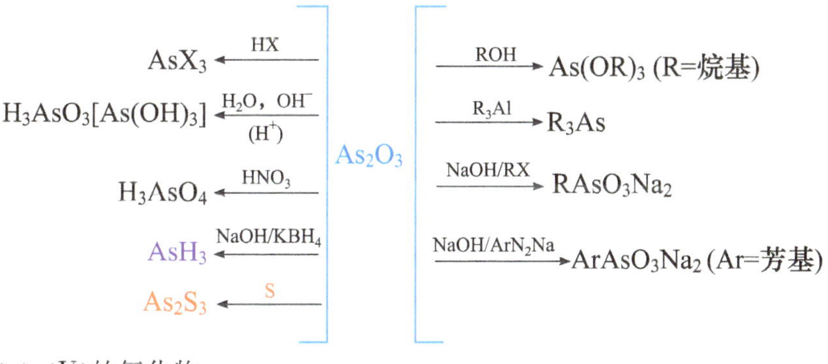

2) As(Ⅴ)的氧化物

As_2O_5 结晶具有由等数目的四面体 AsO_4 和八面体 AsO_6 单元(As—O 键键长分

别为 168pm 和 182pm)共角相连组成的复杂三维结构。As_4O_{10} 不能像 P_2O_5 那样由单质直接氧化得到，因它在高温下会分解失去氧。由 As_4O_6 直接氧化成 As_4O_{10} 的反应即使在一定压力下的纯氧中也不能定量进行。因此，最好用加热砷酸水合物的方法制备 As_2O_5。

$$As_2O_5 \cdot 7H_2O \xrightarrow{-30℃} As_2O_5 \cdot 4H_2O \xrightarrow{36℃} \begin{matrix} As_2O_5 \cdot 5/3H_2O \\ (H_3AsO_4 \cdot 2H_2O) \\ (H_3AsO_4 \cdot 1/2H_2O) \\ (H_5As_3O_{10}) \end{matrix} \xrightarrow{170℃} As_2O_5$$

由于砷酸脱水分步进行，实验室用浓硝酸与砷或 As_4O_6 反应得到的溶液，在不同温度下重结晶可以得到不同固体，只有经过进一步加热才可能得到 As_2O_5。

As_2O_5 在空气中吸潮，易溶于水($20℃$，$230g \cdot 100g^{-1}$水)。它与 P_2O_5 不同，对热不稳定，在熔点($300℃$)附近即失去 O_2 变成 As_2O_3。它是强氧化剂，能将 SO_2 氧化成 SO_3：

$$As_2O_5 + 2SO_2 =\!=\!= As_2O_3 + 2SO_3$$

As_2O_5 的热稳定性差，易水解。As_2O_5 溶于水生成 H_3AsO_4，是砷酸的酸酐，呈弱酸性。H_3AsO_4 是 H_3PO_4 的类似物，磷酸盐是动植物生长必需的营养，而砷酸盐能使动物中毒。一种解释是：AsO_4^{3-} 与 PO_4^{3-} 相似，都能进入动植物细胞内，不同的是 AsO_4^{3-} 的氧化性大大强于 PO_4^{3-}，或者称其更容易被还原，AsO_4^{3-} 在细胞内部被还原为有毒的 As(III)物种，毒性源于软性 As(III)与蛋白质中的 S 原子(也是软原子)的亲和力，使蛋白质失去其正常功能。

2. 锑的氧化物

1) Sb(III)的氧化物

与砷的氧化物类似，在蒸气相中氧化亚锑分子以 Sb_4O_6 二聚体形式存在，只有在高温下才分解为简单的分子 Sb_2O_3。Sb_4O_6 为白色结晶形粉末，加热后变黄，冷却后变白，无气味，有致癌可能性。熔点 $655℃$，沸点 $1425℃$，高真空加热至 $400℃$ 时升华。两性偏碱，几乎不溶于水，可溶于浓度大的硫酸、硝酸、氢氧化钠溶液、热酒石酸溶液、酒石酸氢盐溶液和硫化钠溶液。

$$Sb_4O_6 + 2H_2SO_4 =\!=\!= 2(SbO)_2SO_4 + 2H_2O$$
$$Sb_4O_6 + 4NaOH =\!=\!= 4NaSbO_2 + 2H_2O$$

Sb(III)氧化物至少有两种不同变体：立方的方锑矿和正交的锑华，它们的相互关系如图 2-19 所示。

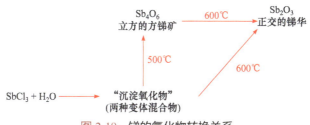

图 2-19　锑的氧化物转换关系

常见的制备方法：水解 SbX_3 这种方法很容易得到 Sb_4O_6，也可在空气中加热金属锑或 Sb_2S_3，或者将水蒸气与红热金属锑反应。由辉锑矿(Sb_2S_3)煅烧氧化生成粗产物 Sb_2O_3，进行提纯除去砷和铁，再以炭还原成金属锑，进一步熔炼提纯，再氧化得到纯 Sb_2O_3。

Sb_2O_3 的生产工艺可分为干法和湿法两种。干法又称为火法，是目前应用较广泛的一类生产方法。干法生产 Sb_2O_3 主要有金属锑烟化法(间接法)和精矿双窑烟化法(直接法)两种工艺。以干法制得的 Sb_2O_3 主要是立方晶体，也含有一定量的斜方晶体。湿法生产 Sb_2O_3 既能处理单一的含锑原料，也能处理多金属的复杂矿，如锑金矿、锑铅矿、锑汞矿、硫化-氧化混合矿，以及铜、铅精炼过程的阳极泥、冶炼厂含锑烟尘等。湿法生产工艺主要有锑的浸出和电积两个工序。前者是使锑溶解于溶剂中，后者是将所得的溶液通过电解产出金属锑。

塑料和橡胶等阻燃行业是 Sb_2O_3 的主要应用领域，卤-锑复合阻燃体系是目前应用最广且最成熟的阻燃体系。当 Sb_2O_3 与卤系阻燃剂以卤：锑的摩尔比 3：1 并用时，能大幅减少卤素阻燃剂的使用量，并能获得最佳的阻燃性能，这一特性到目前为止尚没有其他材料能够替代。目前国内约有 60%的 Sb_2O_3 产品用于塑料和橡胶等阻燃行业。聚酯是 Sb_2O_3 应用的第二大行业，在聚酯缩聚过程中以 Sb_2O_3 或乙酸锑、乙二醇锑作为催化剂，其加入量按锑量计为聚酯的 0.02%～0.03%。聚酯已逐渐成为人们首选的包装材料，在食品、饮料、药品、日用化妆品等领域中应用越来越广泛。Sb_2O_3 也可作为石油钝化剂的原料用于石油炼油行业：在原油催化裂化过程中，原油中所含的镍、钒等重金属会使催化剂中毒，为此需要在原料中加入以 Sb_2O_3 为原料制成的 Sb_2O_5 复合钝化剂，以提高轻质油收率。

2) Sb(Ⅴ)的氧化物

Sb_2O_5 是一种淡黄色粉末，显酸性，易溶于碱。将 Sb_2O_5 溶于碱金属氢氧化物或与其固体共熔即得锑酸盐 $M[Sb(OH)_6]$，$M[Sb(OH)_6]$ 与酸性离子树脂交换得到"锑酸"，得到类强酸的滴定曲线特性，pK 值为 2.5。Sb_2O_5 的制备方法如下。

(1) 离子交换法：将 2 份锑酸钠用去离子水混溶成为胶体溶液，用齿轮泵打入离子交换柱进行离子交换。离子交换柱内装氢型阳离子交换树脂，采用固定床形式。锑酸钠胶体从顶部打入，底部抽出，不断循环，流速每分钟 13L 左右。当胶体溶液 pH 由 6 降至 2 时，再循环 1h，然后过滤回收溶液。离子交换树脂用盐酸再生，用去离子水洗后继续使用。滤液静置 10h 以上，得不透明含固状浆液。于 100℃ 下浓缩，再经干燥得到胶态 Sb_2O_5。

(2) 回流氧化法：将 14.58 份 Sb_2O_3 和 19.40 份去离子水投入搅拌反应釜，搅拌成浆状物。加热升温至 95℃ 后，开启回流冷凝器的上水，在搅拌下缓缓滴加 28% 过氧化氢溶液，滴加过程中温度不得超过 95℃。待 11.40 份浓度为 28% 的过氧化氢溶液加完后，继续在搅拌下加热回流 45min，制得白色稠厚浆状物。稍冷却后过滤，去掉团粒或块粒，于 90℃ 下烘干即得成品。如果在反应产物稠厚浆状物中加入 4.25 份三乙醇胺，搅拌混合均匀，过滤后于 100℃ 下烘干，也可得到黄色粉末状 Sb_2O_5。

(3) 锑酸钾(钠)凝胶溶胶法：锑酸钠中添加水，搅拌分散，浓度为 $0.3g \cdot mL^{-1}$，并在搅拌下添加 35% 的盐酸，加热至 40℃ 反应 4h，生成五氧化锑凝胶料浆。经过滤分离、纯水洗涤，得到的五氧化锑滤饼加入纯水，再加入三乙醇胺，加热至 75℃ 进行解胶 5h，制得 Sb_2O_5 溶胶产品。

很长一段时期人们对 Sb(V) 的含氧化合物认识不清晰。许多化合物被看作与磷酸盐、砷酸盐有相同分子式的偏、焦锑酸盐。后来通过结构研究才发现它们与磷酸盐、砷酸盐不同。Sb(V) 的含氧化合物不是以四面体为基础，而是氧原子对 Sb(V) 形成八面体配位。

3. 铋的氧化物

1) Bi_2O_3

Bi_2O_3 有多种变体，在常温下稳定的是 α-Bi_2O_3，为单斜晶体。加热至 729℃，α-Bi_2O_3 转变为立方晶系的 δ-Bi_2O_3，该形态直至 824℃ 才熔化。将 δ-Bi_2O_3 冷却，可以得到两种介稳状态的晶形：一种是 650℃ 时生成正方晶形的 β-Bi_2O_3，另一种是 639℃ 时生成体心立方晶格的 γ-Bi_2O_3。α 型为黄色单斜晶系，熔点 825℃，溶于酸，不溶于水和碱，α-Bi_2O_3 显弱碱性，这是同族递变的明显现象。β 型为亮黄色至橙色，正方晶系，熔点 860℃，溶于酸，不溶于水，容易被氢气、烃类等还原为金属铋。δ-Bi_2O_3 是一种特殊的材料，具有立方萤石矿型结构，其晶格中有 1/4 的氧离子位置是空缺的，因而具有非常高的氧离子导电性能。

Bi_2O_3 主要应用于电子陶瓷粉料、电解质材料、光电材料、高温超导材料、催化剂。其作为电子陶瓷粉体材料中的重要添加剂，纯度一般要求在 99.15% 以上，主要应用对象有氧化锌压敏电阻、陶瓷电容、铁氧体磁性材料三类。

铋晶体具有螺旋阶梯状结构，外缘周围的氧化膜生长速率更快(图 2-20)，高温加热金属铋至熔点以上时能燃烧，正在燃烧的晶体发出淡蓝色的火焰，可以产生 Bi_2O_3，之后溶解成液体，冷却后从银白色变为偏光的彩虹色，金属铋就形成了复杂而规律的铋晶体。铋的颜色由外部氧化膜的厚度决定，不同厚度反射出的金属颜色不同。人们常将金属铋与金属铅比较，也常用金属铋替代金属铅。

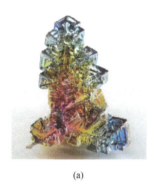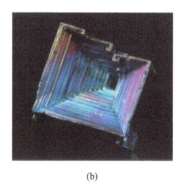

(a)　　　　　　　　　　　　　(b)

图 2-20　合成的表面带有薄氧化层的铋晶体(a)和加热金属铋表面产生的彩虹光泽(b)

2) Bi_2O_4

Bi_2O_4 为黄棕色粉末，不溶于水，但能被水缓慢分解。溶于热酸的同时分解，110℃时脱去一分子结晶水，180℃时脱去二分子结晶水，无水物熔点为 305℃。Bi_2O_4 可由 Bi_2O_3 进一步氧化得到。用作金属挤压的润滑剂。

3) Bi_2O_5

与 As 类似，Sb_2O_5 和 Bi_2O_5 不能由单质直接氧化得到。Bi_2O_5 两性偏酸，存在多种与之相对应的铋酸盐，最常见的是铋酸钠($NaBiO_3$)。在 $Bi(OH)_3$ 的强碱性溶液中加入强氧化剂(如 Cl_2)或加热 Na_2O_2 和 Bi_2O_3 的混合物均可制得 $NaBiO_3$。$NaBiO_3$ 为黄棕色固体，在酸性溶液中是极强的氧化剂$[\varphi^{\ominus}(Bi^{V}/Bi^{III}) = 2.03V]$。例如，钢铁试样中的锰可以直接被 $NaBiO_3$ 氧化成高锰酸根离子，可用比色法确定其浓度。但 $NaBiO_3$ 溶液很不稳定，在 $0.5mol \cdot L^{-1}$ 的 $HClO_3$ 溶液中避光可以保存数日。用酸处理 $NaBiO_3$ 可得棕红色 Bi_2O_5，Bi_2O_5 极不稳定，迅速分解为 Bi_2O_3 和 O_2。

2.3　硫属化合物

2.3.1　磷硫化物的制备、结构与性质

磷的硫化物呈现出令人费解的结构和特征，如 P_4S_{10}、P_4S_9、P_4S_7、P_4S_5、P_4S_3

等，这些化合物都以 P_4 四面体为基础，其中 P_4S_5 和 P_4S_{10} 较为重要(图 2-21)。

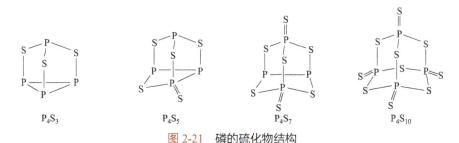

图 2-21 磷的硫化物结构

1. P_4S_3

P_4S_3 是磷硫化物中最稳定的化合物，它的结构中保留了一个 P_3 环。受热或摩擦极易燃烧。与潮湿空气接触会发热，散发出有毒和易燃的气体。P_4S_3 与大多数氧化剂如氯酸盐、硝酸盐、高氯酸盐或高锰酸盐等组成敏感度极高的爆炸性混合物。P_4S_3 可以用如下方法制备：

(1) S 和 P 在惰性气氛下于 453K 发生放热反应得 P_4S_3。因为反应放热，制备过程中采取连续加料的方法控制反应速率。产物可在常压下蒸馏提纯或在甲苯中重结晶提纯。

(2) 过量红磷和硫粉在 CO_2 气氛下加热到 373K 时发生反应。反应后加热可减少产物中含硫较多的硫化磷的量。冷却后用 CS_2 萃取，或在 CO_2 气氛下蒸馏，得 P_4S_3 黄色斜方晶体。

(3) 工业生产是在 CO_2 气氛下使红磷和硫反应，得含杂质的 P_4S_3，在铸铁容器中于 593~653K 使熔硫和熔白磷反应，反应物加完后，再加热数小时，产物经真空蒸馏或(和)水或 $NaHCO_3$ 溶液洗涤，于 313~323K 真空干燥而成。

(4) 其他生产 P_4S_3 的方法有：PH_3 和 S 反应生成 P_4S_3 和 H_2S，PH_3 和 $SOCl_2$ 或 SO_2Cl_2 反应生成 P_4S_3。

蒸气密度法测定的相对分子质量，973K 时为 219，1023K 时为 213，仍与化学式 P_4S_3 相符，同时表明 P_4S_3 在高温下不易分解。

P_4S_3 是最易溶解的硫化磷，能溶于 CS_2、C_6H_6、$C_6H_5CH_3$、PCl_3、$PSCl_3$ 等，溶解度较大，如 290K 时 100g $C_6H_5CH_3$ 中能溶解 31.2g P_4S_3。

常温下 P_4S_3 和空气无作用，于 413~423K 在空气中被氧化，同时发生磷光现象与白磷、P_4O_6 被氧化相似。343K 时在空气或干氧(压力 51.55kPa)中出现周期性磷光，随着 O_2 压力逐渐增大仍有磷光，当 O_2 压力为 51.89kPa 时无磷光。

常温下 P_4S_3 在水中是稳定的，但在沸水中发生缓慢水解反应。P_4S_3 水解产物

按产量由多到少有 H_2S、H_3PO_3、H_3PO_2 及 PH_3 等。P_4S_3 溶于液氨(240K)得 $(NH_4)_2[P_4S_3(NH_2)_2]$ 固体，其中 NH_2 和三配位的磷相连，此固体加热到 423～453K 又分解为 P_4S_3。

P_4S_3 和冷 HCl、H_2SO_4 的作用也很慢，与冷 HNO_3 作用得磷和磷的含氧酸，与王水在适当的条件下生成 H_3PO_4 和 H_2SO_4。在碱性溶液中，P_4S_3 的水解反应速率较快，生成 S^{2-}、PH_3、H_2、$H_2PO_2^-$ 及 HPO_3^{2-}，这种溶液经过阴离子变换柱可得一硫代亚磷酸盐。

P_4S_3 在工业中用作火柴头原料。1826 年，英国药剂师沃克用氯酸钾、三硫化锑和树胶制成了第一根摩擦火柴，取火时在砂纸上擦燃，这是近代火柴的萌芽。1830 年，法国索里亚发现用白磷作火柴头可以制成更可靠的火柴，这种火柴称为摩擦火柴，一直沿用至 19 世纪末。摩擦火柴方便储存，但容易致命。白磷燃烧时会放出毒烟 P_2O_5，长期接触这种毒烟会患上磷毒性颌骨坏死病，这种病会导致患者的颌骨坏死直至死亡。火柴厂的工人所受影响最大，白磷因此在 20 世纪末被严禁用于制造火柴，最终被 P_4S_3 取代。现在的安全火柴头上除了 P_4S_3，最主要的成分是氯酸钾，它的作用是助燃，有些还添加了 Sb_2S_3 作助燃剂。另外有一种"随处可划"的火柴，其中加入了 P_4S_3。火柴盒的侧面涂有红磷和摩擦剂。

2. P_4S_5

P_4S_5 在低于其熔点时发生歧化反应，因此不能由熔融体直接得到，最好的制备方法是用痕量的碘作催化剂，辐照在 CS_2 溶液中的 P_4S_3。P_4S_5 的结构中有一个 P=S 键和三个分别含有 4、5、6 个原子的稠杂环，还有两个短的 P—P 键，其中 P_3S_2 环几乎是平面四方形。

将 11g P_4S_3、3.5g S 和 0.1g I_2 催化剂加入 100mL CS_2 中，经漫射日光照射三天得 α-P_4S_5，产物在 CS_2 中重结晶得亮黄色晶体。在冷 CS_2 中分子重排得 β-P_4S_5。在 CS_2 溶液中测得 P_4S_5 相对分子质量为 294～342(P_4S_5 为 284)。

红磷和硫加热至熔融，慢冷，用 CS_2 萃取得 P_4S_5。熔化时，P_4S_5 分解，熔体慢冷时，发生下列可逆反应：

$$2P_4S_5 \rightleftharpoons P_4S_3 + P_4S_7$$

P_4S_5 的熔化温区很宽，为 443～493K。P_4S_5 和液氨(240K)反应得 $P_4S_5 \cdot 6NH_3$，实际上是 $(NH_4)_3 \cdot P_4S_5(NH_2)_3$。

3. P_4S_7

P_4S_7 是仅次于 P_4S_3 的稳定硫化物，受热或摩擦极易燃烧。可利用 P 和 S 直接反应制得，它的结构中保留了一个 P—P 键，另有两个环外的 P=S 基团。

按计量称取 P_4S_3 和 P_4S_{10} 置于 CS_2 溶液中，加热到 373K 即得 P_4S_7。纯 P_4S_7 为无色或浅黄色晶体。

将 P 和 S(摩尔比为 4∶7)与 5% P_4S_3 混合，置于硬质试管中加热蒸发，冷却后用 CS_2 溶解 $P_4S_3(P_4S_3$ 比 P_4S_7 更易溶于 CS_2)可得到 P_4S_7。在碘催化下，P 和 S 经漫射日光照射数天得 P_4S_7。室温下经漫射日光照射 CS_2 中的 P_2I_4 和 S，得 P_4S_7 大晶体。

P_4S_7 有 α 型和 β 型两种晶体，β 型是对称的。P_4S_5 和 $P_4S_{6.9}$ 混合熔融得 $P_4S_{6.5}$，它是缺硫的 P_4S_7，称为 α-P_4S_7。一般认为 α-P_4S_7 中含少量 P_4S_5、P_4S_6(可认为是 P_4S_7 缺末端硫)。在沸点 796K 时测定相对分子质量，表明以 P_4S_7 存在。温度升高，P_4S_7 明显分解，其蒸气的相对分子质量于 973K 为 337，1073K 为 202，1173K 为 179，1273K 为 167(只有 P_4S_7 相对分子质量 348 的一半)。在 CO_2 气氛下，P_4S_7 蒸馏不分解。P_4S_7 有明显的水解性质，在酸、碱溶液中水解生成 H_3PO_4、H_3PO_3、H_2S 及少量 PH_3。P_4S_7 和液态 NH_3 反应生成 $(NH_4)_3PS_4$、$(NH_4)_2PS_3NH_2$、$(NH_4)_3P_3S_3(NH)_3$ 及 $NH_4P_2(S)N$，4 种物质的摩尔比为 1∶2∶1∶1。在 CS_2 中，P_4S_7 和 C_2H_5OH 作用生成 $(EtO)_2P(S)SH$ 和 $(EtO)_2PP(OEt)SH$，后者易分解为 $(EtO)_2P(S)SEt$ 和 $(EtO)_2P(S)H$。

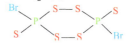

图 2-22 $P_2S_6Br_2$ 的结构

在 CS_2 中，P_4S_7 和 Br_2 反应生成 $P_2S_5Br_4$(熔点 363K) 及 $P_2S_6Br_2$(熔点 391K)，后者是环状结构(图 2-22)。

4. P_4S_9

加热 P_4S_7 和 P_4S_{10} 可生成 P_4S_9，反应可逆，如果该反应在 CS_2 中进行，则反应正向进行为主：

$$2P_4S_{10} + P_4S_7 \Longrightarrow 3P_4S_9$$

P_4S_{10} 和 PCl_3 或 PPh_3 作用也生成 P_4S_9：

$$P_4S_{10} + PPh_3 \Longrightarrow P_4S_9 + PSPh_3$$

P_4S_9 的结构可认为是 P_4S_{10} 缺一个上端基 S，与 α-P_4S_7 相似，P_4S_9 也是缺硫化合物，其组成常为 $P_4S_{8.5}$。

P_4S_9 有 α 型、β 型两种晶体。α 型的熔点为 513～543K，β 型的熔点为 523～532K。P_4S_9 也能水解。

5. P_4S_{10}

五硫化二磷(P_4S_{10})也是目前了解得最清楚、在工业上最重要的硫化磷。遇明火、高热、摩擦、撞击有引起燃烧的危险。受热分解，放出磷、硫的氧化物等毒性气体。燃烧时放出有毒的刺激性烟雾。与潮湿空气接触会发热以至燃烧。与大多数氧化剂如氯酸盐、硝酸盐、高氯酸盐或高锰酸盐等组成敏感度极高的爆炸性混合物。遇水或潮湿空气分解成有腐蚀和刺激作用的磷酸及硫化氢气体。可通过液态白磷与稍过量的硫在高于 300℃时直接反应生成 P_4S_{10}，也可以由磷铁(合金)制得。P_4S_{10} 的结构基本与 P_4O_{10} 相同。

$$4Fe_2P + 18S \Longrightarrow P_4S_{10} + 8FeS$$

$$4Fe_2P + 18FeS_2 \Longrightarrow P_4S_{10} + 26FeS$$

在惰性气氛下，按 2P(白磷)和 5S 计量连续加料，温度升高达 573K，产物经蒸馏纯化得 P_4S_{10}。2P(红磷)与 5S(外加 1%过量的 S)在抽空的容器中加热到 973K，此时管内压力升高达几巴(1bar = 10^5Pa)，反应完毕后慢冷，用 CS_2 萃取、重结晶可得浅黄色晶体 P_4S_{10}。或在 CS_2 中，加 S、P 及萘($C_{10}H_8$)慢升温达 423～473K，冷却得 P_4S_{10}。

P_4S_{10} 在有机合成中广泛用作硫化试剂，能将羰基化合物转化为硫代羰基化合物，进而制备各种类型的有机硫化物。P_4S_{10} 能有效活化醇或酸中的自由羟基，也能作为脱氧剂和脱氢试剂参与反应[65]。P_4S_{10} 能作用于多种类型的羰基底物(如酮、二酮、酯、酰胺等)，将其转化为相应的硫羰基化物[66]。P_4S_{10} 还能用于活化羧酸或醇化合物中的自由羟基，从而产生活泼离去基团，在其他亲核试剂存在下则能进一步发生取代反应[67]。P_4S_{10} 是温和的选择性脱氧试剂，能还原亚砜化合物为硫化物[68]。该类还原反应不会影响底物的其他官能团如酯基、酰胺和酮，有趣的是砜在 P_4S_{10} 作用下也能保持不变。P_4S_{10} 也能作为脱氢试剂参与反应，如呋喃Diels-Alder 加成物的芳香化反应能够在 P_4S_{10} 和 CS_2 诱导下有效进行[69]。P_4S_{10} 能作为加合物参与反应，如与甾体分子 16-脱氢孕酮烯醇作用发生的加合反应[70]。其他硫化磷还有 P_4S_2、$(PS)_n$、P_2S_3、P_4S_6、P_4S_4、PS_2 等。

2.3.2 砷硫化物的制备、结构与性质

已知砷的硫化物有 6 种：As_2S_3、As_2S_5、As_4S_3、As_4S_4、As_4S_5 和 As_4S_6，后四种可认为是在 As_4 四面体结构 6 个 As—As 棱上插入 S 原子。

1. As_2S_3

黄色的硫化亚砷(As_2S_3)俗称雌黄，是橙色雄黄(As_4S_4)的共生矿物，有"矿物鸳鸯"的说法(图 2-23)。

图 2-23　As$_2$S$_3$(左)和 As$_4$S$_4$(右)

雌黄蒸气 As$_4$S$_6$ 分子是 As$_2$S$_3$ 的二聚体，其结构与 P$_4$O$_6$ 类似。纯 As$_2$S$_3$ 呈柠檬黄，属单斜晶系，是由(As$_2$S$_3$)$_n$ 所组成的层状晶格，230℃时熔化为红色液体，707℃时沸腾而不分解。As$_2$S$_3$ 难溶于水，两性偏酸，甚至在浓盐酸溶液中也不溶解(不同于 Sb$_2$S$_3$)，但可溶于碱金属氢氧化物和硫化物溶液，生成硫代亚砷酸盐：

$$As_2S_3 + 6OH^- = AsS_3^{3-} + AsO_3^{3-} + 3H_2O$$

$$As_2S_3 + 3CO_3^{2-} = AsS_3^{3-} + AsO_3^{3-} + 3CO_2$$

$$As_2S_3 + 3Na_2S = 2Na_3AsS_3$$

后一反应在分析化学中常用来溶解 As$_2$S$_3$。当上述溶液酸化时，As$_2$S$_3$ 又重新沉淀析出。

在空气中煅烧 As$_2$S$_3$ 的反应为

$$2As_2S_3 + 9O_2 \xrightarrow{\triangle} 2As_2O_3 + 6SO_2$$

在浆状 As$_2$S$_3$ 中通入 O$_2$ 氧化，则生成单质硫和 H$_3$AsO$_4$：

$$2As_2S_3 + 5O_2 + 6H_2O = 4H_3AsO_4 + 6S$$

As$_2$S$_3$ 是容易升华的固体，可由硫和砷或 As$_4$O$_6$ 和 S 加热制得：

$$As_4O_6 + 9S \xrightarrow{\triangle} 2As_2S_3 + 3SO_2$$

将 H$_2$S 通入酸化的亚砷酸溶液中得到无定形 As$_2$S$_3$ 沉淀，并且当溶液 pH 为 1～2 时，沉淀是定量的：

$$2H_3AsO_3 + 3H_2S = As_2S_3\downarrow + 6H_2O$$

As$_2$S$_3$ 与碱金属和氨的多硫化物作用被氧化成硫代砷酸盐而溶解：

$$As_2S_3 + 3S_x^{2-} = 2AsS_4^{3-} + (3x - 5)S$$

过氧化氢和浓硝酸也是将 As$_2$S$_3$ 氧化成砷酸而将其溶解，这是定性分析中的重要反应：

$$As_2S_3 + 2HNO_3 + 2H_2O \Longrightarrow 2H_3AsO_4 + 3S + N_2$$

As_2S_3 和 Cl_2 反应则转化为 $AsCl_3$ 和 S_2Cl_2。

As_2S_3 也可以被还原成 As_4S_4：

$$2As_2S_3 + 2SnCl_2 + 4HCl \Longrightarrow As_4S_4 + 2H_2S + 2SnCl_4$$

在砷和锡的混合溶液中检验砷常得到红色沉淀，就是发生了上述反应。

2. As_4S_4

As_4S_4 俗称雄黄，又称为石黄、黄金石、鸡冠石，通常为橙黄色粒状固体或粉末，质软，性脆。雄黄在自然界常与雌黄、辉锑矿、辰砂共生，可用作原料、药材和烟火成分。

工业上常用煅烧黄铁矿与砷黄铁矿(按 As：S = 15：27)制备 As_4S_4：

$$4FeS_2 + 4FeAsS \Longrightarrow As_4S_4 + 8FeS$$

As_4S_4 不溶于水，热稳定较好，能在常压下蒸馏而不分解，但在空气中受阳光照射后会转变为 As_2S_3 和 As_2O_3 的混合物。As_3S_4 与 KNO_3 一并加热会燃烧产生美丽的白光，因此常用 As_4S_4 制造烟花。与 KOH 共热，As_4S_4 则歧化分解为 As_4S_6 和 As：

$$3As_4S_4 \Longrightarrow 2As_4S_6 + 4As$$

3. As_2S_5

将 H_2S 迅速通入冰冷却的强盐酸酸化砷酸溶液中可制得淡黄色 As_2S_5(结构尚不明确)。在空气中超过 90℃会分解成 As_2S_3 和 S，酸性比 As_2S_3 强，易溶于碱性溶液得到砷酸盐：

$$As_2S_5 + 3Na_2S \Longrightarrow 2Na_3AsS_4$$

2.3.3　锑和铋的硫化物

锑和铋是亲硫元素，在自然界主要以硫化物矿石存在，其中有辉锑矿(Sb_2S_3)、深红银矿(Ag_3SbS_3)、辉锑铅矿、脆硫锑铅矿和硫锑铅矿[71]。

1. 锑的硫化物

1) 锑(Ⅲ)的硫化物

硫化锑(Sb_2S_3)的结构和性质与 Bi_2S_3 极为类似，是一种重要的 V A-Ⅵ A 族层状半导体化合物，禁带宽度为 1.5～2.2eV，半导体光谱覆盖了整个太阳光的光谱范围，具有良好的光电特性和极高的热电能。Sb_2S_3 受热时体积缩小，并变为红褐色。在隔绝空气下强烈加热可被蒸馏而不致分解。与氧化剂接触有引起燃烧爆炸的危险。粉体与空气可形成爆炸性混合物，当达到一定浓度时，遇火星会发生爆炸。在氧气中燃烧生成 Sb_2O_3 和 SO_2。

Sb_2S_3 可用加热单质锑和硫的混合物，或升华 Sb_2O_3 与硫的混合物制得。制备 Sb_2S_3 较方便的方法是加热 $SbCl_3$ 和硫代硫酸钠溶液：

$$2SbCl_3 + 6Na_2S_2O_3 = Sb_2S_3 + 6NaCl + 3Na_2S_3O_6$$

或将 H_2S 通入 $SbCl_3$ 的盐酸溶液中：

$$2SbCl_3 + 3H_2S = Sb_2S_3 + 6H^+ + 6Cl^-$$

从上述溶液中沉淀出来的 Sb_2S_3 是橙黄色的，在 CO_2 中将其加热至 200℃ 可变成密度较大的深灰色斜方形变体。Sb_2S_3 在自然界中以深灰色的辉锑矿存在。Sb_2S_3 的晶体结构如图 2-24 所示。

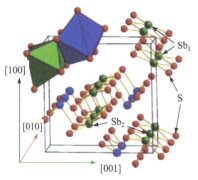

图 2-24　三硫化二锑的晶体结构[72]

Sb_2S_3 在室温下稳定，但在空气中加热就转变成相应的氧化物，也可被 H_2 或 Fe 还原为单质 Sb。Sb_2S_3 不溶于水，但溶于热浓 HCl：

$$Sb_2S_3 + 8HCl = 2HSbCl_4 + 3H_2S$$

As_2S_3 不溶于浓 HCl，说明 As_2S_3 的酸性比 Sb_2S_3 强，可利用该反应从 As_2S_3 中分离和鉴别锑。Sb_2S_3 也溶于碱金属氢氧化物溶液中：

$$2Sb_2S_3 + 4OH^- = SbO_2^- + 3SbS_2^- + 2H_2O$$

若 Sb_2S_3 与浓氢氧化钠溶液作用，则有

$$Sb_2S_3 + 6NaOH = Na_3SbO_3 + Na_3SbS_3 + 3H_2O$$

然而 Sb_2S_3 在氨水和 $(NH_4)_2CO_3$ 溶液中不溶，这又可与 As_2S_3 区别。但 Sb_2S_3 溶于硫化铵溶液，生成硫代亚锑酸盐：

$$Sb_2S_3 + 3Na_2S = 2Na_3SbS_3$$

酸化硫代亚锑酸盐溶液或亚锑酸盐和硫代亚锑酸盐混合液，Sb_2S_3 又重新沉淀出来：

$$2SbS_3^{3-} + 6H^+ = Sb_2S_3 + 3H_2S$$

$$SbS_3^{3-} + SbO_3^{3-} + 6H^+ = Sb_2S_3 + 3H_2O$$

应该指出，虽然 Sb₂S₃ 能溶于碱金属或铵的多硫化物溶液，但从所得溶液中未曾得到硫代锑酸盐结晶。

Sb_2S_3 广泛用于军工火药、玻璃橡胶、火柴烟花、摩擦器材等方面作为添加剂或催化剂、防潮剂与热稳定剂，以及替代氧化锑作阻燃协效剂。此外，Sb_2S_3 纳米材料不仅可以使光吸收和荧光发射产生蓝移，还能引起非线性光学响应，大大提高纳米粒子的氧化还原能力，使材料表现出更加优良的光、电、催化性能，在太阳能、光催化和光电子等领域有广阔的应用前景。2017 年 10 月 27 日，世界卫生组织国际癌症研究机构公布了致癌物清单，Sb_2S_3 在 3 类致癌物清单中。

2) 锑(V)的硫化物

Sb_2S_5 是非整比化合物，锑处于+5 氧化态，结构中含有 S—S 键。将硫代锑酸钠用稀硫酸或盐酸在氮气气氛中分解，可以制得 Sb_2S_5：

$$2Na_3SbS_4 + 3H_2SO_4 \Longrightarrow Sb_2S_5 + 3Na_2SO_4 + 3H_2S$$

工业上将硫磺和 Sb_2S_3 加到氢氧化钠水溶液中煮沸(氢氧化钠水溶液有一部分与硫发生反应，生成 Na_2S，Na_2S 再与硫单质和 Sb_2S_3 反应生成硫代锑酸钠)，然后用盐酸酸化来制备 Sb_2S_5，并作为橡胶硫化剂。用 Sb_2S_5 处理过的橡胶具有特殊的红色。

2. 铋的硫化物

Bi_2S_3 是辉铋矿的主要成分，V A-VI A 族层状半导体化合物，室温下的禁带宽度为 1.2～1.7eV，属正交晶系，$Pbnm$(62)空间群，晶胞参数为 $a = 11.149$Å，$b=11.304$Å，$c=3.981$Å，每个晶胞含有 20 个原子。其晶体结构示意图如图 2-25 所示。从图中可知，Bi_2S_3 晶体由沿 b 轴方向的 Bi2—S1 键通过弱作用力形成的 $[Bi_2S_3]_n$ 构成，每个 $[Bi_2S_3]$ 又由无数个沿 a 轴方向的 Bi1—S1 键通过弱作用力形成的链单元 $[Bi_4S_6]_n$ 组成。每个 $[Bi_2S_3]$ 单元中含有两种 Bi 原子和三种 S 原子(两种三价的，一

图 2-25 辉铋矿和 Bi_2S_3 的晶体结构

种二价的)。在链内，Bi 原子和两种 S 原子(二价和三价)通过强共价键使 Bi_2S_3 晶体沿 c 轴生长延长；在链间，平行链上的 Bi 原子与另一种三价 S 原子通过弱范德华力相连，该作用力使晶体沿着 c 轴裂开。Bi_2S_3 的这种链状结构及各向异性使它很容易形成一维结构[73-75]。

用金属铋与硫共熔能生成灰色晶状 Bi_2S_3，如果将 H_2S 通入铋盐的酸性溶液中，则得到暗棕色的 Bi_2S_3 沉淀。Bi_2S_3 溶于硝酸及热的浓高氯酸，但不溶于碱及硫化铵。Bi_2S_3 与 Na_2S 或 K_2S 共熔，可以生成 $NaBiS_2$ 及 $KBiS_2$ 等硫代亚铋酸盐。

2.4 卤 化 物

2.4.1 三卤化物的制备、结构与性质

氮族所有元素都可至少与一种卤族元素形成三卤化物。磷、砷、锑可形成稳定的五卤化物。

1. 氮(Ⅲ)的卤化物

除 NF_3 外，氮的其他三卤化物不稳定。氮的三碘化物很难制得，是危险的爆炸物。

NF_3 在室温下是无色、无味气体，沸点为−129.01℃，凝固点为−206.79℃。它可以由电解熔融的 NH_4F-HF 制得，也可以由氨和氟在铜催化下直接反应得到：

$$4NH_3 + 3F_2 \xrightarrow{Cu} NF_3 + 3NH_4F$$

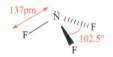

图 2-26 NF_3 的结构

电子衍射的实验结果表明，NF_3 分子具有三角锥形结构(图 2-26)，类似于 NH_3 分子。它的偶极矩极小，仅为 0.234D。NF_3 分子中，虽然 N—F 键的极性比 N—H 键强，但 NF_3 的键角比 NH_3 的键角小。F 原子的强电负性使得 N—F 键的极性为 $^{\delta+}$N—F$^{\delta-}$，NF_3 中成键电子对之间的斥力较小。在 NF_3 中，由于孤对电子与 N 原子之间的偶极矩方向与 $^{\delta+}$N—F$^{\delta-}$ 偶极矩方向不一致，两者相互抵消使 NF_3 偶极矩比 NH_3(1.47D)小很多。

NF_3 十分稳定，与其标准生成焓为−124.3kJ·mol^{-1} 有关。常温下它不与水、稀酸、稀碱作用。虽然 NF_3 中 N 原子上有孤对电子，但由于 F 电负性很大，几乎不具有路易斯碱性。通常 NF_3 在 250～300℃时才表现出活泼性，但在 70℃就能与 $AlCl_3$ 迅速反应：

$$2NF_3 + 2AlCl_3 =\!=\!= N_2 + 3Cl_2 + 2AlF_3$$

NF_3 与 $H_2O(g)$、H_2、NH_3、CO 或 H_2S 等的混合气体遇到火花即发生猛烈爆炸，例如：

$$2NF_3 + 3H_2O =\!=\!= 6HF + NO + NO_2$$

NF_3 可通过下述反应转化为 $N(V)$ 物种 $[NF_4]^+$：

$$NF_3(l) + 2F_2(g) + SbF_3(l) =\!=\!= [NF_4]^+[SbF_6]^-(sol)$$

NCl_3 是高吸能、易爆的黄色油状物。氮和氯的电负性相近，N—Cl 键极性不强。它的水溶液可以方便地由铵盐溶液中通入氯气在酸性条件下得到：

$$NH_4Cl + 3Cl_2 =\!=\!= NCl_3 + 4HCl$$

NCl_3 超过沸点 344K 受热或振动就会发生爆炸，对光、热和有机化合物都非常敏感。从结构因素考虑，其不稳定性可能与空间位阻效应有关。

NCl_3 在水中溶解度很小，可以缓慢发生水解：

$$NCl_3 + 3H_2O =\!=\!= NH_3 + 3HClO$$

其水解机理不同于 PCl_3 是因为 N 价电子层没有可用的 d 轨道，原子体积小，不能接受 H_2O 中 O 原子上的孤对电子，而是与 H_2O 中的 H 结合。

NBr_3 最初由溴和铵盐在酸性溶液中的反应观测到，其中氮和溴的比例可以通过紫外吸收光谱法确定，用乙醚从水或水-乙醚溶液中萃取出 NBr_3。纯的 NBr_3 固体则可通过下列反应得到：

$$(Me_3Si)_2NBr + 2BrCl \xrightarrow[-87℃]{\text{戊烷}} NBr_3\downarrow + 2Me_3SiCl$$

NBr_3 呈深红色，热稳定性很差，即使在 $-100℃$ 的低温下，在戊烷的悬浮溶液中，受到轻微机械干扰就会发生爆炸。低温（$<-80℃$）下 NBr_3 能溶于极性溶剂而不发生分解。根据动力学研究，它在水溶液中的分解反应具有很复杂的历程，总反应可用下式表示：

$$2NBr_3 + 3OH^- =\!=\!= N_2 + 3Br^- + 3HOBr$$

NI_3 尚未制得纯物质，但可以以加合物的形式存在，如碘代铵（$NI_3 \cdot NH_3$），对振动和光都很敏感，能爆炸分解成 N_2、I_2 及 NH_3，其晶体结构中含有略畸变的 NI_4 四面体，类似于硅酸盐中的 SiO_4 四面体。

2. 磷(Ⅲ)的卤化物

磷和卤素形成三个系列的化合物：P_2X_4，PX_3，PX_5。已有十多种卤化磷被合成，其中 P_2Br_4 和 PI_5 分别于 1973 年、1975 年被合成。此外,还有混合卤化磷 PX_2Y、

PX_2Y_3，拟卤化磷[如 $P(CN)_3$ 等]及多卤化磷(如 PCl_2Br_4、PCl_3Br_8、PCl_2Br_9、PBr_7、PBr_{11} 等)。配位数为 6 的卤化磷$[PF_6]^-$和$[PCl_6]^-$能较稳定地存在。但二卤化物不稳定，如在高温、低压下 P_2F_4 分解成 PF 基，PF 基不稳定，极易互相结合成 P_2F_4。锂原子与 PCl_3 或 PBr_3 反应过程中生成不稳定的 PCl_2 和 PBr_2 基。PCl_3 的光解过程生成 PCl_2 和 PCl_4。光谱数据证明有一卤化磷 PCl、PBr、PI 存在。恒温下 PCl_3 经闪光光解得到 PCl 自由基。$P_2I_4 \cdot AlI_3$ 热分解生成 $PI_3 \cdot AlI_3$ 同时得聚合物 $(PI)_n$。

四种三卤化磷都是易挥发的活泼化合物，其中最重要的是三氯化磷(表 2-7)。

表 2-7 四种三卤化磷的结构与性质

PF_3	PCl_3	PBr_3	PI_3
无色气体	无色液体	淡黄色液体	暗红色固体
	潮湿时易水解	与水剧烈反应	与水剧烈反应生成亚磷酸和 HI

PF_3 在某些方面(配位数、配合物的某些性质)与 CO 相似，是个有趣的配位体，能与很多过渡金属形成低氧化态配合物。PF_3 是弱的 σ-给予体和强的 π-接受体，因此配合物中的 PF_3 更不容易水解。PF_3 的配合物与羰基化合物类似，如$[Ni(PF_3)_4]$是$[Ni(CO)_4]$的类似物。π-接受体性质归因于 P—F 的反键 LUMO，它主要具有磷的 p 轨道性质。

1) 制备

三卤化磷可由单质直接化合得到：

$$2P + 3X_2 \Longrightarrow 2PX_3$$

工业上生产 PCl_3 的方法是将 Cl_2 通入含 P(过量)的 PCl_3 溶液中，经分馏提纯得无色液体。

溴蒸气作用于白磷或红磷，Br_2 和 P(过量)于 PBr_3 溶液中作用，都能得到无色液态的 PBr_3。

碘和白磷(P 和 I 的原子比为 1:3)反应的主要产物是 PI_3。

氟和磷作用时有大量 PF_5 生成，所以不能用此法制 PF_3。

制备三氟化磷需要用氟化剂(AsF_3、ZnF_2、SbF_5、NaF、HF、CaF_2 等)对三卤

化磷(PCl_3、PBr_3)进行氟化:

$$PCl_3 + AsF_3 = PF_3 + AsCl_3$$

$$2PBr_3 + 3ZnF_2 = 2PF_3 + 3ZnBr_2$$

$$PCl_3 + 3NaF \xrightarrow{CH_3CN} PF_3 + 3NaCl$$

198K 时,H_3PO_3 和液态 HF 反应生成 PF_3:

$$H_3PO_3 + 3HF(l) = PF_3 + 3H_2O$$

其他三卤化磷也能发生类似的卤离子交换反应,例如:

$$PCl_3 + 3HI = PI_3 + 3HCl$$

但一般不用此方法制备其他三卤化磷。

2) 结构

PX_3 是由 P 原子上 p 轨道和 X 原子上 p 轨道重叠而成的三角锥形分子,其中 P 均采取 sp^3 不等性杂化,P 上残余一对孤对电子。

3) 性质

PX_3 的熔点、沸点都较低,从 F 到 I 呈现逐渐升高的趋势。它们均易水解,水分子中的 O 进攻 P,不同于 NCl_3 溶液中水分子的 H 与 N 的结合,生成 H_3PO_3 和 HX:

$$PX_3 + 3H_2O = H_3PO_3 + 3HX$$

在湿空气中,PF_3 发生缓慢的水解作用,在水中稍快,而在碱性溶液中很快。在 KOH 溶液中水解得 K_2HPO_3 和 KF,但在稀 $KHCO_3$ 溶液中水解得一氟代亚磷酸 H_2PO_2F(H_2PO_2F 能被 Br_2 氧化):

$$PF_3 + 2H_2O \xrightarrow{KHCO_3(2\%)} H_2PO_2F + 2HF$$

H_3PO_3 在 HF 中也有 H_2PO_2F 生成:

$$H_3PO_3 + HF \rightleftharpoons H_2PO_2F + H_2O$$

PCl_3 的水解反应剧烈,在低温、微碱性介质中水解产物为 HPO_3^{2-}、$H_2P_2O_5^{2-}$ 及少量 $HP_2O_5^{3-}$、$H_2P_2O_7^{2-}$、HPO_4^{2-},在碱性介质中产物 $H_2P_2O_5^{2-}$ 的量减少,HPO_3^{2-} 的量增多。

PBr_3、PI_3 更易水解。PBr_3 在酸性介质中水解为 H_3PO_3 和 HX 的反应热为 281.2kJ·mol^{-1}。若控制条件,水解产物中有聚磷酸盐。PI_3 的水解产物除 HI 和 H_3PO_3 外,还有相当含量的 PH_3 和含有 P—P 键的化合物。

因此，在制备 PX_3 时必须保持干燥，否则将有含 P—O 键的化合物混杂在产物中(后者可经分级蒸馏提纯)。

浓的 PF_3、PCl_3 和水的混合液中有很复杂的水解产物，可能是链状或环状的物质或其他产物：

$$4PX_3 + 3H_2O \longrightarrow X\!-\!\overset{X}{\underset{}{P}}\!-\!O\!-\!\overset{X}{\underset{}{P}}\!-\!O\!-\!\overset{X}{\underset{}{P}}\!-\!O\!-\!\overset{X}{\underset{}{P}}\!-\!X + 6H^+X^-$$

$$3PX_3 + 3H_2O \longrightarrow \text{(环状结构)} + 6H^+X^-$$

PCl_3 和醇、酚的反应：

$$PCl_3 + 3C_6H_5OH \longrightarrow P(OC_6H_5)_3 + 3HCl$$

$$PCl_3 + 3ROH \longrightarrow (RO)_2P(OH) + RCl + 2HCl$$

对第二个反应，当有叔胺时生成亚磷酸三酯：

$$PCl_3 + 3ROH + 3R'_3N \longrightarrow P(OR)_3 + 3R'_3NHCl$$

针对 PCl_3 和醇、酚反应产物而言，与 PCl_3 的水解反应相似，都是 PX_3 中的 X 被 OH、OR、OC_6H_5 所取代。其区别是水解(最终)产物中磷的含氧酸是四配位，而醇解、酚解的产物可能是三配位磷的化合物或四配位的膦酸二烷基酯，PX_3 极易被 O_2、S、X_2 氧化：

$$2PX_3 + O_2 =\!\!= 2POX_3 \quad (\text{X 为 Cl、Br，反应很快})$$

$$PX_3 + S =\!\!= PSX_3 \quad (\text{X 为 Cl、Br，需加热})$$

$$PX_3 + X_2 =\!\!= PX_5 \quad (\text{X 为 F、Cl，反应快})$$

PX_3 是弱的路易斯碱，其碱性随着卤素相对原子质量的增大而增强。PF_3、PCl_3 不容易与 BF_3、$AlCl_3$ 形成加合物，而 PCl_3、PBr_3 能与强路易斯酸 BBr_3 形成加合物，如 Cl_3PBBr_3，但在放置过程中会发生卤离子交换生成 BCl_3 和 PBr_3。

3. 砷(Ⅲ)的卤化物

AsX_3 是液体或低熔点固体，AsF_3、$AsCl_3$ 和 $AsBr_3$ 都有较大的挥发性。AsX_3 的熔点、沸点、密度基本上随卤素相对原子质量递增而递增(表 2-8)。只有 AsF_3 的熔点和密度反常，比 $AsCl_3$ 还高。

表 2-8　**AsX₃的部分物理性质**

物理性质	AsF₃	AsCl₃	AsBr₃	AsI₃
颜色	无色	无色	浅黄	红色
熔点/℃	−6.0	−16.2	31.2	140.4
沸点/℃	62.8	130.2	221	~400
密度/(g·mL⁻¹)	2.666(273K)	2.205(273K)	3.66(288K)	4.39(288K)
标准摩尔生成焓 /(kJ·mol⁻¹)	−956.5	−305.0	−197.0	−58.2
电导率/(S·m⁻¹)	2.4×10^{-3}(298K)	10^{-5}(292K)	1.6×10^{-5}	—

1) AsF₃

原则上 AsX₃ 都能直接用 X_2 与 As 或 As_4O_6 反应制取，但 AsF₃ 容易与过量 F_2 反应生成 AsF_5，故通常在铅甑中加热 As_4O_6、CaF_2 和浓 H_2SO_4 的混合物制取 AsF₃：

$$As_4O_6 + 6CaF_2 + 6H_2SO_4 = 4AsF_3 + 6CaSO_4 + 6H_2O$$

AsF₃ 易发生水解，因此该制备反应中不能用 HF 水溶液代替 CaF_2 与浓 H_2SO_4 的混合物。

AsF₃ 是有毒的液体。AsF₃ 和 SbF₃ 是将非金属卤化物转化为氟化物的重要试剂。AsF₃ 极易使其他卤化磷氟化而制得氟化磷：

$$PCl_3 + AsF_3 = PF_3 + AsCl_3$$

$$3PCl_5 + 5AsF_3 = 3PF_5 + 5AsCl_3$$

虽然 AsF₃ 的氟化能力比 SbF₃ 弱，但在制备高沸点氟化物时一般用 AsF₃，因为反应生成的 $AsCl_3$(沸点 130℃)可用蒸馏方法从产物中除去。

用 AsF₃ 进行选择性氟化也是可行的，例如：

$$[PCl_4]^+[PCl_6]^- + 2AsF_3 = [PCl_4]^+[PF_6]^- + 2AsCl_3$$

AsF₃ 也可氟化一些过渡金属卤化物，例如：

$$AsF_3 + VCl_4 = VClF_3 + AsCl_3$$

AsF₃ 被广泛地作为饱和卤代烷的氟化剂。

将 Cl_2 通入用冰冷却的 AsF₃ 中，生成混合卤化物 $AsCl_2F_3$，其在过量的 AsF₃ 中能导电，可能是以$[AsCl_4]^+[AsF_6]^-$形式存在。

AsF₃ 与 P_4O_6 在室温下会发生爆炸式反应。

2) $AsCl_3$

$AsCl_3$ 是油状液体。与 PCl_3 相似，其在水中发生水解：

$$AsCl_3 + 3H_2O == H_3AsO_3 + 3HCl$$

但 $AsCl_3$ 水解能力较 PCl_3 弱，介于非金属卤化物 PCl_3 与金属卤化物 $CaCl_2$ 之间。因此，在浓 HCl 中 As^{3+} 是存在的，而 P^{3+} 即使在最浓的 HCl 中也不存在。

$AsCl_3$ 的水解能力比 AsF_3 弱，即随着卤素相对原子质量的增加而逐渐减弱。

鉴于 $AsCl_3$ 容易发生水解，$AsCl_3$ 除了可直接用 As 与 Cl_2 反应制得外，还常用下述方法制备。例如，在 HCl 气流中加热 As_4O_6 或蒸馏 As_4O_6、NaCl 和 H_2SO_4 的混合物；在通入 Cl_2 下加热回流 As_4O_6 与 S_2Cl_2 的混合物：

$$2As_4O_6 + 3S_2Cl_2 + 9Cl_2 == 8AsCl_3 + 6SO_2$$

也可由 As_2O_3 和 HCl 或 NH_4Cl 在 250℃ 反应制得。

3) $AsBr_3$ 和 AsI_3

$AsBr_3$ 和 AsI_3 都可通过在 CS_2 中回流相应的元素获得：

$$2As + 3X_2 == 2AsX_3 \qquad (X = Br_2, I_2)$$

用 $AsCl_3$ 与 BBr_3 或 BI_3 反应也可方便地得到 $AsBr_3$ 或 AsI_3，例如：

$$AsCl_3 + BBr_3 == AsBr_3 + BCl_3$$

在热浓 HCl 中，将 $AsCl_3$ 与 KI 相互作用也可得到 AsI_3，并常用此法回收砷。

$AsBr_3$ 可作溴化剂，即由较弱的 As—Br 键形成了较强的 As—O 键，从而使反应发生：

$$6PbO + 4AsBr_3 == 6PbBr_2 + As_4O_6$$

利用拉曼光谱研究 AsB_3 和 $AsCl_3$ 的混合物，也证明了混合卤化物 $AsCl_2Br$ 和 $AsClBr_2$ 的存在，但直到目前这些纯物质并没有被分离出来。

4. 锑(Ⅲ)的卤化物

三卤化锑的熔点、沸点和密度除 $SbF_3 > SbCl_3$ 外，按 $SbCl_3 < SbBr_3 < SbI_3$ 规律变化。这反映出 SbF_3 的结构和化学键类型与 $SbCl_3$ 有显著差异。

1) SbF_3

Sb(Ⅲ)的氧化物与氟化氢反应可制得 SbF_3：

$$Sb_2O_3 + 6HF == 2SbF_3 + 3H_2O$$

虽然 SbF_3 只是中等活性的氟化剂(比 AsF_3 的活性强)，却是将非金属卤化物转化为氟化物的重要试剂，也是制备有机氟化物的 Swarts 反应的重要试剂。例如：

$$3CCl_4 + 2SbF_3 \longrightarrow 3CCl_2F_2(氟利昂) + 2SbCl_3$$

$$3CCl_3CCl_3 + 2SbF_3 \longrightarrow 3CCl_2FCCl_2F + 2SbCl_3$$

$$6SiCl_4 + 5SbF_3 \longrightarrow SiCl_3F + 2SiCl_2F_2 + 2SiClF_3 + SiF_4 + 5SbCl_3$$

$$3CF_3PCl_2 + 2SbF_3 \longrightarrow 3CF_3PF_2 + 2SbCl_3$$

$$3R_3PS + 2SbF_3 \longrightarrow 3R_3PF_2 + 2Sb_2S_3$$

有时还伴随着 Sb(Ⅲ)的还原反应:

$$3PhPCl_2 + 4SbF_3 \longrightarrow 3PhPF_4 + 2Sb + 2SbCl_3$$

2) SbF_3、$SbBr_3$ 和 SbI_3

这三种卤化锑都可直接用相应卤素与金属锑或 Sb_2O_3 反应制得:

$$2Sb + 3X_2 == 2SbX_3 \ (X = Cl, Br, I)$$

锑与溴化合时产生火花,故通常使饱和溴的氮气流通过锑粉来制备。

SbI_3 可用碘加到锑粉与苯的混合物中回流制备,反应产率高。

$SbCl_3$ 常用热浓 HCl 分解 Sb_2S_3 或加热 Sb 和 $HgCl_2$ 的混合物制备:

$$Sb_2S_3 + 6HCl == 2SbCl_3 + 3H_2S$$

这三种卤化锑都可以通过在 CO_2 气流中升华或在非极性溶剂 CS_2(或苯)中重结晶而进一步提纯。

$SbCl_3$ 与 $AsCl_3$ 均为易得的非水溶剂,并且具有较低黏度和中等大小的介电常数。它的电导率低,表明自解离作用不大。

$$2SbCl_3 \rightleftharpoons SbCl_2^+ + SbCl_4^-$$

但 $SbCl_3$ 对 Cl^- 是强接受体,许多氯化物溶于其熔体中而形成导电溶液。

$$MCl + SbCl_3 == M^+ + [SbCl_4]^-$$

$SbCl_3$、$SbBr_3$ 和 SbI_3 都易水解,水解产物与水解反应条件(所加水量、溶液中游离酸含量、温度等)有关。例如,$SbCl_3$ 溶于极少量的水中,溶液透明,若继续用水稀释,则生成不溶于水的 SbOCl 和 $Sb_4O_5Cl_2$:

$$SbCl_3 + H_2O \rightleftharpoons SbOCl + 2HCl$$

$$4SbCl_3 + 5H_2O \rightleftharpoons Sb_4O_5Cl_2 + 10HCl$$

SbI_3 水解也得到 $Sb_4O_5I_2$,在浓的氢卤酸中 SbX_3 的水解反应被阻止。例如:

$$SbOCl + 2H^+ + 3Cl^- \rightleftharpoons [SbCl_4]^- + H_2O$$

多数氧锑盐不溶于水，但能溶于酒石酸或酒石酸盐，是由于形成了酒石酸氧锑配离子：

$$SbOCl + [C_4H_4O_6]^{2-} \longrightarrow [SbO(C_4H_4O_6)]^- + Cl^-$$

$$SbOCl + H_2C_4H_4O_6 \longrightarrow H[SbO(C_4H_4O_6)] + HCl$$

SbOCl 也溶于硫代硫酸钠：

$$SbOCl + 2HCl + 3Na_2S_2O_3 = 3NaCl + H_2O + Na_3Sb(S_2O_3)_3$$

$SbCl_3$ 与强还原剂如 Zn、Al、$NaBH_4$ 等作用得到 SbH_3：

$$3H^+ + [SbCl_4]^- + 3Zn = SbH_3 + 3Zn^{2+} + 4Cl^-$$

与较弱还原剂如 Sn、Fe 和次磷酸等作用，则沉淀出黑色的锑，例如：

$$2[SbCl_4]^- + 3Fe = 2Sb + 3Fe^{2+} + 8Cl^-$$

SbX_3 与强氧化剂作用则被氧化成 Sb(V)，例如：

$$3SbCl_3 + KBrO_3 + 6HCl = 3SbCl_5 + KBr + 3H_2O$$

常利用这个反应测定合金、矿石中的含锑量。

SbX_3 也形成一些加合物。例如，将 $SbCl_3$ 和维生素 A 分别溶于氯仿中，当将两溶液混合后立刻形成蓝色加合物：

$$C_{20}H_{29}OH + SbCl_3 \longrightarrow C_{20}H_{29}OH \cdot SbCl_3$$

通过与含有标准维生素 A 的样品进行比色，可定量测定试样中维生素 A 的含量。

$SbCl_3$ 与醇(特别是碱存在下)或醇钠反应生成亚锑酸酯。例如：

$$SbCl_3 + 3ButOH + 3NH_3 \longrightarrow Sb(OBut)_3 + 3NH_4Cl$$

$$SbCl_3 + 3NaOSiEt_3 \longrightarrow Sb(OSiEt_3)_3 + 3NaCl$$

$SbCl_3$ 与第二胺或其锂的化合物反应，则形成相应的氨的衍生物。例如：

$$SbCl_3 + 3LiN(CH_3)_2 \longrightarrow Sb[N(CH_3)_2]_3 + 3LiCl$$

这些化合物及其衍生物是相当大的一类化合物。

5. 铋(Ⅲ)的卤化物

铋(Ⅲ)的四种卤化物 BiF_3、$BiCl_3$、$BiBr_3$ 和 BiI_3 都已制得，并已实现商品化。与 $AsCl_3$ 和 $SbCl_3$ 不同，BiX_3 在强酸性溶液中不易水解，故可用过量氢卤酸与 Bi_2O_3 作用制备：

$$Bi_2O_3 + 6HX \Longrightarrow 2BiX_3 + 3H_2O$$

$BiBr_3$ 和 BiI_3 也可用 $BiCl_3$ 为原料分别与 BBr_3 和 BI_3 作用来获得。

此外，还可应用干法(元素直接合成法)合成 BiX_3。首先以氮稀释卤素的蒸气，并使其与加热的金属铋作用，所得卤化铋以蒸馏或升华的方法提纯。

BiX_3 在常温下都是固体，颜色比 As、Sb 相应的卤化物略深，熔沸点比后者显著高。值得注意的是，BiF_3 的熔沸点比 AsF_3 及 SbF_3 的高，比同系卤化物 $BiCl_3$、$BiBr_3$ 及 BiI_3 的也高出许多，表明 BiF_3 的键型具有明显的离子性。$BiCl_3$ 和 $BiBr_3$ 的气态分子结构已确定为三角锥形，Bi—Cl 键键长为 250pm，Bi—Br 键键长为 263pm，∠ClBiCl 及∠BrBiBr 键角都约为 100°，即使在晶体中也仍然存在三角锥形分子，而且键长和键角未变。BiI_3 晶体中，Bi 位于 6 个 I 形成的八面体中心，且 6 个 Bi—I 键键长相等，为 307pm，键角约为 90°。与 AsI_3 和 SbI_3 不同，虽然 As 和 Sb 原子也位于 6 个 I 组成的八面体内，但与其中 3 个 I 相距较近，与另 3 个 I 相距较远。因此，可认为晶体中不存在 BiI_3 分子，有离子型特征。

2.4.2　五卤化物的制备、结构与性质

1. 氮(V)的卤化物

虽然氮有+5 价，但是没有 NCl_5 这种物质。这是由于 N 没有 d 轨道，无法进行 sp^3d 杂化以结合 5 个 Cl 原子。还可以用反证法：如果存在 NCl_5，由于氯氮只能以单键相连，意味着氮原子周围有 5 对电子，即 10 电子，而氮是第二周期元素，外层最多只能有 sp^3 共 4 个轨道，可容纳 8 个电子。此结论矛盾，因此不存在一般意义上的 NCl_5。

2. 磷(V)的卤化物

1) 五卤化磷的结构

四种五卤化磷均已被制得，其中最重要的是 PCl_5。PCl_5 是一种无色、具有吸湿性的固体，主要用作氯化剂，在不同条件下可有不同结构。固态时 PCl_5 结构单元可以写作 $[PCl_4]^+[PCl_6]^-$，氯化铯型晶体结构，两个离子分别为四面体和八面体结构，阳离子中的磷原子为 sp^3 杂化，阴离子中的磷原子为 sp^3d^2 杂化。气态和液态的 PCl_5 为单分子结构，呈三角双锥形，结构示意图见图 2-27。

PX_5 是三角双锥形的分子，其中 P 原子以 sp^3d

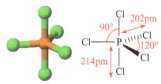

图 2-27　磷(V)的卤化物结构

轨道分别和 5 个 X 成键, 属 D_{5h}, 轴向键 P—X 键键长略长于赤道面 P—X 键键长。PF_5 中轴向键和水平键的键长分别为 158pm 和 153pm, PCl_5 为 214pm 和 202pm。173K 时 PF_5 的 ^{19}F NMR 谱只有一个简单的氟共振峰, 表明在毫秒单位级时 PF_5 中的 5 个 F 是等价的, 说明轴向 F 和赤道面上的 F 交换极快。

固态 $[PCl_4]^+[PCl_6]^-$ 升华得 PCl_5, 溶于非极性溶剂如 CCl_4、C_6H_6 中时, 以 PCl_5 存在; 溶于极性溶剂如硝基甲烷、硝基苯、甲腈中时, 有下列两个平衡:

$$2PCl_5 \rightleftharpoons [PCl_4]^+ + [PCl_6]^-$$

$$PCl_5 \rightleftharpoons [PCl_4]^+ + Cl^-$$

浓度大时以前一种平衡为主, 浓度小时以后一种平衡为主, PCl_5 的离子异构现象已有报道。

固态 PBr_5 的结构单元是 $[PBr_4]^+Br^-$, 阳离子为四面体构型。

2) 制备

(1) 三卤化磷和相应卤素在非水溶剂中反应:

$$PX_3 + X_2 \Longrightarrow PX_5$$

PF_3 和 F_2 生成 PF_5 的反应很完全, 但没有实际意义。PF_5 在常温常压下为无色恶臭气体, 其对皮肤、眼睛、黏膜有强烈刺激性, 是活性极大的化合物, 在潮湿空气中会剧烈产生有毒和腐蚀性的氟化氢白色烟雾。PF_5 可用作聚合反应的催化剂。PF_5 在较高湿度下明显分解。在控制条件(主要是温度)下使 PCl_3 和 Cl_2 反应可制备 PCl_5(二级反应):

$$PCl_3(g) + Cl_2(g) \Longrightarrow PCl_5(g)$$

工业上制备 PCl_5 的方法是: 将 Cl_2 通入 PCl_3 与 CCl_4 的溶液中生成 PCl_5。

PBr_5 是一种活泼的黄色固体, 固态时是离子晶体 $[PBr_4]^+Br^-$, 气态时完全分解成 PBr_3 和 Br_2。液态 PBr_5 中或 PBr_5 溶于非极性溶剂中时都有解离, 所以用 PBr_3 和 Br_2 作用制备 PBr_5 时, 必须避免升温且需过量的 Br_2。

(2) 用氟化剂和五氯化磷作用, 氟化剂是 CaF_2、AsF_3 等。

$$PCl_5 + MF_m \longrightarrow PF_5 + MCl_m$$

P_4O_{10} 和 CaF_2 作用生成 PF_5; PF_3 和 Br_2 作用生成 PF_3Br_2, PF_3Br_2 歧化为 PF_5 和 $PFBr_4$。

$$PF_3 + Br_2 \Longrightarrow PF_3Br_2$$

$$2PF_3Br_2 \Longrightarrow PF_5 + PFBr_4$$

过量 HSO_3F 和磷酸盐在水气催化下可得 PF_5 和 POF_3。

PI_5 固态时是一种离子晶体 $[PI_4]^+I^-$，稍高温度即分解。PI_5 可以由碱金属碘化物和溶解在碘甲烷中的 PCl_5 反应来制备。

3) 性质

PX_5 不如 PX_3 稳定，其热稳定性按卤素相对原子质量增大次序而急剧减弱。573K 时 PF_5 还较稳定，473K 时 PCl_5 分解量近一半，而液态 PBr_5 已明显分解，PI_5 更不稳定。

PX_5 极易水解成 H_3PO_4 和 HX：

$$PX_5 + 4H_2O \Longrightarrow H_3PO_4 + 5HX$$

PCl_5、PBr_5 的水解反应都很剧烈，所以在制备和使用 PCl_5 时必须保持干燥。PF_5 水解能力弱于 PCl_5。干的 PF_5 在 523K 时也不侵蚀玻璃。

PCl_5 和限量水作用生成 $POCl_3$，与过量水则生成磷酸：

$$PCl_5 + H_2O \Longrightarrow POCl_3 + 2HCl$$

含有 OH 的许多化合物也都能与 PCl_5 发生反应。例如：

$$SO_2(OH)_2 + PCl_5 \Longrightarrow POCl_3 + HCl + SO_2(OH)Cl$$

$$2B(OH)_3 + 3PCl_5 \Longrightarrow 3POCl_3 + 6HCl + B_2O_3$$

$$CH_3COOH + PCl_5 \Longrightarrow POCl_3 + HCl + CH_3COCl$$

$$ROH + PCl_5 \longrightarrow POCl_3 + HCl + RCl \text{ (R 表示烷基)}$$

PF_5 和 NH_3 作用：

$$3PF_5 + 4NH_3 \Longrightarrow (H_2N)_2PF_3 + 2NH_4PF_6$$

产物中的 $(H_2N)_2PF_3$ 相当于水解产物 $(HO)_2PX_3$，$(HO)_2PX_3$ 脱去一个 H_2O 成 POX_3。这表明 PF_5 和 NH_3 的作用与 PX_5 的限量水解作用相似，但 PCl_5 和 NH_3 反应的最终产物是 $(PN)_n$。此外，还生成稳定的 NH_4PF_6，这也是 PF_5 区别于 PCl_5 的一个性质。

PCl_5 在实验室和工业上广泛用作反应起始物。需要注意的是，PCl_5 与路易斯酸反应生成 $[PCl_4]^+$ 的盐，与类似 F^- 的简单路易斯碱生成六配位配合物，如 $[PF_6]^-$。PCl_5 遇到含 NH_2 的化合物时形成 PN 键，遇到 H_2O 或 P_4O_{10} 时生成 $O{=}PCl_3$。

3. 砷(V)的卤化物

1) AsF_5

AsF_5 可用 F_2 与 As 或 As_4O_6 直接反应制备，在低于 55℃时用 SbF_5 和 Br_2 处理 AsF_3 也可得到 AsF_5：

$$2SbF_5 + AsF_3 + Br_2 = AsF_5 + 2SbF_4Br$$

AsF$_5$熔点-79.8℃，沸点-52.8℃，密度2.33g·mL^{-1}(-52.8℃)。从热力学考虑它是稳定的，$\Delta_f H_{m,298K}^{\ominus} = -1238$kJ·mol^{-1}，$\Delta_f G_{m,298K}^{\ominus} = -1172$kJ·mol^{-1}。

AsF$_5$的化学性质相当多地表现在作为氟离子的接受体，即发生：

$$MF_n + AsF_5 \longrightarrow [MF_{n-1}]^+ + [AsF_6]^-$$

例如，在HF溶液中：

$$AsF_5 + NO_nF \longrightarrow NO_nAsF_6 \ (n = 1, 2)$$

[AsF$_6$]$^-$的形成可以稳定阳离子，因此Cl^{3+}、Cl$_2$F$^+$、ClO$_2^+$、Br$_3^+$、O$_2^+$、SeF$_3^+$、F$_2$NO$^+$、N$_2$F$_3^+$、NO$_2^+$、NO$^+$、XeF$^+$和XeF$_3^+$等的六氟砷酸盐都已知。在形成六氟砷酸盐的反应中，AsF$_5$往往作为氧化剂。例如，在SO$_2$中AsF$_5$与Sb反应生成(Sb$_n$)(AsF$_6$)$_n$，同时AsF$_5$还原成AsF$_3$。AsF$_5$与ClO$_2$作用得到ClO$_2$AsF$_6$，推测是ClO$_2$被氧化成ClO$_2$F，随后完成氟化：

$$AsF_5 + 2ClO_2 = AsF_3 + 2ClO_2F$$

$$ClO_2F + AsF_5 = [ClO_2]^+ + [AsF_6]^-$$

在SO$_2$或HF溶剂中，在-78℃下AsF$_5$借氟桥形成二聚体[As$_2$F$_{11}$]$^-$：

$$2HF + 2AsF_5 = H_2F^+ + [As_2F_{11}]^-$$

[As$_2$F$_{11}$]$^-$能以Et$_4$N$^+$盐离析出来。

在强碱溶液中[AsF$_6$]$^-$并不水解，但加酸转化为HAsF$_6$后即与水反应，生成HAsF$_5$OH：

$$HAsF_6 + H_2O \rightleftharpoons HAsF_5OH + HF$$

此时(HAsF$_5$OH)会产生AsF$_5$OH$^-$。

当用Cl$_2$卤化AsF$_3$和AsCl$_3$的混合物或用ClF$_3$氟化AsCl$_5$时，可得到[AsCl$_4$]$^+$[AsF$_6$]$^-$，其熔点为130℃(分解)。这种混合的五卤化物较容易离析，并且至少有离子型和四聚体型两种。

2) AsCl$_5$

20世纪70年代初以前AsCl$_5$是否存在是个有争议的问题，直到1976年人们才成功合成出AsCl$_5$。合成反应是在低温(-105℃)和紫外光照射下，用液氯氧化AsCl$_3$。AsCl$_5$是浅黄色固体，很不稳定，在-50℃熔化时就有部分分解。AsBr$_5$和AsI$_5$尚未制得，可能因为As(V)具有一定的氧化性。

4. 锑(V)的卤化物

五卤化锑只得到 SbF_5 和 $SbCl_5$。SbF_5 和 $SbCl_5$ 气态时的空间构型为三角双锥形，转化为液态后，SbF_5 形成聚合物，而 $SbCl_5$ 依旧是单体。SbF_5 是很强的路易斯酸，可用于配制著名的超强酸氟锑酸($HSbF_6$)。锑的卤氧化物比砷和磷更常见。

SbF_5 可直接由 F_2 与 SbF_3 或 Sb_2O_3 反应制得，也可将 $SbCl_5$ 与无水 HF 在 30℃ 回流，然后分馏得到。$SbCl_5$ 通常用氯气氧化熔融的 $SbCl_3$ 来制备。

在液态和−63℃下固态时，$SbCl_5$ 都是三角双锥形分子，液态 SbF_5 具有顺桥式 $\{SbF_6\}$ 的聚链结构。

SbF_5 为很黏稠的糖浆状液体，这与其链状结构紧密相关。SbF_5 与电子对给予体有强烈的形成配合物的倾向，因此在液体 HF 中 SbF_5 能形成导电溶液：

$$2HF + SbF_5 =\!=\!= H_2F^+ + [SbF_6]^-$$

利用这一反应也可提高 HF 的酸性。SbF_5 可作为弗里德-克拉夫茨(Friedel-Crafts)反应催化剂，也是利用了它是强路易斯酸。SbF_5 可将较弱的路易斯酸 MnF_4 从稳定配离子$[MnF_6]^{2-}$的盐中置换出来，实现化学制 F_2[12]：

$$2KMnO_4 + 2KF + 10HF + 3H_2O_2 =\!=\!= 2K_2MnF_6 + 8H_2O + 3O_2$$

$$K_2MnF_6 + 2SbF_5 =\!=\!= 2KSbF_6 + MnF_4$$

$$2MnF_4 =\!=\!= 2MnF_3 + F_2$$

SbF_5 也是很强的氟化剂和氧化剂，例如：

$$RCCl_3 + SbF_5 \longrightarrow RCCl_2F \longrightarrow RCClF_2 \longrightarrow RCF_3$$

$$SbF_5 + ClCH_2PCl_2 \longrightarrow ClCH_2PF_4$$

与其他非金属卤化物一样，SbF_5 与水反应生成氧化物或卤氧化物。

纯的 $SbCl_5$ 是无色液体，但通常 $SbCl_5$ 商品试剂略带黄色。$SbCl_5$ 很容易分解，200℃以上则分解为 $SbCl_3$ 和 Cl_2。因此，$SbCl_5$ 常作为氯化物质的氯源，例如：

$$CH_2\!=\!\!=\!CH_2 + SbCl_5 \longrightarrow CH_2Cl\!-\!CH_2Cl + SbCl_3$$

$$Me_3As + SbCl_5 \longrightarrow Me_3AsCl_2 + SbCl_3$$

$$R_3P + SbCl_5 \longrightarrow [SbCl_4]^+[R_3PCl]^- \quad (R = Ph、Et、CH_3)$$

$SbCl_5$ 也能与烷氧基及相关的金属衍生物反应，例如：

$$SbCl_5 + 5NaOMe \longrightarrow Sb(OMe)_5 + 5NaCl$$

5. 铋(V)的卤化物

铋的五卤化物已知的只有 BiF_5，它是由 F_2 与金属铋直接作用制成的。常温下

BiF_5 是无色晶体，熔点为 151℃，沸点为 230℃。将金属铋和氟在 200kPa 压强下加热至 773~873K，产物进行升华即得白色针状结晶 BiF_5[76]。

BiF_5 能与水剧烈作用，生成 O_3、OF_2 等强氧化性气体以及棕色的沉淀物，可能是水合氟氧化铋(V)。BiF_5 也能迅速与碘及硫等反应，50℃以上 BiF_5 能将液状石蜡转化为氟碳化物，150℃以上可将 UF_4 氟化成 UF_6，180℃以上能将溴转化成 BrF_3、把氯转化成 ClF 等。因此 BiF_5 与 SbF_5 一样，既是强氧化剂也是有效的氟化剂。

Bi 不与重卤素形成五卤化物，这可能是由于 Bi(V) 对重卤素离子具有太强的氧化性，因此它们不能稳定地存在。

2.4.3 多卤化物

有些金属卤化物能与卤素单质或卤素互化物发生加合作用，生成的化合物称为多卤化物，如 KI_3、$KICl_2$、KI_2Cl、$KIBrCl$ 等。多卤化物即含有多卤离子的化合物，分为两类：一类是只有一种卤素离子的多卤化物，如 KI_3、KI_5 等；另一类是含有两种或两种以上卤素离子的多卤化物。在某些结晶盐中还发现有七碘和九碘、八碘负离子、二氯和二溴负离子等多卤离子，如 KIF_6 等。一般第二类多卤化物更稳定。

1. 多卤化磷

卤化磷中 X/P≥7(原子数比)的称为多卤化磷，如 PCl_6I、PCl_5BrI、PCl_3Br_4、$PClBr_5I$、PBr_6I、PCl_2Br_7、PCl_3Br_6、PCl_3Br_{10}、PBr_{17}、PCl_3Br_{18} 等。

结构测定和 P-X_2 二元体系是研究多卤化磷的重要方法。XRD 测定 PCl_6I 的晶体中含有 $[PCl_4]^+$ 和 $[ICl_2]^-$。$[PCl_4]^+$ 是四面体结构，P—Cl 键键长为 197pm，$[ICl_2]^-$ 为线形结构，I—Cl 键键长为 236pm。从结构看该化合物应称为二氯碘化四氯磷。

PX_6I 在甲腈中的电导表明存在下列平衡：

$$PX_6I \Longrightarrow PX_4^+ + IX_2^- \quad (X = Cl, Br) \qquad (2\text{-}1)$$

P-X_2 二元体系中研究得最详尽的是 P-Br_2。P-Br_2 体系中有四个固相：PBr_3(无色)、PBr_5(黄色)、PBr_7(红色)、PBr_{17}(红色)。PBr_3、PBr_5 前已述及。PBr_7 的结构和 PCl_6I 相似，即由 $[PBr_4]^+[Br_3]^-$ 组成。PBr_{17} 中可能有 Br_2。

PCl_3 和 Br_2 反应除生成 PCl_3Br_2，还有 PCl_3Br_n($n = 4$~10)和 $[PCl_3Br]^+[Br(Br_2)_m]^-$。实验表明 PCl_mBr_n 是非整比化合物。

$$PCl_3Br_{5.1\sim5.7} \xrightarrow[]{\text{真空}} PCl_{4.8}Br_{0.4} \xrightarrow[323K]{\text{真空}} PCl_{4.67}Br_{0.33}$$

在 $AsCl_3$ 中，PCl_3 和 Br_2 反应得亮黄色 $PCl_{4.5}Br_{0.5}$(其组成与 $PCl_{4.67}Br_{0.83}$ 相近)。

在硝基苯中 PCl_3 和 Br_2 作用生成 $PCl_3(Br_2)_n$，如 $PCl_3(Br_2)_2$ 或 PCl_3Br_4。

含碘的多卤化物可以由 PX_3 或 PX_5 与 IX 反应生成。反应物 IX 相当于卤素，因此制备多卤化磷的方法可用下式表示：

$$PX_3 + YX \longrightarrow PX_aY_b$$

$$PX_5 + YX \longrightarrow PX_aY_b$$

$$(X = Cl、Br；\ Y = Br、I；\ a + b \geqslant 7)$$

多卤化磷和多卤化物相同，存在解离平衡，如 PCl_6I、PBr_6I 在非极性溶剂(CCl_4)中的平衡关系：

$$PCl_6I \Longrightarrow PCl_5 + ICl$$

$$PBr_6I \Longrightarrow PBr_3 + Br_2 + BrI$$

在极性溶剂(CH_3CN)中的电离平衡如式(2-1)所示。

另外，还有许多含取代基的磷的卤化物。其中，含有无机取代基的如

$$PF_3 + HF_2^- \Longrightarrow [PF_5H]^-$$

$$Me_2NPF_2 + 3[HF_2]^- \xrightarrow[343K]{CH_3CN} [Me_2NH_2]^+[PF_5H]^- + 3F^-$$

近 20 多年来，对有机取代基卤化磷的合成、性质、结构及作为配位体形成配合物的研究非常多。反式-$L_3Mo(CO)_3$ 配合物中 π 接受能力的顺序为 $F_3CPF_2 \sim (F_3C)_2PF > PF_3 > Cl_3CPF_2 > ClCH_2PF_2 > C_6H_5PF_2 > ROPF_2 > R_2NPF_2 > RP(F)(NR_2) > (R_2N)_2PF(R = C_2H_5)$。

2. 混合卤化物

在 As、Sb、Bi 三种元素中，Sb 较多地形成混合卤化物。在用 SbF_5、AsF_3 和 Br_2 制备 AsF_5 时，以副产物形式得到 $SbBrF_4$。用 Cl_2 与 SbF_3 的 $SbCl_3$ 或 $SbCl_5$ 溶液反应得到 $SbCl_4F$、$SbCl_3F_2$、$SbCl_2F_3$，有人把它们视为复盐：$xSbCl_5 \cdot ySbF_5$。同样，在 $SbCl_3$ 或 $SbBr_3$ 溶液中的 SbF_3 与溴或碘反应也得到类似的混合卤化物，例如：

$$SbF_3 + SbBr_3 + 2I_2 \Longrightarrow SbI_2F_3 + SbI_2Br_3$$

当 I_2 溶于 SbF_5 时可以形成两种含碘混合卤化物：$SbIF_4$(熔点 80℃)，Sb_2IF_9(熔点 110~115℃)。

根据报道，从金属有机化合物 $EtSbI_2Br_2$ 去掉溴乙烷(EtBr)也可得到 SbI_2Br(熔点 88℃)。

混合卤化物 $SbCl_2F_3$(Swarts 试剂)是比 SbF_3 更有效的氟化剂。

$$SOCl_2 + SbCl_2F_3 \longrightarrow SOF_2$$

$$Cl_2C=CCl-CCl=CCl_2 + SbCl_2F_3 \longrightarrow CF_3CCl=CClCF_3$$

2.4.4 低卤化物

1. 砷的低价卤化物

As 的低价卤化物只有 As_2I_4 已确定。将研细的砷与碘按化学比混合，放在充有 CO_2 或加有八氢化菲的密封管中，加热到 260℃ 即可制得。用拉曼光谱系统研究表明，AsI_3 与 As 在 300℃ 下按下式相互作用：

$$4AsI_3(g) + 2As(s) \rightleftharpoons 3As_2I_4(g)$$

$$2AsI_3(g) + As(s) \rightleftharpoons 3AsI_2(g)$$

As_2I_4 具有 $I_2As-AsI_2$ 结构，是红色晶体，熔点 137℃，可在 CS_2 中于 $-20℃$ 下重结晶提纯。As_2I_4 易水解和氧化，在温热的 CS_2 溶液中发生歧化，但在惰性气氛中可稳定到 150℃。400℃ 下 As_2I_4 按下式发生歧化反应：

$$3As_2I_4 = 4AsI_3 + 2As$$

2. 铋的低价卤化物

铋能形成氧化态为 +1 或小于 +1 的卤化物，它们总称为低卤化物。

铋的一卤化物 $BiX(X = Cl, Br, I)$ 可以在加热 $Bi-BiX_3$ 混合物时于平衡蒸气中出现：

$$BiX_3(g) + 2Bi(l) \rightleftharpoons 3BiX(g)$$

BiF、$BiCl$、$BiBr$、BiI 的解离焓分别为 $310kJ \cdot mol^{-1}$、$297kJ \cdot mol^{-1}$、$267kJ \cdot mol^{-1}$ 和 $215kJ \cdot mol^{-1}$(298K)。除 BiF 是离子化合物以外，其余都是共价化合物。

Bi^+ 的存在早在 1971 年已有明确鉴定。当时用 X 射线衍射实验测定了氯配合物 $Bi_{10}Hf_3Cl_{18}$ 的结构是 $(Bi^+)(Bi_9)^{5+}([HfCl_6]^{2-})_3$，并发现了 Bi^+。

20 世纪 70 年代初合成了 $BiAlCl_4$：

$$BiCl(g) + AlCl_3(g) = BiAlCl_4(g)$$

其中也含有 Bi^+，它与四面体构型的配离子 $[AlCl_4]^-$ 以强离子键相结合。

将 $Bi-BiCl_3$ 混合物加热至 325℃，然后缓慢降温至 270℃，过剩的 $BiCl_3$ 用升华或苯提取的方法分离除去，余下一种组成为 $Bi_{24}Cl_{28}$，相当于 Bi_6Cl_7 的黑色低卤化物。其结构很特殊，包括铋的原子簇和两种氯配阴离子：$([Bi_9]^{5+})_2$，$([BiCl_5]^{2-})_4$，$([Bi_2Cl_8]^{2-})$。在 $[Bi_9]^{5+}$ 中 Bi 的形式氧化态为 +0.555，9 个 Bi 原子按三帽三棱柱形排布。阴离子 $[BiCl_5]^{2-}$ 中围绕 Bi 原子的 5 个 Cl 原子以四方锥形配位(八面体缺一角)，在八面体缺角的方位上为 Bi 原子的孤对电子所占据，$[Bi_2Cl_8]^{2-}$ 为底部共一个边的两个四方锥连接而成的双核配离子。还有一些低卤化铋如 Bi_3Cl、

$Bi_5(AlCl_4)_3$、$Bi_8(AlCl_4)_2$ 等存在于熔盐中。

思考题

2-1　为什么 NCl_3 易发生水解，而 NF_3 水解很难？如何从结构上解释？

2-2　试分析 NCl_3 和 PCl_3 水解的机理。

2-3　思考联氨和羟胺作为还原剂的优点各有哪些。

2-4　为什么 As、Sb、Bi 氧化物及硫化物的形式不同？

2-5　整理总结和分析氮族元素三卤化物和五卤化物的结构与性质的递变规律。

历史事件回顾

2　合成氨的研究进展

德国化学家舒尔茨曾赞誉道："自然界除水之外，氮是生长、发展和创造最有力的推动者。"虽然氮气在空气中占据最多的比例(约为 78%)，但是人们无法直接通过呼吸摄入氮元素。氮气的化学性质不活泼，常温下很难与其他物质发生反应，被称为"惰性氮"。这种形态的氮对生命直接无效，分子态氮必须通过某种反应转化为其他形态的氮化合物，进入自然界的氮循环后才显示出活性。氮循环将大气、陆地和海洋生态系统连接起来，整个氮循环中固氮是一个极为重要的环节。固氮决定生物圈的输入贡献量，要完成氮循环中其他形态的转化，必须有最初的输入量驱动。

实现固氮作用的途径有三种：生物固氮；高能固氮，如闪电等高空瞬间放电所产生的高能，可以使空气中的氮与水中的氧结合，形成氨和硝酸并由雨水带到地面；工业固氮，用高温、高压和化学催化的方法，将氮转化成氨。人类一直探究的常温常压固氮方法目前还无法实现。

一、生物固氮

生物固氮是指固氮微生物以自生固氮、共生固氮和联合固氮的形式将大气中的 N_2 还原成 NH_3 进而合成有机化合物的过程[77]。土壤中的一些细菌微生物可以在常温常压下固氮，如鱼腥藻、念珠藻和颤藻等固氮蓝细菌中含有固氮酶。豆科植物的根部有很多瘤状突起，这是根瘤菌的入侵增殖造成的，根瘤菌可以将空气中游离的氮固定下来，转变为植物所能利用的含氮化合物，供植物生长所需。

由于氮分子具有键能很高的 N≡N 键，打开它需要很大的能量，在固氮酶催化时，N_2 可以还原为 NH_3。生物固氮在自然界氮循环中起着重要作用，为生物生长繁殖提供了大量氮素。研究固氮酶催化机制及化学模拟生物固氮，不仅对生命科学和化学催化科学理论意义重大，而且对农业持续发展和环境保护影响深远。王友绍等[78]、王紫娟等[77]、韩斌[79]等对生物固氮研究进展进行了归纳。世界各地的科学家对固氮的生态效应、生理状态、生化指标及复杂的分子遗传等方面进行了大量的实验研究。1838 年科学家首次发现豆科植物拥有根瘤可以自身固氮，1888 年成功培养出根瘤菌，之后详细研究了根瘤菌的种类和结构，1960 年科学家获得了无细胞的固氮酶提取液。之后，进一步分离出固氮酶的两个组分钼铁蛋白(MoFe 蛋白)和铁蛋白(Fe 蛋白)，在此基础上逐步揭开生物固氮之谜。

(一) 固氮酶的组成、结构与功能

生物固氮主要通过固氮生物体内固氮酶的催化作用来完成。固氮酶 (nitrogenase)是由钼铁蛋白和铁蛋白组成的复合体，这两种蛋白单独存在时都不呈现固氮酶活性，只有两者形成复合体后才具有还原氮的能力。有三种不同类型的固氮酶，包括铁(FeFe)、钒铁(VFe)和钼铁(MoFe)固氮酶，它们具有相似的序列、结构和功能，但它们的金属负载不同。固氮酶结构研究的三个里程碑见图 2-28。

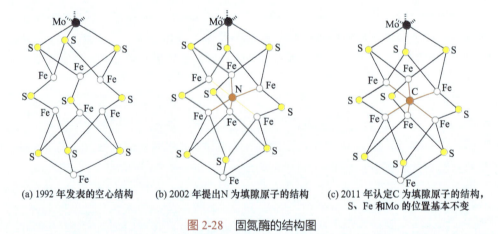

(a) 1992 年发表的空心结构　　(b) 2002 年提出 N 为填隙原子的结构　　(c) 2011 年认定 C 为填隙原子的结构，S、Fe 和 Mo 的位置基本不变

图 2-28　固氮酶的结构图

20 世纪 60 年代以来，固氮酶的研究已取得了多次突破和重要进展。其中重要的一次突破是 1992 年 Rees 等发表了固氮酶钼铁蛋白和铁蛋白的 X 射线晶体结构，揭示了 MoFe—co(固氮酶钼铁辅基)和 MoFe—S(R 高柠檬酸中的钼铁辅基)本质[80]。在该结构中，Mo 处于一端的角落位置，并与 3 个 S 配体、1 个组氨酸和 1 个

高柠檬酸配位形成八面体配合物。高柠檬酸以烷氧基和羧基直接同钼形成双齿配位，而羧基和羧基与金属不成键，形成 1∶1 型的高柠檬酸钼簇结构，如图 2-29 所示。

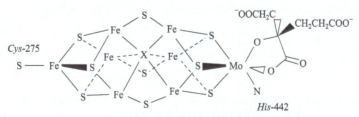

图 2-29　钼和铁在固氮酶铁钼辅基中的配位结构

(二) 生物固氮机理

生物固氮是固氮微生物特有的一种生理功能，这种功能是在固氮酶的催化作用下进行的。1982 年，Postgate 以肺炎克雷伯菌(Klebsiella pneumoniae，简称 Kp)为例提出一个固氮酶催化机理模式，至今仍被广泛采用[79]。

在腺苷三磷酸(ATP)水解作用下，电子由还原剂传递给铁蛋白，再由铁蛋白传递给钼铁蛋白，在 H^+ 参与下，将 N_2 还原为 NH_3。研究还发现，固氮酶中发生的是单电子传递，并且电子由铁蛋白传递给钼铁蛋白是整个反应的决速步骤。固氮酶的钼铁蛋白有三种状态：氧化态、半还原态和完全还原态；铁蛋白有两种状态：氧化态和还原态。当半还原态的钼铁蛋白和还原态的铁蛋白组合在一起时，成为稳定固氮的复合体系，这时还原态铁蛋白的电子传递到半还原态钼铁蛋白上，使它成为完全还原态而铁蛋白本身被氧化，随后再由细胞中电子传递链所提供的电子还原。完全还原态的钼铁蛋白络合分子氮，同时 ATP 水解成腺苷二磷酸(ADP)和磷酸(Pi)，释放出大量能量，使电子和 H^+ 同氮结合，生成两分子氨。一般认为，在这个反应过程中固氮酶钼铁辅基(MoFe—co)起关键作用，它是固氮酶的活性中心[81]。固氮酶的固氮原理对人工模拟生物固氮很有启发意义。

二、高能固氮

高能固氮是自然界中除生物固氮之外的第二种固氮方法。自然界中的闪电、宇宙射线、火山爆发等活动可以将大气中的氮转化为硝酸盐，并通过降水到达地面。此种固氮作用很弱，只能一定程度上补充活性氮。

诗人王安石在《元丰行示德逢》中曾运用夸张的手法描写了雨后万物欣欣向荣的景象，类似于民间谚语"雷雨发庄稼"，其背后的化学原理为

$$N_2 + O_2(闪电) \!=\!=\! 2NO$$

$$2NO + O_2 = 2NO_2$$

$$3NO_2 + H_2O = 2HNO_3 + NO$$

闪电使空气中的 N_2 转化成含氮的硝酸根离子，即植物生长需要的氮肥，所以能"雷雨发庄稼"。

三、人工固氮

目前工业合成氨采用的是哈伯-博施工艺，它需要在高温高压条件(350～550℃，压力 10～30MPa)下实施，需消耗全球能源供应总量的 1%～2%[82]；同时，该过程需要使用大量化石资源用于产氢和供能，每年排放大约 5 亿吨二氧化碳，约占全球二氧化碳排放的 1.8%。人工固氮的研究历史如图 2-30 所示。在节能减排和可持续发展为首要任务的今天，开发清洁高效的"绿色"合成氨工艺尤为迫切。N_2 分子的化学惰性在于其具有较强的 $N \equiv N$ 键能($941kJ \cdot mol^{-1}$)，较大的 HOMO 与 LUMO 能量差(10.82eV)及其非极性特征，不易被吸附和活化。郭建平等[83]、范文龙等[84]、冯圣等[85]于近年来发表了多篇关于合成氨研究进展的综述文章。

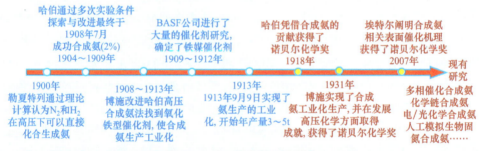

图 2-30　人工固氮的研究历史

目前，由可再生能源驱动，并通过多相催化、电催化、光催化和化学链等方式进行的"绿色"合成氨路线大致有两条[86]：一是利用可再生能源制取氢气，氢气再与氮气进行反应生成氨，如图 2-31(a)路线 1 所示。事实上，在 20 世纪 60 年代以前，挪威、埃及等国曾利用本国丰富的水电解制取氢气，氢气再与氮气反应合成氨。另一途径则是直接以氮气和水反应生成氨，如图 2-31(a)路线 2 所示，该路线可跳过制氢过程，减少中间环节，但目前效率还较低，离实际应用还有较长一段距离。

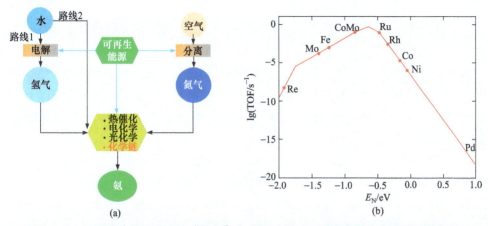

图 2-31　(a)可再生能源驱动的"绿色"合成氨过程；(b)过渡金属的合成氨活性曲线

(一)　多相化学合成氨

氨合成的研究侧重于开发新型的催化剂。近年来新型催化剂的研发带给氨合成工艺节能减排新的期待。高温高压合成氨催化剂的研究主要集中在：铁基催化剂(铁系氨合成催化剂、稀土型催化剂和亚铁型催化剂，主要成分均为 Fe_3O_4)、钌基催化剂和纳米合成氨催化剂等。

过去的一个多世纪,研究人员对合成氨多相催化剂进行了广泛而深入的研究,所涉及元素覆盖元素周期表中的大多数元素。总体而言,过渡金属的合成氨活性表现出经典的火山型曲线[图 2-31(b)]，其中位于火山型曲线顶端的Ⅷ族元素 Fe、Ru 具有较好的催化活性,目前工业上广泛采用的催化剂主要是含多种助剂的熔铁催化剂。1992 年, 第一个以 Ru 基合成氨催化剂为基础的凯洛格合成氨生产工艺(KBR advanced ammonia process，KAAP)实现商业化运行。我国在工业合成氨催化剂方面也取得了许多重要进展。例如，浙江工业大学开发的 $Fe_{1-x}O$ 基低压活性氨合成催化剂，以及福州大学等开发的钌基氨合成催化剂及铁钌串联低温低压合成氨工艺，大幅度降低了合成氨运行的压力和温度。传统 Fe 基催化剂的优势是成本较低，但存在的问题是氨级数较负，操作温度及压力较高，而 Ru 基催化剂具有低温低压高活性，对水、一氧化碳等杂质不敏感等优势，成为近几十年来主要研究的活性金属元素。但 Ru 基催化剂也存在一些问题，如成本较高、氢抑制作用显著等。研究人员从活性金属的结构、金属与载体的相互作用、助剂的促进作用等方面进行了较为系统的研究，同时在载体方面，开发了碳材料、氧化物、氮化硼、无机电子化物、氧氢化物等一系列新型载体。

(二) 模拟生物固氮

人工模拟固氮是在了解生物固氮的内容后，在尽量接近生物条件下，人工模拟固氮酶的模型化合物合成并应用到工业生产中。研究集中在 MoFe 辅基的模拟合成上。虽然相关研究早在 20 世纪 70 年代就已开始，但 MoFe 辅基的结构被确定之后，人工模拟合成才找到了方向。在 MoFe 辅基中有多个不饱和配位的 Fe，以及 Mo 原子处于 MoFe 辅基的外缘，这两点是 MoFe 辅基发挥固氮作用的关键，也是人工模拟合成中的难题。

科学家们历经 40 多年的持续研究取得了一系列可喜的成果，但仍有一些悬而未决的难点。固氮酶活性机制研究如同攀登珠穆朗玛峰，是十分艰巨的。近 10 年来，随着固氮酶 MoFe 辅基结构的日趋明晰，以及合成氨工业面临节能降耗的重大需求，全球又掀起了新一轮仿生化学固氮研究热潮。2021 年华中农业大学农业微生物国家重点实验室韩鹤友等[87]报道了一种具有抗氧化活性的铁酸钴纳米酶($CoFe_2O_4$-NPs)，并深入解析了其在调控大豆共生固氮协同效应中的作用机制。通过模拟构建天然固氮体系，引入功能性纳米酶对比研究发现，$CoFe_2O_4$-NPs 具有优异的过氧化物酶活性。通过在固氮体系中引入 $CoFe_2O_4$-NPs，能够有效缓解固氮过程产生的 ROS 对固氮酶的氧化胁迫，同时增加豆血红蛋白的积累，为根瘤菌的寄生提供更优越的环境，增加根瘤菌的寄生，最终实现固氮酶活性的显著增加。

(三) 化学链合成氨

将合成氨催化过程偶解为固氮及产氨等两步或两步以上分立的化学反应，即为化学链合成氨过程。早在 19 世纪时，Motay 曾提出利用 Ti_3N_2 和 TiN 间的循环转换合成氨[88]，即 Ti_3N_2 固氮生成富氮的 TiN，TiN 与 H_2 高温反应放氨并再生贫氮的 Ti_3N_2，反应式如下：

$$2Ti_3N_2 + N_2 \Longrightarrow 6TiN$$

$$6TiN + 3H_2 \Longrightarrow 2Ti_3N_2 + 2NH_3$$

1908 年，Frank[89]开发了一种通过 CaC_2 固氮生成 $CaCN_2$，继而水解产氨的分步合成氨方法，水解产物碳酸钙与焦炭混合加热反应可再生 CaC_2。此方法在哈伯-博施工艺开发前是工业上主要的固氮方法。电石再生的条件十分苛刻，需要消耗大量的能量，使得该工艺在经济上缺乏竞争力[90]：

$$CaC + N_2 \longrightarrow CaCN_2 + C \qquad \Delta H = -288.4 \text{kJ} \cdot \text{mol}^{-1}$$

$$CaCN_2 + 3H_2O \longrightarrow 2NH_3 + CaCO_3 \qquad \Delta H = -94.2 \text{kJ} \cdot \text{mol}^{-1}$$

$$CaCO_3 + 5/2C \longrightarrow CaC + 3/2CO_2 \qquad \Delta H = 557.8kJ \cdot mol^{-1}$$

总反应：
$$N_2 + 3H_2O + 3/2C \Longrightarrow 2NH_3 + 3/2CO_2$$

以上都属于化学链合成氨的重要开端，与合成氨催化过程相比，化学链过程具有以下几个特点：可在常压条件下操作，有助于简化工艺流程，可用于分布化、小型化产氨；由于形成稳定的氮化物或氧化物，易于启停，易于与可再生能源偶合；可分别对固氮、产氨等各步骤中的反应物、温度、压力等进行优化；可规避 N_2 与 H_2 或 H_2O 的竞争吸附问题。根据载氮体(水解或加氢)放氨形式的不同，化学链合成氨过程可分为以水为氢源的化学链(H_2O-CL)和以氢气为氢源的化学链过程(H_2-CL)，如图 2-32 所示。人们对于 H_2O-CL 过程的兴趣源于其避免了昂贵的、高能耗的天然气或煤重整制氢过程，是目前受到关注较多的体系。而对于 H_2-CL 过程，氢气则可来源于可再生能源，通过电解水制氢等方式得到，再通过化学链方式制氨。在化学链合成氨过程中，载氮体材料的选择是决定过程效率的关键因素。目前研究的载氮体材料大多是无机含氮化合物，包括金属氮化物、氮氧化物、氮氢化物、(亚)氨基化合物等，分别构成氮化物-氧化物对、贫氮氮化物-富氮氮化物对或氢化物-亚氨基化合物对等实现固氮及产氨反应。较详细的介绍可参考相关综述文章。

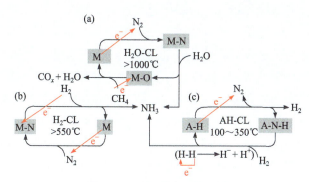

图 2-32　化学链合成氨过程

M 为 Al、Cr、Mn 等，A 为碱/碱土金属

(四) 电化学合成氨

近年来，光/电催化氮气还原反应(nitrogen redaction reaction，NRR)合成氨被认为是一种具有潜力替代工业哈伯-博施工艺生成氨的方法，引起社会的热切关注[91]。电化学方法将电能引入反应中辅助 N_2 分子活化，打破热力学平衡限制，促进催化氮还原反应。这在商业化应用方面具有巨大潜力。电化学合成氨过程可直接利用可再生能源发电。许多过渡金属、金属氧化物、氮化物、碳材料、含硼

材料等电催化剂已初步显示出了发展潜力，可参阅相关综述文章[85, 92-94]。但目前这些电催化体系的产氨速率很低，多在 $10^{-13} \sim 10^{-9} mol \cdot cm^{-2} \cdot s^{-1}$ 量级，距离实用化目标($\sim 10^{-7}$)还有很大的差距。电化学合成氨过程中，氢源可以是 H_2 或 H_2O，提高 N_2 活化速率与抑制析氢副反应是该领域存在的两个关键问题。电化学合成氨领域面临的另一个不可忽视的问题是产氨速率极低而带来的数据可靠性问题。采用多种检测方法，结合同位素标记的 15N_2 作为原料，对产生的 15NH_3 进行核磁等定量分析是相对可靠的手段。

(五) 光化学合成氨

光化学合成氨技术在常温常压条件下，以氮气和水为原料，经太阳能驱动发生氧化还原反应而合成氨，实现了太阳能向化学能的转化。作为新一代的合成氨工艺，具有特殊的技术优势：使用的能源为取之不尽的太阳能，具有绿色可持续的优点；可在常温常压下进行，反应条件温和，能耗低，成本低；以水作为氢源，取代了哈伯-博施工艺所需的不可再生的化石燃料，减少 CO_2 气体排放，对环境较为友好，并且地球的大部分被海洋所覆盖，水资源丰富。自1977 年，Schrauzer 等[95]首次发现半导体二氧化钛基光催化剂在紫外光照射下具有氮气还原合成氨性能以来，光催化氮气还原合成氨技术一直是各国学者的研究热点。此部分相关综述文章很多[96-98]。半导体光催化剂上合成氨的基本原理是捕光材料受到光激发后产生光生电子与空穴，光生电子与空穴分离并迁移至催化剂表面与吸附的 N_2 和 H_2O 分子发生氧化还原反应。一个良好的合成氨光催化剂应兼具合适的带隙、高的电子空穴分离效率、好的水氧化性能及 N_2 吸附性能等特征。目前研究的材料包括 TiO_2、$BiOCl$、氧化物、硫化物、碳材料等。通过引入缺陷来构筑表面不饱和位是构筑活性位点的一种非常有效的策略。例如，催化剂中氧、氮或硫空位的局域电子可增强催化剂表面对 N_2 分子的吸附和活化。

光电催化氮气还原通常采用三电极系统：工作电极、对电极和参比电极(图 2-33)。催化剂位于用作工作电极的光电阴极上，用于氮气的还原；太阳能水分解则发生在作为阳极的反电极上。在此光电协同催化氮气还原体系中，电发挥的作用是通过外加偏压电场抑制光生载流子复合。通过了解整个光电催化氮气还原合成氨反应历程，发现其实质就是光生电子-空穴对载流子从催化剂的内部向表面扩散和转移，伴随着氮气溶解、扩散、吸附至催化剂表面，经过活化、分解解离、解吸脱附的反应过程。

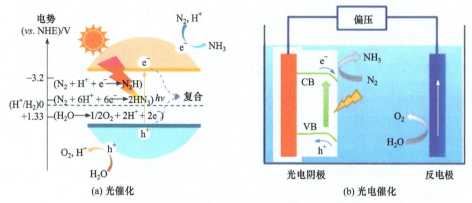

图 2-33　光催化和光电催化氮气还原反应基本原理和过程

　　综上所述，催化剂研究和开发是促进合成氨工业发展的关键。催化剂先进表征技术，如原位电子显微镜、同步辐射 X 射线吸收等将提供原位反应条件下催化剂的结构变化等重要信息，自由电子激光技术也将提供催化反应中间体等关键的机理信息。理论计算对于从原子水平上深入理解催化现象的本质具有不可替代的优势，在催化科学中已经占据至关重要的位置。基于大数据分析的机器学习以及更进一步的人工智能技术，或许能加快合成氨催化剂的设计与开发。其中，光电化学合成氨是替代哈伯-博施合成氨工业的理想方案，但目前的产氨速率极低，研究结果争议较多，仍处于基础研究阶段，是一个需要严谨对待和深入研究的课题。

参 考 文 献

[1] 四川大学工科基础化学教学中心. 近代化学基础(下册). 北京: 高等教育出版社, 2002.

[2] 侯德榜. 化学通报, 1953, (3): 11-21.

[3] 刘化章. 催化学报, 2001, 22(3): 304-316.

[4] 马秀芳, 邓辉球, 李微雪. 科技导报, 2007, 25(24): 25-29.

[5] 张青莲. "无机化学丛书" 第四卷: 氮磷砷分族. 北京: 科学出版社, 1995.

[6] 刘祖良. 低温与特气, 1983, 1(4): 9-12.

[7] Redmore D. Synthesis and Reactivity in Inorganic and Metal-Organic Chemistry, 1978, 8(5-6): 497-498.

[8] John R. Phosphorus and Its Compounds. Volume 1. New York: Interscience Publishers Inc, 1958.

[9] Kao C. Journal of Food Science, 2010, 46(5): 1632-1632.

[10] 王殿轩, 徐卫河, 徐锦亮. 粮食储藏, 2002, 31(2): 5-9.

[11] Lippsmeier B, Hestermann K, Reuter M. Production of tertiary methylphosphine oxides: CA, CA1042467 A1. 1977-04-26.

[12] Klaus-Jürgen H. Frequenz, 1978, 32(6): 171-175.

[13] Steenbergh W F. Ecology of the Saguaro. Washington: National Park Service, 1983.

[14] Jolly W L. Inorganic Synthesis with Electric Discharges. Washington: Advances in Chemistry, American Chemical Society, 1969.

[15] Römer R F, Vander O A S, Griepink B. Microchimic Acta, 1978, 69(1-2): 185-191.

[16] Wiberg N, Holleman A F, Wiberg E. Inorganic Chemistry. New York: Academic Press, 2001.

[17] Jerzembeck W. Angewandte Chemie International Edition, 2002, 41(14): 2550-2552.

[18] 北京师范大学无机化学教研室编. 无机化学(下册). 4 版. 北京: 北京师范大学, 2003.

[19] 侯彦君, 蔡开聪. 化学教育(中英文), 2019, 40(2): 73-77.

[20] 李志锋, 雷志敏, 杨筱平. 化学教育, 2020, 41(8): 18-23.

[21] 吕仁庆, 吴冲冲, 王芳, 等. 化学教育, 2019, 40(2): 22-25.

[22] Sun H. Biological Chemistry of Arsenic, Antimony and Bismuth. Hoboken: John Wiley & Sons, 2010.

[23] Jolly W L. Metal-Ammonia Solutions. World Scientific Series in 20th Century Physics. 1970: 167-181.

[24] Genet J P, Thorimbert S, Touzin A M. Tetrahedron Letters, 2010, 34(7): 1159-1162.

[25] Kashima C, Yoshiwara N, Omote Y. Tetrahedron Letters, 1982, 23(29): 2955-2956.

[26] Lamanec T R, Bender D R, Demarco A M, et al. The Journal of Organic Chemistry, 1988, 53(8): 1768-1774.

[27] Murahashi S I, Imada Y, Taniguchi Y, et al. Tetrahedron Letters, 1988, 29(24): 2973-2976.

[28] Stewart A O, Martin J G. Journal of Organic Chemistry, 2002, 54(5): 1221-1223.

[29] Shin C G, Nanjo K, Ando E, et al. Bulletin of the Chemical Society of Japan, 1974, 47(12): 3109-3113.

[30] Abele E, Abele R, Golomba L, et al. Organic Chemistry, 2011, 50(3): 205.

[31] Majoral J P, Bertrand G. Bulletin Des Sociétés Chimiques Belges, 1986, 95(11): 945-957.

[32] Nicolaides D N, Awad R W, Litinas K E, et al. Journal of Organic Chemistry, 1996, 52(47): 15007-15016.

[33] Rozantzev E, Neiman M. Tetrahedron, 1964, 20(1): 131-137.

[34] Ciufolini M A, Bishop M J. Journal of the Chemical Society Chemical Communications, 1993, (18): 1463-1464.

[35] Bond E J, Dumas T. Journal of Stored Products Research, 1967, 3(4): 389-392.

[36] Verstuyft A W. American Industrial Hygiene Association Journal, 1978, 39(6): 431-437.

[37] Bond E J, Dumas T. Journal of Stored Products Research, 1967, 3(4): 389-392.

[38] Winks R G. Journal of Stored Products Research, 1985, 21(1): 25-29.

[39] Kashi K P. Pest Management Science, 2010, 12(2): 111-115.

[40] Nakakita H, Saito T, Iyatomi K. Journal of Stored Products Research, 1974, 10(2): 87-92.

[41] Hsu C H, Han B C, Liu M Y, et al. Free Radical Biology and Medicine, 2000, 28(4): 636-642.

[42] Shadnia S, Rahimi M, Pajoumand A, et al. Human & Experimental Toxicology, 2005, 24(4): 215-218.

[43] Sudakin D L. Human & Experimental Toxicology, 2005, 24(1): 27-33.

[44] 单庆祝, 刘凤霞, 杨汝景, 等. 中国工业医学杂志, 1998, 11(4): 46-47.

[45] 罗晓芳, 姜开友, 马军营. 卫生研究, 1999, 28(3): 131.

[46] 何永亮. 次磷酸钠生产过程中磷化氢尾气的处理技术研究. 天津: 南开大学, 2000.

[47] 郝心仁. 防治害虫熏蒸法手册. 北京: 中国农业科技出版社, 1988.

[48] Blazejowski J, Lampe F W. Journal of Physical Chemistry, 1981, 85(13): 1856-1864.

[49] Blazejowski J. Journal of Photochemistry, 1981, 16(2): 105-120.

[50] 尹志刚. 有机磷化合物. 北京: 化学工业出版社, 2011.

[51] Evers E, Street E H. Journal of the American Chemical Society, 1956, 78(22): 5726-5730.

[52] Minkwitz R, Liedtke A. Inorganic Chemistry, 1989, 28(23): 4238-4242.

[53] Callen R B, Fehlner T P. Journal of the American Chemical Society, 1969, 91(15): 4122-4128.

[54] 郑大中, 郑若锋. 化工矿产地质, 2002, (2): 101-114.

[55] 彭慈贞, 张永明, 叶斌, 等. 化学传感器, 1987, (2): 67-70.

[56] 刘光虎. 反应-萃取耦合技术制备盐酸羟胺的研究. 北京: 北京化工大学, 2006.

[57] Greaves J S, Richards A, Bains W, et al. Nature Astronomy, 2020, 5: 655-644.

[58] 钱华, 吕春绪, 叶志文. 精细化工, 2006, 23(18): 11-13.

[59] Talawar M B, Sivabalan R, Nair B, et al. Journal of Hazardous Materials, 2005, 124(1-3): 153-164.

[60] 钱华. 五氧化二氮在硝化反应中的应用研究. 南京: 南京理工大学, 2008.

[61] 何泽人. 无机制备化学手册(上册). 2 版. 北京: 燃料化学工业出版社, 1972.

[62] Caesar G V, Goldfrank M. Journal of the American Chemical Society, 1946, 68(3): 372-375.

[63] Foller P C. Electrochemical Dehydration of Nitric Acid to Dinitrogen Pentoxide. GB2, 223, 031A.

[64] Curphey T J. The Journal of Organic Chemistry, 2002, 67(18): 6461-6473.

[65] Blade-Font A, Aguila S, Mas T D, et al. Chemischer Informationsdienst, 1981, 12(19): 70-73.

[66] Madesclaire M. Tetrahedron, 1988, 44(21): 6537-6580.

[67] Cava M P, Vanmeter J P. Journal of Organic Chemistry, 2002, 34(3): 538-545.

[68] Chetia A, Saikia A, Saikia C J, et al. Tetrahedron Letters, 2003, 44(13): 2741-2744.

[69] Hansen T K, Lakshmikantham M V, Cava M, et al. Journal of the American Chemical Society, 1992, 114(13): 5035-5039.

[70] Favier I, Duñach E. Tetrahedron Letters, 2003, 44(10): 2031-2032.

[71] 郭振勋. 国外金属矿选矿, 1983, 21(6): 15-25.

[72] Beril S, Stamoov I, Tiron A, et al. Optical Materials, 2020, 101: 109737.

[73] Grigas J, Talik E, Lazauskas V. Physica Status Solidi, 2002, 232(2): 220-230.

[74] 陈利霞. 不同形貌硫化铋纳米材料的制备研究. 湘潭: 湘潭大学, 2011.

[75] 逯亚飞. M2S3(M=Bi,Sb)纳米材料的制备及其电化学性能研究. 马鞍山: 安徽工业大学, 2000.

[76] Fischer J, Rudzitis E. Journal of the American Chemical Society, 1959, 81(81): 6375-6377.

[77] 王紫娟, 张杨. 云南农业大学学报(自然科学), 2015, 30(5): 810-821.

[78] 王友绍, 李季伦. 自然科学进展, 2000, 10(6): 481-490.

[79] 韩斌, 孔继君, 邹晓明. 山西农业科学, 2009, 37(10): 86-89.

[80] 张纯喜. 科学中国人, 1996, (12): 29-30.

[81] 李博文. 蔬菜安全高效施肥. 北京: 中国农业出版社, 2014.

[82] 诸葛绍渊. 常压介质阻挡放电等离子体协同催化合成氨应用基础研究. 杭州: 浙江工业大学, 2015.

[83] 郭建平, 陈萍. 科学通报, 2019, 64(11): 1114-1128.

[84] 刘淑芝, 韩伟, 刘先军, 等. 化工学报, 2017, 68(7): 2621-2630.

[85] 冯圣, 高文波, 曹湖军, 等. 2020, 78(9): 916-927.

[86] Mehta P, Barboun P, Herrera F A, et al. Nature Catalysis, 2018, 1(4): 269-275.

[87] Ma J, Song Z, Yang J, et al. Environmental Science, 2021, 8(1): 188-203.

[88] Tessie Du Motay M, Maréchal M. Bulletin de la Société Chimique de France, 1868, 9: 334.

[89] Frank A R. Transactions of the Faraday Society, 1908, 10(4): 99-114.

[90] Pfromm R M P H. AIChE Journal, 2012, 58(10): 3203-3213.

[91] 李莎莎, 李雯. 现代化工, 2019, 39(10): 52-56.

[92] 刘忠范. 物理化学学报, 2019, 35(11): 1171-1172.

[93] 刘淑芝, 韩伟, 刘先军, 等. 化工学报, 2017, 68(7): 2621-2630.

[94] 王鲁丰, 钱鑫, 邓丽芳, 等. 化工学报, 2019, 70(8): 2854-2863.

[95] Schrauzer G N, Guth T D. Journal of the American Chemical Society, 1977, 99(22): 7189-7193.

[96] Zhang S, Zhao Y, Shi R, et al. Energy Chem, 2019, 1(2): 100013.

[97] Chen X, Li N, Kong Z, et al. Materials Horizons, 2017, 5(1): 9-27.

[98] 李仁贵. 催化学报, 2018, 39(7): 1180-1188.

第**3**章

含氧酸、含氧酸盐、含氧卤化物及其他盐类

3.1 含 氧 酸

3.1.1 含氧酸的结构

1. 氮的含氧酸

从图 1-5 中已知含氮物种之间的转换关系，氮能形成多种含氧酸及其盐，如连二次硝酸($H_2N_2O_2$)、亚硝酸(HNO_2)、硝酸(HNO_3)、过一硝酸(HNO_4)及其盐等，其中最重要的是 HNO_2 和 HNO_3[1]。

HNO_2 中 N 原子采取 sp^2 不等性杂化与两个 O 形成两个 σ 键，N 的孤对电子占据一条杂化轨道，p_z 轨道中有 1 个电子，与端基 O 的 p_z 肩并肩重叠形成一个 π 键。HNO_2 有顺式和反式两种构型，见图 3-1，这两种异构体均为平面形分子。一般反式结构稳定性大于顺式。因为双键 O 与 OH 在两侧，彼此间排斥力小，有利于稳定。NO_2^- 中的 N 也采取 sp^2 不等性杂化，形成两个 σ 键，N 及两个 O 原子未参与杂化的 p_z 轨道各有一个电子，加上外来一个电子形成 π_3^4 离域轨道。

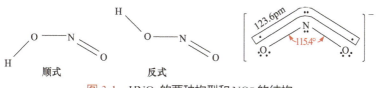

图 3-1 HNO_2 的两种构型和 NO_2^- 的结构

硝酸分子为平面结构，氮原子以 sp^2 杂化轨道分别与 3 个氧原子形成 3 个 σ

键,氮原子的另一个轨道上的孤对电子与两个非羟基氧原子的另一个 2p 轨道上未成对的电子形成三中心四电子大 π 键(π_3^4)及分子内氢键。HNO_3 的结构对称性较差,见图 3-2,故不稳定,浓度越大越不稳定,氧化性也越强。

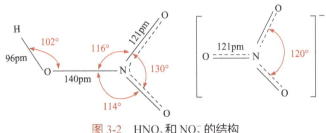

图 3-2 HNO_3 和 NO_3^- 的结构

硝酸去掉一个氢原子的结构是硝酸根离子 NO_3^-。硝酸去掉一个羟基的结构是硝基—NO_2。硝基的正离子称为硝酰正离子。NO_3^- 具有对称的平面等边三角形结构,N 原子仍采取 sp^2 杂化,离子中有 3 条 σ 键和 1 个 π_4^6 离域键,其结构对称性好,相对于硝酸较稳定。所以,硝酸盐的水溶液一般不显氧化性。气态 HNO_3 为平面形分子,硝酸和水的加合物主要有 $HNO_3 \cdot H_2O$ 和 $HNO_3 \cdot 3H_2O$,它们的晶体结构均已通过 X 射线衍射法测定。$HNO_3 \cdot H_2O$ 在 85K 及 225K 的晶体结构中,均含 H_3O^+ 及 NO_3^-,其中 H_3O^+ 通过氢键和三个 NO_3^- 相连,构成无限层状结构[2]。$HNO_3 \cdot 3H_2O$ 中的另外两个水分子则通过短氢键和 H_3O^+ 连接在一起,形成 $H_7O_3^+$ 基团,$H_7O_3^+$ 基团又通过一个较长的氢键相互连接成螺旋体,这些螺旋体再进一步通过氢键和 NO_3^- 形成($H_7O_3^+$)(NO_3^-)的三维结构[3]。

连二次硝酸也称为连二亚硝酸、连二次亚硝酸(hyponitrous acid),为无色小片状晶体,可溶于水和乙醇。它是硝酰胺(H_2N-NO_2)的异构体,结构写作 $HO-N=N-OH$,有顺式和反式两种,见图 3-3,反式较稳定,固态时为反式结构[4]。

过硝酸又称过氧硝酸,化学式为 HNO_4 或 $HOONO_2$,是一种不稳定、具有爆炸性的晶体,即使在 $-30℃$ 下也能猛烈分解并发生爆炸,其结构见图 3-4[5],有极强的氧化性,其氧化性高于高氯酸,但不能溶解玻璃。N_2O_5 与 H_2O_2 反应除形成 HNO_3 外,还形成过硝酸。目前尚未制得过硝酸的盐。

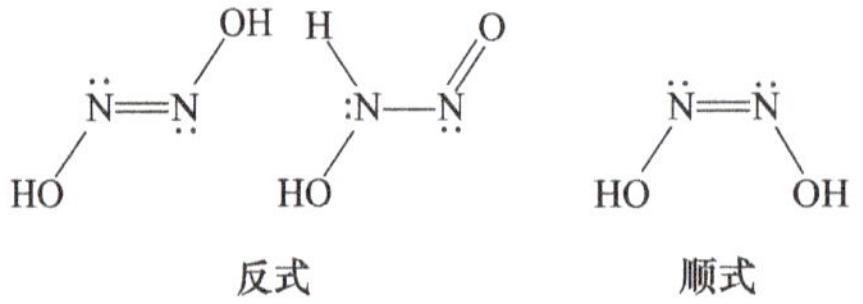

图 3-3 $H_2N_2O_2$ 的结构

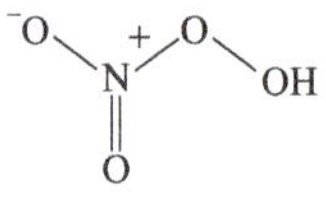

图 3-4 HNO_4 的结构

2. 磷的含氧酸

磷的含氧酸及其盐是最重要的磷的化合物，其种类仅次于硅的含氧酸(盐)。磷有以下几种重要含氧酸：正磷酸(H_3PO_4)、焦磷酸($H_4P_2O_7$)、三磷酸($H_5P_3O_{10}$)、偏磷酸$[(HPO_3)_n]$和亚磷酸(H_3PO_3)等。

在磷的氧化态为 +5 的四种酸中，仅正磷酸与焦磷酸已制得结晶状态的纯物质。强热使 H_3PO_4 分子间脱水，可以依次生成 $H_4P_2O_7$、$H_5P_3O_{10}$、$(HPO_3)_n$。以生成 $H_4P_2O_7$ 为例，其反应过程如下：

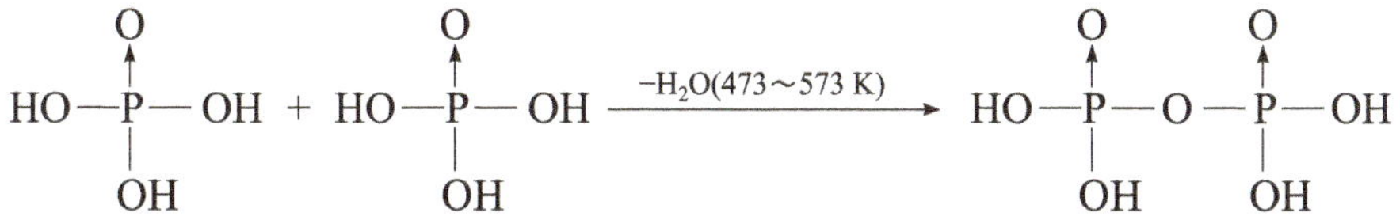

$$\text{HO—P(=O)—OH} + \text{HO—P(=O)—OH} \xrightarrow{-H_2O(473\sim573\ K)} \text{HO—P(=O)—O—P(=O)—OH}$$

焦磷酸可看作由两个磷酸分子间脱水后通过氧原子连接起来的多酸。三磷酸的形成过程与焦磷酸相似，也是形成链状结构，但四偏磷酸$[(HPO_3)_4]$是环状结构。

磷酸盐可分为简单磷酸盐和复杂磷酸盐。简单磷酸盐是指正磷酸的各种盐，而复杂磷酸盐包括多磷酸盐和偏磷酸盐玻璃体,其基本结构单元都是磷氧四面体。磷的含氧酸及其盐的结构大致有以下五种类型：

(1) 含氧酸根中的磷都是四配位，其中至少含一个 P=O；

(2) 含氧酸中至少含有一个可电离的 P—OH；

(3) 某些含氧酸(及其盐)中含有不能电离的 P—H；

(4) 能以 P—O—P 或 P—P 相连，前者是共用 PO_4 四面体的角氧形成链状、环状结构；

(5) 形成过氧磷酸，其中含有过氧键。

若 P 原子和四个 O 原子相连，其氧化态为 +5；若一个 P—OH 被 P—P 键取代，P 的氧化态降 1；若一个 P—OH 被 P—H 取代，则 P 的氧化态降 2，如亚磷酸；若有两个 P—H，则 P 的氧化态降 4，如次磷酸(H_3PO_2)。磷含氧酸的分子式、名称和结构列于表 3-1[6]。

表 3-1　磷的含氧酸及结构

分子式	P 的氧化态	名称	结构式
H_3PO_2	+1	次磷酸	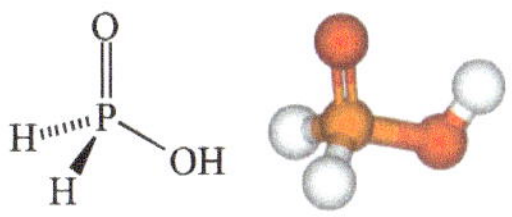

分子式	P 的氧化态	名称	结构式
$H_4P_2O_5$	+3	焦亚磷酸	
H_3PO_3	+3	亚磷酸	
$H_4P_2O_6$	+4	连二磷酸	
H_3PO_4	+5	磷酸	
$H_4P_2O_7$	+5	焦磷酸	
$H_5P_3O_{10}$	+5	三磷酸	
$H_{n+2}P_nO_{3n+1}$	+5	聚磷酸 链状多磷酸	
$(HPO_3)_4$	+5	四偏磷酸	
$(HPO_3)_n$	+5	偏磷酸 环状多磷酸	
H_3PO_5	+5	过一磷酸	
$H_4P_2O_8$	+5	过二磷酸	

正磷酸简称为磷酸。在磷酸分子中 P 是 sp^3 杂化的，P 与羟基 O 之间形成三个 σ 键。另一个 P—O(非羟基氧原子)键的形成比较特殊，见图 3-5。氧原子空出 1 个 2p 轨道，氧原子空的 2p 轨道可接受磷原子 sp^3 杂化轨道上的孤对电子，形成 σ 配键。同时，氧原子 2p 轨道上的两对孤对电子可与磷原子空的 3d 轨道重叠形成两个 p→d π配键，从形式上看是三重键，但实测键长(152pm)接近双键键长。

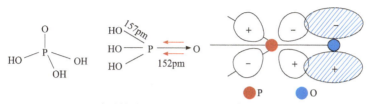

图 3-5　磷酸的分子结构和 P—O 键中的 p→d π配键

3. 砷、锑、铋的含氧酸

砷酸分子式为 H_3AsO_4，三元中强酸，酸性及其他性质均类似磷酸，其结构见图 3-6。亚砷酸分子式为 H_3AsO_3，可由 As_2O_3 溶于水制得，只能存在于水溶液中，还没有分离出纯酸，但这并不影响它的结构为 $As(OH)_3$[7]。亚砷酸为三角锥形，见图 3-7。亚砷酸水溶液的 ^1H 核磁共振波谱中只有单一的信号，反映分子高度的对称性[8]。相反，含磷化合物 H_3PO_3 中主要是以 $HPO(OH)_2$ 的结构存在，水溶液中 $P(OH)_3$ 只占很少的比例。含砷和含磷化合物的差异反映出同一族的主族元素中，较轻的元素在较高氧化态下比较稳定的趋势[9]。

图 3-6　砷酸的结构　　　　　　　图 3-7　亚砷酸的结构

锑和铋的氧化物水合物报道较少。到目前为止还未制备出 $Sb(OH)_3$，得到的只是含水的氧化物 $Sb_2O_3 \cdot xH_2O$。氢氧化铋化学式为 $Bi(OH)_3$，可由硝酸铋和氨水反应沉淀得到[10]。硝酸铋和碳酸铵的反应虽然也可以生成 $Bi(OH)_3$，但是碱式碳酸盐 $Bi_2(OH)_4CO_3$ 也会同时沉淀出来。

3.1.2　含氧酸的制备

1. 硝酸

硝酸(nitric acid)是工业上重要的无机酸之一。纯 HNO_3 是无色透明油状液体，沸点 359K，在 226K 下凝成无色晶体。与水可以任意比例混合。恒沸点溶液含 HNO_3 为 69.2%，沸点 394.8K，密度 $1.42g \cdot mL^{-1}$，约 $16mol \cdot L^{-1}$，即一般市售的浓 HNO_3。浓 HNO_3 受热或见光逐渐分解产生 NO_2，使溶液显黄色。HNO_3 具有挥发性，86%以上的浓 HNO_3 逸出的 NO_2 与水蒸气结合形成烟雾，称为发烟硝酸。

雷雨时能产生少量的硝酸。打雷时放出的能量使空气中的 N_2 和 O_2 发生反应，产生 NO，NO 再被氧化为 NO_2，NO_2 和水反应产生硝酸和 NO。

实验室中常用硝酸盐与浓硫酸反应制备少量硝酸：

$$NaNO_3 + H_2SO_4(浓) \Longrightarrow NaHSO_4 + HNO_3 \tag{3-1}$$

利用硝酸的挥发性，可将其从混合物中蒸馏出来。

值得注意的是，制备硝酸需使反应停留在反应(3-1)这一步，而 $NaHSO_4$ 和 $NaNO_3$ 进一步反应的温度在 773K 左右，该温度下硝酸会分解，产率降低。

工业上制硝酸是氨的催化氧化法，即在金属钯存在下，高于 753K 时，通过氨的氧化大规模制备 NO，NO 与空气反应生成 NO_2，然后将 NO_2 溶于水制备 HNO_3：

$$4NH_3 + 5O_2 \xrightarrow{\triangle} 4NO + 6H_2O \quad (铂铑催化)$$

$$2NO + O_2 \Longrightarrow 2NO_2$$

$$3NO_2 + H_2O \Longrightarrow 2HNO_3 + NO$$

把生成的气体反复通入水中，即可得到较纯的硝酸。硝酸工业与制氨工业密不可分，其原料 NO_2 是由氨氧化而得。用这种方法可以制备含 50%～60%的 HNO_3 溶液，蒸馏上述溶液可得到含 68% HNO_3 的恒沸混合液；用浓 H_2SO_4 处理后，蒸馏可得到 98%的 HNO_3，在 231K 时结晶，得到纯 HNO_3 无色晶体。

2. 亚硝酸

将等物质的量的 NO_2 和 NO 混合气体溶于冰冻的水中可以制得浅蓝色亚硝酸溶液，用碱液吸收则得到相应的盐。

$$NO_2 + NO + H_2O \Longrightarrow 2HNO_2$$

$$NO_2 + NO + 2OH^- \Longrightarrow 2NO_2^- + H_2O$$

加热碱金属的硝酸盐脱氧，或者用粉末状金属铅、碳或铁高温还原固态硝酸盐可以得到亚硝酸盐。

$$2KNO_3 \xrightarrow{\triangle} 2KNO_2 + O_2\uparrow$$

$$Pb + KNO_3 \xrightarrow{\text{高温}} KNO_2 + PbO$$

酸化亚硝酸盐可制备亚硝酸水溶液，除去沉淀 $BaSO_4$ 后，得亚硝酸溶液：

$$Ba(NO_2)_2 + H_2SO_4 =\!=\!= BaSO_4\downarrow + 2HNO_2$$

在气相中，HNO_2 容易解离成类似 N_2O_3 的混合氧化物，使溶液呈蓝色，同时放出红棕色气体，可利用这一性质检验 NO_2^-：

$$2HNO_2 =\!=\!= H_2O + NO\uparrow + NO_2\uparrow$$

在冷的稀溶液中，HNO_2 稳定，温度较高时迅速歧化分解得到 HNO_3：

$$3HNO_2 =\!=\!= HNO_3 + H_2O + 2NO\uparrow$$

亚硝酸在碱性介质中稳定，可推断亚硝酸盐能稳定存在。

3. 连二亚硝酸

用钠汞齐在水中还原亚硝酸或亚硝酸盐(如亚硝酸钠)可以得到反式连二亚硝酸盐[11-12]：

$$2NaNO_2 + 4Na(aq) + 2H_2O =\!=\!= Na_2N_2O_2 + 4NaOH$$

用硝酸银与水中的连二亚硝酸钠作用，可以得到黄色不溶的连二亚硝酸银：

$$Na_2N_2O_2 + 2AgNO_3 =\!=\!= Ag_2N_2O_2\downarrow + 2NaNO_3$$

连二亚硝酸银与无水氯化氢在乙醚中反应后，过滤除去反应产生的氯化银，待滤液中乙醚蒸发后，可以得到无色的连二亚硝酸晶体：

$$Ag_2N_2O_2 + 2HCl(g) =\!=\!= H_2N_2O_2 + 2AgCl\downarrow$$

4. 正磷酸和缩聚磷酸

磷酸为无色晶体，熔点 315K，加热磷酸时逐渐脱水生成焦磷酸、偏磷酸，因此磷酸本身没有沸点。磷酸能与水以任何比例混溶。市售磷酸是黏稠的浓溶液(质量分数约 85%)，$14.63\text{mol}\cdot\text{L}^{-1}$。工业上主要用约 76%的硫酸分解磷酸钙制取磷酸：

$$Ca_3(PO_4)_2 + 3H_2SO_4 =\!=\!= 2H_3PO_4 + 3CaSO_4$$

这样制得的磷酸不纯，可用于制造肥料。纯磷酸可用黄磷燃烧生成 P_4O_{10}，再用水吸收制得。燃烧磷单质产生 P_4O_{10} 并溶于水产生磷酸，此方法可生产较纯的磷酸，因为在炼制磷的过程中已去除许多杂质，但仍含有砷。纯磷的现代制法通常是将磷酸钙与砂(主要成分二氧化硅)及焦炭一起在电炉中加热：

$$Ca_3(PO_4)_2 + 3SiO_2 \xrightarrow{\triangle} 3CaSiO_3 + P_2O_5$$

$$P_2O_5 + 5C \xrightarrow{\triangle} 2P + 5CO\uparrow$$

潮湿制造法是在磷酸钙中加入硫酸，磷酸钙的来源通常是磷灰石(X 为卤素):

$$Ca_5(PO_4)_3X + 5H_2SO_4 + 10H_2O \Longrightarrow 3H_3PO_4 + 5CaSO_4 \cdot 2H_2O + HX$$

硫酸钙溶解度较小，因此可以被过滤掉。以此方法最初制造出来的磷酸含有 23%～33%的 P_2O_5，再进行蒸馏或稀释调整浓度。商品级磷酸的浓度约为 54%，而超磷酸的浓度约为 70%[13]。

将正磷酸加热，数个磷酸分子的单体会脱水聚合。例如，两个磷酸相连脱去一个水，形成焦磷酸(pyrophosphoric acid，$H_4P_2O_7$); 三个磷酸分子脱去两个水得三聚磷酸，又称三磷酸，化学式为 $H_5P_3O_{10}$; 三聚磷酸再与一分子磷酸缩合则形成四聚磷酸($H_6P_4O_{13}$)。多聚磷酸(polyphosphoric acid，PPA)又称多磷酸、聚磷酸，是一种无色透明黏稠状液体，易潮解，与水混溶并水解为正磷酸，不结晶，有腐蚀性。由磷酸与五氧化二磷加热进行聚合反应，加入双氧水除去铁，经净化、冷却、过滤，可得多聚磷酸成品。

如果数个磷酸以环状相接并脱去 n 分子水，形成偏磷酸(metaphosphoric acid)，通式为$(HPO_3)_n$，中文命名为 n 偏磷酸($n \geq 3$)。常见偏磷酸有三聚偏磷酸$[(HPO_3)_3]$和四聚偏磷酸$[(HPO_3)_4]$，其化学式均简写为 HPO_3。偏磷酸具有脱水性，常用作干燥剂。要进一步将偏磷酸脱水相当困难，需使用极强的脱水剂搭配加热(单纯加热无效)，才可将偏磷酸脱水形成磷酸酐(phosphorus pentoxide，化学式 P_2O_5，分子式 P_4O_{10})。磷酸酐具有极强的脱水性，可用作酸性物质的干燥剂。

5. 亚磷酸

亚磷酸(H_3PO_3)为二元弱酸，酸酐为 P_2O_3。H_3PO_3 以 $HP(O)(OH)_2$ 的形式描述较好。H_3PO_3 会与 $P(OH)_3$ 形成平衡。磷酸类的 H 经常被其他物质取代，有机衍生物称为亚膦酸。在固态时，$HP(O)(OH)_2$ 为四面体结构，$P=O$ 键键长为 1.48Å，$P-O(H)$键键长为 1.54Å。虽然 P_4O_6 与冷水反应容易制得亚磷酸，但 P_4O_6 制备困难，大多是将 PCl_3 溶于水或水蒸气中以制备亚磷酸:

$$PCl_3 + 3H_2O \Longrightarrow HP(O)(OH)_2 + 3HCl$$

6. 次磷酸

次磷酸(H_3PO_2)为无色、低熔点晶体，是一种很强的还原剂，易过冷成黏稠液体，可溶于水、二噁烷和乙醇。次磷酸更准确的表示式为 $HOP(O)H_2$，突出了其作为一元酸的特点。$HOP(O)H_2$ 中含有少量的互变异构体 $HP(OH)_2$，并保持一定的平衡。这种次要互变异构体的 IUPAC 名称为 hypophosphorous acid。次磷酸的羟基被烃基取代后形成的衍生物 $HOP(R)R'$ 称为次膦酸。

次磷酸盐可由白磷与热碱溶液反应制得。工业上一般用石灰浆(氢氧化钙)作碱，实验室则用氢氧化钡溶液与白磷反应。反应后通入 CO_2 除去过量的碱，再过滤、蒸馏、浓缩得到金属的次磷酸盐：

$$P_4 + 3OH^- + 3H_2O \Longrightarrow 3H_2PO_2^- + PH_3\uparrow$$

次磷酸盐经酸化得到次磷酸。次磷酸钙与硫酸、草酸反应，或次磷酸钡与硫酸反应后过滤，并用乙醚萃取，都可得到较纯的次磷酸溶液。

$$H_2PO_2^- + H^+ \Longrightarrow H_3PO_2$$

除此之外，在弱酸性介质中，用磷化氢与碘反应也可以得到次磷酸。一般次磷酸以 50%水溶液的形式出售。

$$PH_3 + 2I_2 + 2H_2O \Longrightarrow H_3PO_2 + 4I^- + 4H^+$$

7. 连二磷酸

连二磷酸二钠盐可以由红磷和亚氯酸钠在室温下反应得到[14]，反应方程式为

$$2P + 2NaClO_2 + 2H_2O \Longrightarrow Na_2H_2P_2O_6 + 2HCl$$

三钠盐可由等摩尔带结晶水的磷酸一氢钠和亚磷酸二氢钠在 180℃下小心干燥得到：

$$Na_2HPO_4 \cdot 12H_2O + NaH_2PO_3 \cdot 2.5H_2O \Longrightarrow Na_3HP_2O_6 + 15.5H_2O$$

白磷部分浸于水中时，若被空气氧化，会生成连二磷酸、亚磷酸和磷酸的混合物。连二磷酸的四钠盐 $Na_4P_2O_6 \cdot 10H_2O$ 和二钠盐 $Na_2H_2P_2O_6 \cdot 6H_2O$ 分别在 pH = 10 和 5.2 时从溶液中析出结晶。二钠盐可以通过离子交换柱而形成连二磷酸的二水合物($H_4P_2O_6 \cdot 2H_2O$)。不带结晶水的连二磷酸可以用 P_4O_{10} 真空干燥水合物制得，或用 H_2S 与难溶盐 $Pb_2P_2O_6$ 反应来去除铅离子，然后蒸发溶液得到[2]。

8. 砷酸

砷酸(H_3AsO_4)为三元中强酸，酸性及其他性质均类似于磷酸。此外还有焦砷酸($H_4As_2O_7$)与多砷酸 $H_{n+2}As_nO_{3n+1}$、$(HAsO_3)_n$。这两者及其酸根离子在水溶液中都不稳定，遇水很快分解为砷酸。焦砷酸与多砷酸盐在固态时稳定。

砷酸由 As_2O_5 溶于水而得：

$$As_2O_5 + 3H_2O \rightleftharpoons 2H_3AsO_4$$

反应很慢且可以逆向进行，当加入 P_2O_5 作吸水剂时，又可从砷酸产生 As_2O_5。

砷酸也可由砷或 As_2O_3 被浓硝酸氧化而得，该反应会生成副产物 N_2O_3。反应后于 29.5℃ 以下浓缩，可析出砷酸半水合物细小板状结晶 $H_3AsO_4 \cdot 1/2H_2O$。进一步降低温度，通过在 –30℃ 下结晶数天还可以获得砷酸的二水合物 $H_3AsO_4 \cdot 2H_2O$。于 29.5℃ 以上，析出三砷酸 $H_5As_3O_{10}$[15-16]。

$$As + 5HNO_3 \rightleftharpoons 5NO_2\uparrow + H_2O + H_3AsO_4$$

$$As_2O_3 + 2HNO_3 + 3H_2O \rightleftharpoons N_2O_3\uparrow + 2H_3AsO_4 \cdot \frac{1}{2}H_2O$$

原砷酸或焦砷酸与冷水反应同样可以生成砷酸。另外，湿润砷单质可与臭氧反应生成砷酸：

$$2As + 3H_2O + 5O_3 \rightleftharpoons 2H_3AsO_4 + 5O_2$$

3.1.3 含氧酸的酸性

硝酸(HNO_3)是强酸，酸酐是 N_2O_5，其水溶液俗称硝镪水。纯硝酸为无色液体，与水混溶，有强氧化性和腐蚀性，其不同浓度水溶液性质不同。硝酸和硫酸都是由公元 8 世纪阿拉伯炼金术士哈扬在干馏绿矾和硝石混合物时发现的。因为硝酸是在硝石中发现的，所以含氧氮酸不称为氮酸而称为硝酸。

亚硝酸(HNO_2)是弱酸，比 HAc 的酸性略强：

$$HNO_2 \rightleftharpoons H^+ + NO_2^- \qquad K_a = 5 \times 10^{-4}$$

在强酸中的存在形式是：

$$HNO_2 + H^+ \rightleftharpoons NO^+ + H_2O \qquad K_a = 2 \times 10^{-7}$$

连二亚硝酸($H_2N_2O_2$)的水溶液为二元弱酸，$pK_{a1} = 7.21$，$pK_{a2} = 11.54$。在碱溶液中稍稳定。

正磷酸简称磷酸，具有极大的极性，极易溶于水。正磷酸的中心 P 氧化态为 +5。磷酸无毒性，是三元中强酸，解离过程如下：

$$H_3PO_4 + H_2O \rightleftharpoons H_3O^+ + H_2PO_4^- \qquad K_{a1} = 7.11 \times 10^{-3}$$

$$H_2PO_4^- + H_2O \rightleftharpoons H_3O^+ + HPO_4^{2-} \qquad K_{a2} = 6.34 \times 10^{-8}$$

$$HPO_4^{2-} + H_2O \rightleftharpoons H_3O^+ + PO_4^{3-} \qquad K_{a3} = 4.8 \times 10^{-13}$$

由于磷酸的多元酸性质，具有缓冲现象。又由于其无毒且容易制取，实验室及工业常用无毒磷酸盐与弱酸(如柠檬酸)混合物作为缓冲溶液。

纯的亚磷酸(H_3PO_3)在水中的溶解度极大，是二元中强酸，$K_{a1} = 3.72 \times 10^{-2}$，$K_{a2} = 2.09 \times 10^{-7}$，能形成 NaH_2PO_3 和 Na_2HPO_3 两种酸式盐。

次磷酸(H_3PO_2)是白色易潮解固体，熔点 299.8 K，是一元酸，$K_{a1} = 1.0 \times 10^{-2}$。

焦磷酸($H_4P_2O_7$)是无色玻璃状固体，易溶于水，在冷水中会慢慢转变为正磷酸。焦磷酸水溶液的酸性强于正磷酸，是四元酸(291K，$K_{a1} = 1.23 \times 10^{-1}$、$K_{a2} = 7.94 \times 10^{-3}$、$K_{a3} = 1.99 \times 10^{-7}$、$K_{a4} = 4.47 \times 10^{-10}$)。显然，焦磷酸的酸性比磷酸强，能生成三种盐：二代 $M_2H_2P_2O_7$、三代 $M_3HP_2O_7$ 和四代 $M_4P_2O_7$ 盐，不容易形成 $MH_3P_2O_7$。

连二磷酸($H_4P_2O_6$)是四元中强酸，室温下 $K_{a1} = 6.31 \times 10^{-3}$，$K_{a2} = 1.58 \times 10^{-3}$，$K_{a3} = 5.01 \times 10^{-8}$，$K_{a4} = 1.00 \times 10^{-10}$，不容易形成三氢盐。

表 3-2 给出了几种磷的含氧酸酸性数据，其酸性大小次序为：$(HPO_3)_n >$ $H_4P_2O_7 > H_3PO_3 > H_3PO_2 > H_3PO_4$。偏磷酸易溶于水并很快转变成磷酸，具体的酸性就没有办法确定，但理论上偏磷酸属于强酸。一般来说，同一氧化数的含氧酸中，聚合度越高，酸性越强，因此聚偏磷酸的酸性强于焦磷酸，焦磷酸的酸性强于正磷酸。但亚磷酸和次磷酸的酸性强于正磷酸，这与中心的氧化数越高酸性越强的规律不符。

表 3-2　磷的含氧酸酸性

磷的含氧酸	$(HPO_3)_n$	$H_4P_2O_7$	H_3PO_3	H_3PO_2	H_3PO_4
K_{a1}		1.23×10^{-1}	3.72×10^{-2}	1.0×10^{-2}	7.11×10^{-3}
类别	n 元酸	四元酸	二元酸	一元酸	三元酸

含有过氧键的磷酸(盐)称为过氧磷酸(盐)。过氧一磷酸 H_3PO_5 或 $PO(OH)_2(OOH)$ 只能存在于溶液中，可由 95.3%或更纯的 H_2O_2 与 H_3PO_4 作用制得，是三元酸，$K_{a1} = 8 \times 10^{-2}$，$K_{a2} = 3 \times 10^{-6}$，$K_{a3} = 2 \times 10^{-13}$。$H_3PO_5$ 不稳定，在酸性介质(如 $HClO_4$)中会分解为 H_2O_2 与 H_3PO_4，酸越浓分解越快。H_3PO_5 是强氧化剂，如能把 I^- 氧化为 I_2。此外，也存在过氧二磷酸 $H_4P_2O_8$，其纯物质尚未制得，但存在其溶液和盐，$K_{a1} = 2$，$K_{a2} = 3 \times 10^{-1}$，$K_{a3} = 6.6 \times 10^{-6}$，$K_{a4} = 2.1 \times 10^{-8}$。

亚砷酸(H_3AsO_3)是非常弱的酸，$K_a = 6 \times 10^{-10}$，可解离为 H^+ 和 $[AsO(OH)_2]^-$。

砷酸(H_3AsO_4)是三元酸，$K_{a1} = 5.62 \times 10^{-3}$，$K_{a2} = 1.7 \times 10^{-7}$，$K_{a3} = 3.95 \times 10^{-12}$，电离可产生三种阴离子：$AsO_4^{3-}$、$HAsO_4^{2-}$ 与 $H_2AsO_4^-$。三种阴离子的盐类均已

获得。正砷酸根离子为正四面体结构，类似磷酸根离子；As—O 键键长 169pm。酸液中有微弱的氧化性。

3.1.4 含氧酸的其他性质与应用

1. 硝酸的性质与应用

纯硝酸为无色、易挥发液体，沸点约为 83℃，凝固点约为–42℃，密度为 1.51g·mL^{-1}。可以与水以任意比例互溶。硝酸是 NO_2 溶于水生成的，由于 NO_2 溶于水并不会完全水解成硝酸，会有少量的 NO_2 分子存在，因此硝酸水溶液呈淡黄色，也会挥发出棕红色的 NO_2。一般浓硝酸指 16mol·L^{-1} 的 HNO_3 水溶液，密度为 1.42g·mL^{-1}。HNO_3 具有不稳定性、强氧化性和硝化作用三大化学特性。

HNO_3 的不稳定性：浓 HNO_3 受热或见光即分解，使溶液呈黄色。HNO_3 一般应储存在棕色瓶中，置于阴凉处。溶解了过量 NO_2 的浓 HNO_3 呈红棕色。由于 NO_2 起催化作用，反应被加速，因此发烟硝酸具有比纯硝酸更强的氧化性。

$$4HNO_3 \xrightarrow{h\nu} 4NO_2\uparrow + O_2\uparrow + 2H_2O$$

HNO_3 最突出的性质是强氧化性。除稀有气体和贵金属 Au、Pt、Ir 等外，几乎所有的单质都能被 HNO_3 氧化。HNO_3 的浓度越大，其氧化性越强。硝酸本身可以被还原为各种低氧化值的产物：NO_2、HNO_2、NO、N_2O、N_2、NH_4^+，具体以何种产物为主，不仅与硝酸浓度有关，还与还原剂的性质和温度有关，一般有以下几种情况。

1) 与非金属作用

加热时，硝酸可将许多非金属氧化成相应的氧化物或含氧酸，本身一般被还原成 NO。例如：

$$3C + 4HNO_3 == 3CO_2\uparrow + 4NO\uparrow + 2H_2O$$

$$S + 6HNO_3 == H_2SO_4 + 6NO_2\uparrow + 2H_2O$$

$$3P + 5HNO_3 + 2H_2O == 3H_3PO_4 + 5NO\uparrow$$

$$I_2 + 10HNO_3 == 2HIO_3 + 10NO_2\uparrow + 4H_2O$$

$$3I_2 + 10HNO_3(稀) == 6HIO_3 + 10NO\uparrow + 2H_2O$$

2) 与金属作用

除 Ti、Nb、Ta、Au、Pt、Ir、Ru、Rh 等金属外，硝酸几乎可氧化所有金属。其中 Fe、Al、Cr 等在冷的浓 HNO_3 中钝化，Ge、Sn、Sb、As、Mo、W 和 U 等偏酸性的金属与浓 HNO_3 反应后生成含水的氧化物或含氧酸，其余金属与硝酸反应则生成可溶于水的硝酸盐。HNO_3 被还原的程度通常为以下几种情况。

(1) 浓硝酸与金属(包括活泼金属和不活泼金属)反应，均以 NO_2 为主要产物，例如：

$$Cu + 4HNO_3(浓) \xrightarrow{\triangle} Cu(NO_3)_2 + 2NO_2\uparrow + 2H_2O$$

(2) 稀硝酸($6\sim8mol \cdot L^{-1}$)与不活泼金属反应，以 NO 为主要产物，例如：

$$3Cu + 8HNO_3(稀) \xrightarrow{} 3Cu(NO_3)_2 + 2NO\uparrow + 4H_2O$$

(3) 较稀硝酸($2\sim6mol \cdot L^{-1}$)与较活泼金属反应，以 N_2O 为主要产物，例如：

$$4Mg + 10HNO_3 \xrightarrow{} 4Mg(NO_3)_2 + N_2O\uparrow + 5H_2O$$

(4) 很稀硝酸($<2mol \cdot L^{-1}$)与活泼金属反应，产物为铵盐，例如：

$$4Zn + 10HNO_3 \xrightarrow{} 4Zn(NO_3)_2 + NH_4NO_3 + 3H_2O$$

应注意，硝酸与同种金属反应时，硝酸越稀，氮被还原的程度即氧化值下降程度越大，但这并不能说明稀硝酸的氧化性比浓硝酸强，因为含氧酸的氧化能力和本身被还原的程度是两个不同的概念。实际上浓 HNO_3 的氧化性比稀 HNO_3 强。例如：

$$3HCl + HNO_3(浓) \xrightarrow{} NOCl + Cl_2 + 2H_2O$$

$$PbS + 8HNO_3(浓) \xrightarrow{} PbSO_4 + 8NO_2\uparrow + 4H_2O$$

$$3PbS + 8HNO_3(稀) \xrightarrow{} 3Pb(NO_3)_2 + 2NO\uparrow + 3S\downarrow + 4H_2O$$

氧化能力强的氧化剂，其被还原的程度不一定大。硝酸与同一种金属反应时其主要产物不同，主要是由于体系中存在以下平衡：

$$3NO_2 + H_2O \rightleftharpoons 2HNO_3 + NO$$

当 HNO_3 浓度大时平衡左移，产物以 NO_2 为主；反之，体系中水含量多(一定范围内)平衡右移，产物以 NO 为主。

1 体积浓硝酸与 3 体积浓盐酸的混合液称为王水，王水中不仅含有 HNO_3、Cl_2、NOCl 等强氧化剂，还有高浓度的 Cl^-，它与金属离子形成稳定的配离子如 $[AuCl_4]^-$ 或 $[PtCl_6]^{2-}$，降低了溶液中金属离子的浓度，有利于金属的溶解。电对 $[AuCl_4]^-/Au$ 的标准电极电势显然比电对 Au^{3+}/Au 低得多：

$$Au^{3+} + 3e^- \longrightarrow Au \qquad\qquad \varphi^{\ominus} = 1.42V$$

$$[AuCl_4]^- + 3e^- \longrightarrow Au + 4Cl^- \qquad\qquad \varphi^{\ominus} = 1.002V$$

因此，王水可溶解不能与硝酸作用的金属，例如：

$$Au + HNO_3 + 4HCl \xrightarrow{\quad} H[AuCl_4] + NO\uparrow + 2H_2O$$

$$3Pt + 4HNO_3 + 18HCl \xrightarrow{\quad} 3H_2[PtCl_6] + 4NO\uparrow + 8H_2O$$

硝酸的硝化作用是硝酸以硝基取代有机化合物分子中的一个或几个氢原子的作用。例如：

硝化过程中有水生成，因此，浓硫酸可以促进硝化作用的进行。

NO_3^- 和 NO_2^- 可用棕色环实验进行鉴定：

$$NO_3^- + 3Fe^{2+} + 4H^+ \xrightarrow{\quad} 3Fe^{3+} + NO\uparrow + 2H_2O$$

$$NO + [Fe(H_2O)_6]^{2+}(剩余) \xrightarrow{\quad} [Fe(NO)(H_2O)_5]^{2+}(棕色配离子) + H_2O$$

NO_2^- 有类似作用，但鉴定 NO_3^- 溶液时用硫酸，鉴定 NO_2^- 溶液时用乙酸即可。溶液中加入 $FeSO_4$ 固体和浓 H_2SO_4 或乙酸后有棕色环出现，证明其盐溶液是 NO_3^- 或 NO_2^- 的溶液。

硝酸在工业中和实验室都很常用。作为硝酸盐和硝酸酯的必需原料，硝酸被用来制取一系列硝酸盐类氮肥，如硝酸铵、硝酸钾等；利用硝酸的硝化作用可以制取硝酸酯类或含硝基的炸药，如三硝基甲苯、硝化甘油等。由于同时具有氧化性和酸性，硝酸也被用来精炼金属：先将不纯的金属氧化成硝酸盐，排除杂质后再还原。硝酸无论浓稀溶液都有氧化性和腐蚀性，溅到皮肤上会引起严重烧伤。皮肤接触硝酸后会慢慢变黄，最后变黄的表皮会脱落(硝酸和蛋白质接触会导致黄蛋白反应而变性)。浓硝酸需以深色玻璃瓶盛装，避免光照后释出有毒的 NO_2。

2. 亚硝酸的性质与应用

亚硝酸(HNO_2)中 N 的氧化态为 +3，处于中间氧化态，可作为氧化剂被还原，还原产物依所用还原剂的不同，可能是 NO，也可能是 N_2O、N_2、NH_3 等。例如：

$$2HNO_2 + 2HI \xrightarrow{\quad} I_2 + 2NO + 2H_2O$$

以上反应可定量进行，用于测定 NO_2^- 含量。HNO_2 也可被 NH_3 还原：

$$NH_3 + HNO_2 \xrightarrow{\quad} N_2 + 2H_2O$$

在与强氧化剂反应时，可作为还原剂被氧化，氧化产物是 NO_3^-，例如：

$$6H^+ + 2MnO_4^- + 5NO_2^- \xrightarrow{\quad} 2Mn^{2+} + 5NO_3^- + 3H_2O$$

HNO_2 兼有氧化性和还原性，以氧化性为主。在稀溶液时，HNO_2 的氧化能力

强于 HNO_3，因在酸中有 NO^+ 存在，易得电子成 NO，故很容易将 I^- 氧化。而稀 HNO_3 却不能，这是 HNO_2 和 HNO_3 的重要区别。在无氧化剂和还原剂时，易歧化成 HNO_3 和 NO。

$$HNO_2 + H^+ + e^- \longrightarrow NO + H_2O \qquad \varphi^{\ominus} = 0.996V$$

$$NO_3^- + 4H^+ + 3e^- \longrightarrow NO + 2H_2O \qquad \varphi^{\ominus} = 0.96V$$

$$NO_3^- + 3H^+ + 2e^- \longrightarrow HNO_2 + H_2O \qquad \varphi^{\ominus} = 0.94V$$

除浅黄色的 $AgNO_2$ 不易溶解外，其余盐类易溶。亚硝酸盐兼有氧化性和还原性，在酸性介质中以氧化性为主。亚硝酸根离子是很好的配体，N 和 O 都有孤对电子，都能与金属离子配位。例如，在亚硝酸和亚硝酸钾的溶液中加入钴盐，生成络离子，其钾盐 $K_3[Co(NO_2)_6]$ 是黄色沉淀物。亚硝酸盐的稳定性较亚硝酸高，碱金属、碱土金属亚硝酸盐有很高的热稳定性，熔融也不分解，但重金属亚硝酸盐在熔融时会分解。NO、NO_2 或 NO_2^- 都有毒，NO_2^- 是常见的致癌物之一。

3. 连二亚硝酸的性质与应用

连二亚硝酸($H_2N_2O_2$)是无色晶体，干燥时极易爆炸，水溶液较稳定，但仍会按下式分解，生成一氧化二氮和水：

$$H_2N_2O_2 \Longrightarrow N_2O\uparrow + H_2O$$

此反应不可逆，因此不该将 N_2O 视为它的酸酐。

$H_2N_2O_2$ 与碱金属或碱金属氢氧化物作用成盐。固体与氢氧化钾接触时即起火燃烧。连二亚硝酸可以生成两种盐，一种是含 $[HON=NO]^-$ 的酸式盐，另一种是含 $[ON=NO]^{2-}$ 的正盐。

$$H_2N_2O_2 + 2Na \Longrightarrow Na_2N_2O_2 + H_2\uparrow$$

连二亚硝酸在不同的酸碱介质中可表现出还原性和氧化性，以还原性为主，因此常用作还原剂。它被碘氧化的反应可用于连二亚硝酸的分析[6]。

$$H_2N_2O_2 + 3I_2 + 3H_2O \Longrightarrow HNO_3 + HNO_2 + 6HI$$

连二亚硝酸的稀溶液可将亚硝酸氧化为硝酸：

$$H_2N_2O_2 + HNO_2 \Longrightarrow HNO_3 + N_2\uparrow + H_2O$$

4. 正磷酸的性质与应用

磷酸为高沸点酸，是无氧化性、不挥发的三元中强酸。加热磷酸会逐渐脱水，因此很难测得其沸点。磷酸能与水以任意比例混溶，市售磷酸是含 85% H_3PO_4 的黏稠状浓溶液，磷酸溶液黏度较大也与浓溶液中存在较多氢键有关。

浓磷酸浓度为 75%～85%，是澄清、无色、无味、非挥发性的浓稠液体。磷酸虽然无毒性，但 85%的浓磷酸具有腐蚀性。在如此高的浓度下，浓磷酸中的磷酸分子会聚合起来形成聚磷酸。浓磷酸溶液脱水得无色 H_3PO_4 晶体(熔点 315.5K)，它是含有氢键的层状结构物。熔融 H_3PO_4 脱水生成焦磷酸($H_4P_2O_7$)，温度稍高于熔点时，达到脱水平衡需要几周的时间，温度升高，脱水所需的时间将缩短，且随着脱水反应的进行，反应体系的熔融温度逐渐降低。

$$2H_3PO_4 === H_2O + H_4P_2O_7$$

磷酸与卤化物反应产生卤化氢气体，在实验室可以用此法制备氢卤酸。

$$NaX(s) + H_3PO_4(s) \longrightarrow NaH_2PO_4(s) + HX(g) \qquad X = Cl、Br、I$$

若在超强酸(super acid，比 H_2SO_4 还强的酸)中作用，磷酸会形成理论上具有腐蚀性的酸性物质——四羟基磷酸根离子(tetrahydroxylphosphonium ion)。以氟锑酸(fluoroantimonic acid，$HSbF_6$)作超强酸为例：

$$H_3PO_4 + HSbF_6 \longrightarrow [P(OH)_4]^+ [SbF_6]^-$$

磷酸还有强的配位能力，能与许多金属离子形成可溶性配合物分子。磷酸根能与某些金属离子形成可溶性配合物，如与 Fe^{3+} 反应可以生成可溶性无色配合物 $H_3[Fe(PO_4)_2]$ 和 $H[Fe(HPO_4)_2]$，基于这种性质，分析化学上常用 H_3PO_4 屏蔽 Fe^{3+}，以避免 Fe^{3+} 的存在对分析其他离子造成干扰。

钢、铁、铝、锌、镁、铅等金属都能与 H_3PO_4 作用，在稀 H_3PO_4 溶液中，钢、铁表面形成保护层；镍、铜和 H_3PO_4 的作用不明显，而银、铂等不与磷酸作用。H_3PO_4-H_2CrO_4、H_3PO_4-H_2SO_4 的混合液是电抛光铝、钢的电解液；H_3PO_4-HNO_3 混合液是铝的化学抛光液。

磷酸可作为铁锈转化剂的成分，将红棕色的 Fe_2O_3 转为黑色的 $FePO_4$，予以剥除后可露出新的金属面，也可暂不进行剥除，让它作为金属面的保护层，防止其进一步氧化。铁锈转化剂有时配制成液体供金属浸泡，有时配制成凝胶状("海军果酱")，可涂抹在垂直或陡峭的斜面上。食品级的磷酸可用来酸化饮品或食物，如可乐等。磷酸也被应用于牙科及美容上，牙科方面磷酸可用于清洁牙面及牙齿美白。磷酸根广泛存在于生物体中，特别是磷酸化糖类，如 DNA、RNA 及 ATP。

磷酸还有下列用途[17-19]：含有 ^{31}P 的磷酸可作为核磁共振的外标物；在温氏法(Wentworth process)中作为活性炭的氧化剂；磷酸燃料电池中的电解液。作为烯烃和水加成的催化剂以制造醇类；作为铜电镀抛光的电解液；在半导体制作当中，磷酸可作为蚀刻的溶剂，如磷酸与过氧化氢的混合物可将 InGaAs 转化为 InP，达到蚀刻目的，又如蚀刻氮化硅，磷酸可将 Si_3N_4 转化为 SiO_2；作为皮革处理及洗涤剂的分散媒；作为保养品的 pH 调节剂；建筑业上用磷酸移除矿物沉积物；家庭清洁剂；水耕法中用作 pH 调节剂，也可作为植物磷养分的直接来源；水族箱中，使用磷酸消除绿斑藻等。

5. 亚磷酸的性质与应用

纯的亚磷酸是白色固体(熔点 347K)，在水中的溶解度极大。亚磷酸及其盐都是强还原剂，能将 Ag^+、Cu^{2+} 等离子还原为金属，也能将热浓硫酸还原为 SO_2。

$$H_3PO_3 + CuSO_4 + H_2O \longrightarrow Cu + H_3PO_4 + H_2SO_4$$

亚磷酸及其浓溶液受热时会发生歧化反应。

$$4H_3PO_3 \xrightarrow{\triangle} 3H_3PO_4 + PH_3$$

6. 次磷酸的性质与应用

次磷酸及其盐都是强还原剂，还原性比亚磷酸强，能将 Ag^+ 还原为 Ag，Cu^{2+} 还原为 Cu^+ 或 Cu，Hg^{2+} 还原为 Hg_2^{2+} 或 Hg，还可把冷的浓 H_2SO_4 还原为 S。H_3PO_2 及其盐都不稳定，受热时分解，放出 PH_3。遇更强的还原剂如锌，H_3PO_2 会被还原生成 PH_3。

在有机化学中，次磷酸可以将芳香重氮盐 $Ar—N_2^+$ 还原为芳香烃 Ar—H。将此反应与芳烃的硝化、硝基的还原及重氮化反应联用，可以先向芳环上引入氨基，借助氨基的定位效应，将某基团引入芳环的特定位置，再通过重氮化还原将氨基除去。水合次磷酸钠在工业上用作还原剂，尤其是用于在金属、非金属和塑料表面化学镀镍。

7. 连二磷酸的性质与应用

无水连二磷酸 $H_4P_2O_6$ 或 $(HO)_2P(O)P(O)(OH)_2$，与连二磷酸的二水合物 $H_4P_2O_6 \cdot 2H_2O$ 于 273K 时，在空气中是稳定的，温度升高会发生重排为异连二磷(Ⅲ，Ⅴ)酸 $HP(OH)(O)OP(O)(OH)_2$，歧化为焦磷酸和焦亚磷酸，见图 3-8。

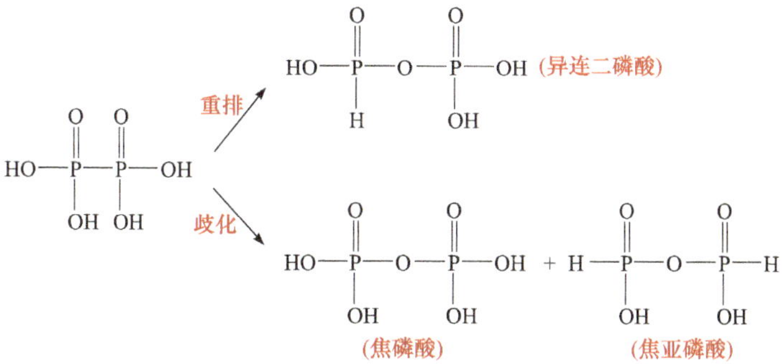

图 3-8　连二磷酸的重排和歧化反应

异连二磷酸的核磁共振谱表明：酸中的两个 P 原子是不同的，有 P—H 键，但没有 P—P 键，所以其结构式为 $(HO)(H)P(O)OP(O)(OH)_2$。与连二磷酸不同的是，异连二磷酸是三元酸，可由 PCl_3 和计量的 H_3PO_4、H_2O 在 323K 反应制得：

$$PCl_3 + H_3PO_4 + 2H_2O \longrightarrow H_3[HP_2O_6] + 3HCl$$

X 射线衍射分析显示 $H_4P_2O_6 \cdot 2H_2O$ 中含有氧鎓离子，即可以看作水合氢离子形成的盐，化学式可写为 $(H_3O^+)_2[H_2P_2O_6]^{2-}$。其中含有的 $[HOPO_2PO_2OH]^{2-}$，键

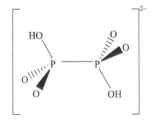

长数据如下（不同文献数据不相同）：P—P 键 217pm，P—O 键 157pm，P—OH 键 150pm；P—P 键 219pm，P—O 键 151pm，P—OH 键 159pm[20]。此离子结构对称，构象类似乙烷分子，以交叉式最稳定[15]，见图 3-9。

图 3-9　$[HOPO_2PO_2OH]^{2-}$ 的结构

连二磷酸在酸中不稳定，pH<0 时会歧化生成 H_3PO_3 和 H_3PO_4，在 $4mol \cdot L^{-1}$ 的 HCl 中此反应的半衰期不到 1h。然而它对碱非常稳定，即使在 80%～90% 的烧碱溶液中并加热至 200℃ 也很难分解[15]。

$$H_4P_2O_6 + H_2O \xrightarrow{pH<0} H_3PO_3 + H_3PO_4$$

$H_4P_2O_6$ 的还原性不强，X_2、$K_2Cr_2O_7$ 都不能氧化它。室温下，虽然能与 $KMnO_4$ 反应，但速率很慢，加热后速率会变快。

8. 磷的其他含氧酸

偏磷酸（HPO_3）是易潮解固体，有剧毒。偏磷酸与磷酸有相同的酸酐：五氧化二磷，不同的地方在于五氧化二磷与热水反应生成磷酸，而与冷水反应生成偏磷酸或聚偏磷酸$(HPO_3)_n$，如三聚偏磷酸$(HPO_3)_3$。HPO_3 具有脱水性，常用作干燥剂。

正磷酸、焦磷酸和偏磷酸可以用硝酸银和蛋白水溶液鉴别。正磷酸根与硝酸银产生黄色沉淀，焦磷酸和偏磷酸都产生白色沉淀，但偏磷酸能使蛋白凝聚。

9. 砷酸和亚砷酸

砷酸固体在空气中很快吸潮，产生水合物 $H_3AsO_4 \cdot 1/2 H_2O$ 或 $H_3AsO_4 \cdot 2H_2O$（于 −30℃）。平稳加热时，脱水产生三砷酸（$H_5As_3O_{10}$）。加热至 100℃ 时，分解为 $As_2O_5 \cdot 1.66H_2O$。在 500℃ 时全部失水。

$$3H_3AsO_4 \longrightarrow H_5As_3O_{10} + 2H_2O$$

砷酸毒性虽不及亚砷酸，但仍较高。砷酸水溶液的氧化性不强，但比同族的磷酸强，在酸性介质中可将 I^-、H_2S、SO_2、$SnCl_2$ 等氧化成 I_2、S、SO_4^{2-}、$[SnCl_6]^{2-}$ 等。其他第四周期元素的含氧酸相似，如硒酸、高溴酸，其氧化性均强于对应的硫酸与高氯酸[6]。

$$H_3AsO_4(aq) + 2H^+(aq) + 2e^- \rightleftharpoons H_3AsO_3(aq) + H_2O(l) \qquad \varphi^{\ominus} = 0.575V$$

$$H_3AsO_4 + 2H^+ + 2I^- \rightleftharpoons H_3AsO_3 + I_2 + H_2O$$

砷酸饱和水溶液浓度约为 80%。砷酸可用作木材防腐剂、广谱生物杀灭剂、玻璃和金属的整理剂，并可参与合成部分染料及一些有机砷化合物。砷酸因毒性在商业应用中受到限制。选兔作为实验对象时，砷酸的半致死量为 $6mg \cdot kg^{-1}$。许多含砷的化合物是有毒的致癌物质。三氧化二砷是亚砷酸的酸酐，常用在除草剂、农药及灭鼠剂。

思考题

3-1　浓 HNO_3 和稀 HNO_3 的氧化性哪个大？

3-2　在正磷酸和酸式磷酸盐溶液中各加入 $AgNO_3$ 溶液后，其产物是什么？

3-3　举例说明对于同一中心元素而言，缩合酸的酸性大于单酸的酸性。

3.2　含氧酸盐

3.2.1　氮氧酸盐的制备、结构与性质

1. 硝酸盐

与碳酸根离子类似，硝酸根离子的分子构型是平面三角形，并且具有三个共振式(图 3-10)。

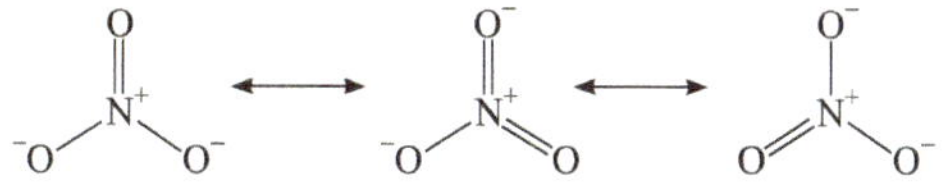

图 3-10　NO_3^- 的结构

许多金属都能形成硝酸盐，包括无水盐或水合物。

制备硝酸盐最简单的方法是直接用硝酸和金属、金属氧化物或碳酸盐反应，然后从水溶液中结晶析出。大多数金属硝酸盐都可用此法得到。以碱土金属为例，在 20℃时，它们的结晶分别为 $Be(NO_3)_2 \cdot 4H_2O$、$Mg(NO_3)_2 \cdot 6H_2O$、$Ca(NO_3)_2 \cdot 4H_2O$、

$Sr(NO_3)_2 \cdot 4H_2O$ 及 $Ba(NO_3)_2$，除钡外，其余均为水合物。加热钙或锶的水合物，可得无水盐；加热铍或镁的水合物则发生水解，得不到相应的无水盐。除了从水合物加热脱水以外，无水硝酸盐还可通过其他途径制备。

在液态 N_2O_4 中反应：某些金属、金属氧化物或其他形式的化合物可在液态 N_2O_4 中反应，得到相应的无水硝酸盐。例如：

$$Ca + 2N_2O_4 = Ca(NO_3)_2 + 2NO$$

$$Ni(CO)_4 + 2N_2O_4 = Ni(NO_3)_2 + 2NO + 4CO$$

在纯 HNO_3-N_2O_5 或液态 N_2O_5 中反应：无水金属盐和纯 HNO_3 作用，得不到无水硝酸盐，但若有 N_2O_5 存在，即使有少量水，也会转变成硝酸。例如：

$$Th(NO_3)_4 \cdot 4H_2O + 4N_2O_5 = Th(NO_3)_4 + 8HNO_3$$

液态 N_2O_5 和金属氧化物或氯化物反应，产生的加合物在真空中热分解，也能得到无水硝酸盐。例如：

$$TiCl_4 + 4N_2O_5 = Ti(NO_3)_4 + 2N_2O_4 + 2Cl_2$$

某些金属除能形成硝酸盐以外，还能形成通式为 $MO_x(NO_3)_3$ 的碱式硝酸盐，如 $TiO(NO_3)_2$、$Be_4O(NO_3)_6$、$VO_2(NO_3)$ 等。

卤素的硝酸盐可通过以下方法制备：

$$F_2 + NaNO_3 = FNO_3 + NaF$$

$$2ClO_2 + 2N_2O_5 = 2ClNO_3 + N_2O_4 + 2O_2$$

$$BrF_3 + 3N_2O_5 \xrightarrow[CCl_3F]{-30\sim-50℃} Br(NO_3)_3 + 3FNO_2$$

$$ICl_3 + 3ClNO_3 \xrightarrow{-40℃} I(NO_3)_3 + 3Cl_2$$

$ClNO_3$ 能与许多金属或金属氯化物反应，但 $ClNO_3$ 的熔点($-107℃$)很低，反应必须在低温下进行。例如：

$$TiCl_4 + 4ClNO_3 \xrightarrow{-80℃} Ti(NO_3)_4 + 4Cl_2$$

$$SnCl_4 + 4ClNO_3 \xrightarrow{-40\sim-70℃} Sn(NO_3)_4 + 4Cl_2$$

$$3SnBr_4 + 4Br(NO_3)_3 \xrightarrow{-40℃} 3Sn(NO_3)_4 + 8Br_2$$

大多数硝酸盐是无色、易溶于水的离子晶体，它的水溶液不显氧化性，易溶于水。某些硝酸盐具有挥发性，如 $Ti(NO_3)_4$、$Co(NO_3)_3$、$Sn(NO_3)_4$ 及 $Cu(NO_3)_2$ 等。$Ti(NO_3)_4$ 和 $Sn(NO_3)_4$ 是强氧化剂，遇有机物会引起燃烧或爆炸。硝酸盐的重要性质就是它的热稳定性，主要表现在 NO_3^- 的不稳定性和氧化性上，它们的分解情况比较复杂，一般可分为以下几种情况。

不含结晶水的硝酸盐晶体受热时易分解而显氧化性，其分解过程可认为分为以下三步进行：

$$2MNO_3 \longrightarrow 2MNO_2 + O_2$$

$$4MNO_2 \longrightarrow 2M_2O + 4NO + O_2$$

$$2M_2O \longrightarrow 4M + O_2$$

碱金属、部分碱土金属(主要指比 Mg 活泼性强的金属)的亚硝酸盐比较稳定，反应一般进行到第一步就终止。例如：

$$2NaNO_3 \overset{\triangle}{=\!=\!=} 2NaNO_2 + O_2\uparrow$$

$$2KNO_3 \overset{\triangle}{=\!=\!=} 2KNO_2 + O_2\uparrow$$

金属活动性顺序在 Mg 和 Cu 之间的金属，其亚硝酸盐也不稳定，受热继续分解，反应一般进行到第二步。例如，$Pb(NO_3)_2$ 受热分解的总反应为

$$2Pb(NO_3)_2 \overset{\triangle}{=\!=\!=} 2PbO + 4NO_2\uparrow + O_2\uparrow$$

$$4Bi(NO_3)_3 \overset{\triangle}{=\!=\!=} 2Bi_2O_3 + 12NO_2\uparrow + 3O_2\uparrow$$

$$Th(NO_3)_4 \overset{\triangle}{=\!=\!=} ThO_2 + 4NO_2 + O_2\uparrow$$

金属活动性在 Cu 以后的金属，其氧化物也不稳定，反应一般进行到第三步产生金属单质。例如，$AgNO_3$ 受热分解的总反应为

$$2AgNO_3 \overset{\triangle}{=\!=\!=} 2Ag + 2NO_2\uparrow + O_2\uparrow$$

含有还原性阳离子的硝酸盐热分解时，会与硝酸根离子发生氧化还原反应。例如，NH_4NO_3 会分解生成 N_2 和氮的氧化物，$Mn(NO_3)_2$ 会被氧化为 MnO_2，$Ce(NO_3)_3$ 会被氧化为 CeO_2。需要注意的是，一些物质在分解至最终产物之前，会产生中间产物，如 $La(NO_3)_3 \rightarrow LaONO_2 \rightarrow La_2O_3$ 等。铜(Ⅱ)、钛(Ⅳ)、钴(Ⅲ)、锆(Ⅳ)的无水硝酸盐受热可以以气态的形式存在。

上述硝酸盐热分解的一般规律与金属离子的价电子构型有关，可用离子极化观点加以解释。硝酸盐受热分解均有氧气放出，所以无水固体硝酸盐都是强氧化剂，可用于熔矿、配制火药及各种烟火等。注意：含有结晶水的硝酸盐受热时，HNO_3 首先挥发，使体系酸度降低，部分盐水解，形成碱式盐。例如：

$$Mg(NO_3)_2 \cdot 6H_2O \overset{\triangle}{=\!=\!=} Mg(OH)NO_3 + HNO_3 + 5H_2O$$

硝酸盐都是氧化剂，其固态或液态的氧化性远大于溶液中的氧化性。例如，

硝酸钾溶液与炭不发生反应，但是硝酸钾固体与炭加热，会剧烈反应(反应热使硝酸钾熔化)。

1) 硝酸钠

硝酸钠是最具有代表性的硝酸盐，白色固体粉末，又称为智利硝石或秘鲁硝石(较不常见)，其水溶液呈中性，pH 为 6.7～7.3。世界最大的硝酸钠矿位于智利阿塔卡马沙漠。硝酸钠为腌制盐的成分之一。可由下列化学式合成：

$$NaOH(aq) + HNO_3(aq) = NaNO_3(aq) + H_2O(l)$$

硝酸钠加热至 380℃分解。硝酸钠具有氧化性，可与铅共热反应生成亚硝酸钠和氧化铅。在常温下可将氢碘酸氧化成碘单质并生成一氧化氮：

$$2NaNO_3 + 8HI = 2NaI + 3I_2 + 2NO\uparrow + 4H_2O$$

硝酸钠溶液中引入氢离子后会表现出硝酸的特性：

$$4NaNO_3 + 4H_2SO_4 \xrightarrow{\triangle} 4NaHSO_4 + 4NO_2\uparrow + O_2\uparrow + 2H_2O$$

$$NaNO_3(aq) + 3FeCl_2 + 4HCl \xrightarrow{\triangle} NaCl + 3FeCl_3 + NO\uparrow + 2H_2O$$

将硝酸钠与氧化钠置于银坩埚中于 700℃加热，大约 7 天后会生成白色晶体原硝酸钠(Na_3NO_4)，它对水蒸气及二氧化碳十分敏感。

2) 硝酸钾

硝酸钾为透明无色或白色粉末，无味。潮解性较硝酸钠低。溶于水，溶解时吸热，微溶丁乙醇。

硝酸钾可以通过硝酸铵和氢氧化钾反应制备：

$$NH_4NO_3(aq) + KOH(aq) = NH_3(aq) + KNO_3(aq) + H_2O(l)$$

另一种方法是将硝酸铵和氯化钾混合进行制备：

$$NH_4NO_3(aq) + KCl(aq) = NH_4Cl(aq) + KNO_3(aq)$$

硝酸钾也可以用氢氧化钾中和硝酸来生产，此反应释放大量的热。

工业上，硝酸钾的制备主要是由硝酸钠和氯化钾进行双取代反应：

$$NaNO_3(aq) + KCl(aq) = KNO_3(aq) + NaCl(aq)$$

高热时会放出氧气；遇有机物、还原剂、木炭、硫、磷等易燃物可燃；燃烧时产生有毒氮氧化物烟雾。因此，操作时应佩戴氯丁橡胶手套。

可参与氧化还原爆炸反应：

$$S + 2KNO_3 + 3C \xrightarrow{\triangle} K_2S + N_2\uparrow + 3CO_2\uparrow$$

酸性环境下具有氧化性：

$$6FeSO_4 + 2KNO_3 + 4H_2SO_4 \xrightarrow{\quad} K_2SO_4 + 3Fe_2(SO_4)_3 + 2NO\uparrow + 4H_2O$$

硝酸钾俗称火硝或土硝，主要用于焰火、黑色火药、火柴及花卉、蔬菜、果树等经济作物的叶面喷施肥料等。其对敏感牙齿有舒缓作用，很多牙膏中也有硝酸钾。在医学上，硝酸钾用于治疗肾结石，是治疗含钙结石的主要药物，为防止硝酸钾在大肠杆菌作用下形成有致癌性的亚硝酸盐，一般与硫酸铝钾一起服用。

硝酸酯通式为 R—ONO$_2$，是一类有机含氮化合物，可由硝酸和硫酸混酸作用于醇得到。硝酸酯是爆炸性很强的炸药，特别是多元醇的多硝酸酯如季戊四醇四硝酸酯和三硝酸甘油酯(硝化甘油)，都是爆炸力很强的炸药。硝酸酯也是一类药物。酸和碱都可以使硝酸酯分解。硝酸酯在碱性介质中可以发生三种反应：S$_N$2 亲核取代，生成醇；β-氢消除，生成烯和 NO$_3^-$；α-氢消除，生成羰基化合物和 NO$_2^-$。有些硝酸酯在用硫酸或含有硝酸的硫酸水溶液水解时，能发生酯交换生成硫酸酯。硝酸酯在用氢化铝锂的醚溶液还原时得到原来的醇。若用乙醇钠或叔丁醇钾处理，则生成氮羧酸盐[═N(→O)—ONa]，这使硝酸酯可作为硝化剂来硝化有活性亚甲基的化合物，而一些硝酸酯很不稳定，以中间体的形式存在，如硝酸苯酯一生成便发生重排反应。

2. 亚硝酸盐

亚硝酸盐是含有 NO$_2^-$ 的盐，有时会特指亚硝酸钠，除了浅黄色 AgNO$_2$ 不溶外，一般易溶于水，均有毒，易转化为致癌物质。亚硝酸根离子是对称的阴离子，非直线形亚硝酸根离子与 O$_3$ 是等电子体，两个 N—O 键的键长相同，∠O—N—O 键键角大约为 120°。亚硝酸盐可被氧化或还原。某些细菌可将亚硝酸盐还原为一氧化氮或氨，另一些细菌可以将亚硝酸盐转换成硝酸盐。亚硝酸盐也是作为强效血管扩张剂的 NO 的来源。

1) 亚硝酸钠

碱金属和碱土金属的亚硝酸盐可由等当量的一氧化氮和二氧化氮通入该金属的氢氧化物溶液中得到。分解硝酸盐也可制出亚硝酸盐和氧气。

$$2NaOH + NO_2 + NO \xrightarrow{\quad} 2NaNO_2 + H_2O$$

值得注意的是，该反应需要在无氧条件下进行，否则制得的亚硝酸钠很容易被氧化成硝酸钠。

纯净的 NaNO$_2$ 是白色至浅黄色晶体，有非常好的水溶性和吸湿性，水溶液呈弱碱性，pH 约为 9，易溶于液氨，微溶于乙醇、甲醇、乙醚等有机溶剂。亚硝酸钠有咸味。在空气中，亚硝酸钠会被缓慢氧化成 NaNO$_3$。亚硝酸钠遇有机物易发生爆炸。亚硝酸钠作为食品添加剂，可以对鱼类、肉类食品进行染色和保鲜，原理是：亚硝酸盐在酸性条件下分解产生亚硝基，亚硝基会很快与肌红蛋白反应生成稳定、鲜艳、亮红色的亚硝化肌红蛋白，使肉制品保持稳定的鲜艳红色。过量的亚硝酸钠会致癌。亚硝酸钠在烹调和消化过程中会与食物中的胺反应，产生致癌物质亚硝胺类化合物，其化学反应为

$$R_2NH(胺) + NaNO_2 == R_2N—N=O(亚硝胺) + NaOH$$

在酸性环境(如胃液)中或加热条件(如烹饪过程)下，亚硝胺 $R_2N—N=O$ 可以形成重氮盐 $R—N_2^+$。特定的亚硝胺类化合物，如 N-亚硝胺[21]和 N-亚硝基四氢吡咯[22]可以产生碳正离子，与细胞中的生物亲核试剂(如 DNA 或酶)发生反应：

$$R—N_2^+ \longrightarrow R^+(碳正离子) + N_2(离去基团) + :Nu(生物亲核试剂) \longrightarrow R—Nu$$

一旦这样的亲核取代反应发生在一个生物大分子的关键部位，就可能破坏细胞的正常功能，导致细胞癌变或细胞凋亡。

实验室中，亚硝酸钠也被用于处理过量的叠氮化钠。在酸性条件下，亚硝酸钠与叠氮化钠发生如下反应：

$$2NaN_3 + 2NaNO_2 + 4H^+ == 3N_2\uparrow + 2NO\uparrow + 4Na^+ + 2H_2O$$

亚硝酸钠被加热到较高的温度如 330℃以上后，可以分解产生氧化钠、二氧化氮和一氧化氮。该反应可逆，生成的气体会与氧化钠重新化合成亚硝酸钠，因而实验现象并不明显，也不适合实际应用。

$$2NaNO_2 \stackrel{\triangle}{==} Na_2O + NO\uparrow + NO_2\uparrow$$

2) 亚硝酸钾

亚硝酸钾(KNO_2)是白色至微黄色棱柱状或棒状易潮解结晶，有毒，致癌。易溶于水和液氨，微溶于乙醇，不溶于丙酮。水溶液呈碱性。常温下性质稳定，加热至 350℃以上时分解生成氧化钾并放出氧化氮气体。作为还原剂，与有机物或其他可燃物接触可引起燃烧和爆炸，与铵盐或氰化物相混合时可能发生爆炸。遇酸放出剧毒的氧化氮气体。可由硝酸钾溶液与铅共热而得：

$$KNO_3 + Pb \stackrel{\triangle}{==} KNO_2 + PbO$$

3) 亚硝酸铵

亚硝酸铵是亚硝酸的铵盐，化学式为 NH_4NO_2。用作灭鼠剂、杀微生物剂和农业上的杀虫剂，对人和水生生物都有很强的毒性。用臭氧或过氧化氢氧化氨，或亚硝酸钡/铅与硫酸铵反应，或亚硝酸银与氯化铵反应，滤去沉淀都可得到亚硝

酸铵，将溶液浓缩可得到无色亚硝酸铵晶体。亚硝酸铵可溶于水，加热或与酸反应都会分解生成氮气：

$$NH_4NO_2 \xrightarrow{\triangle} N_2\uparrow + 2H_2O$$

实验室制取氮气的一种方法是共热亚硝酸钠与氯化铵的混合溶液，就是利用了亚硝酸铵的分解反应。

在有机化学中，NO_2 基团存在于亚硝酸异戊酯和硝基化合物中。亚硝酸成的酯称为亚硝酸酯，一般由醇与亚硝酸钠在硫酸中反应制备，也可由二级溴代烷与亚硝酸银反应而得。亚硝酸根离子有双位反应性能，如果以一级溴代烷为原料，则与卤代烃在氮上反应，主要产物为硝基化合物，这个反应称为维克多-迈尔(Victor-Meyer)合成反应。亚硝酸甲酯、亚硝酸乙酯在通常条件下为气体。较低级的亚硝酸酯为有特殊果香的挥发性液体。亚硝酸酯不稳定，缓慢分解为氮氧化物、水、相应的醇以及相应的醛的聚合产物。与硝酸酯类似，亚硝酸酯也是一类药物。

3.2.2　磷氧酸盐的制备、结构与性质

1. 磷酸盐

磷酸盐是元素磷自然产生的形态，存在于多种磷酸盐矿物中。单质磷或磷化物是很难发现的(只有在陨石中可以找到极少量)。在矿物学及地质学中，磷酸盐指含有磷酸盐离子的矿石，属于磷酸盐矿业。

在生物中磷以溶液中游离的磷酸盐离子的形态出现，称为无机磷酸盐(Pi)，主要是为与其他在磷酸酯中的磷酸盐区别。磷酸盐通常以一磷酸腺苷(AMP)、二磷酸腺苷(ADP)、三磷酸腺苷(ATP)、脱氧核糖核酸(DNA)及核糖核酸(RNA)的形式出现，且可以经由水解 ADP 或 ATP 而被释放出来。对于其他的二磷或三磷核苷也有相似的反应。ADP、ATP 或其他二磷及三磷核苷的磷酸酐键包含着大量能量，所以它们在生物中有着重要的地位，一般被称为高能磷酸键，就像在肌肉组织中的磷酸肌酸一样。

藻类等浮游植物的生长与氮、磷的含量及比例有关，但水体中氮和磷的含量高并不一定发生富营养化，只有在藻类大量繁殖的情况下才可能发生富营养化[23]。当氮磷原子比为 16∶1 时[24-25]，一般认为是藻类等生长所需的最适条件，会导致藻类的暴发。除了氮和磷，铁和硅在富营养化的形成中也起一定作用。随着铁含量的升高，硝酸盐还原酶活性加强，硝酸盐-亚硝酸盐型氮减少，从而降低富营养化的可能性。水体中硅的含量决定水体中的优势生物，水体中氮硅、磷硅的比例降低，水体中的优势种为硅藻属，发生富营养化的概率小。目前，国内外通用的处

理水体富营养化的技术主要包括：物理法(稀释、吸附、膜处理、人工曝气)、化学法($Cl_2/H_2O_2/O_3$氧化法、铜离子非氧化法)、物化法(混凝沉淀、气浮)、生物法(水生植物修复、水生动物修复、微生物修复)等[26-28]。其中，生物法虽然具有低能耗、廉价、易操作、无二次污染等优点，有着较好的应用前景，但由于富营养化的复杂性、多变性以及实施所需的环境要求及成本，目前大多处于实验室阶段。

磷酸盐可分为正磷酸盐和缩聚磷酸盐。正磷酸能生成三个系列的盐：M_3PO_4、M_2HPO_4和MH_2PO_4(M 是 +1 价金属离子)，以磷酸盐和磷酸二氢盐较为常见。溶解性：$MH_2PO_4 > M_2HPO_4 > M_3PO_4$。$MH_2PO_4$都易溶于水，而 M_2HPO_4 和 M_3PO_4 除了 K^+、Na^+ 和 NH_4^+ 的盐外，一般不溶于水。

磷酸根离子PO_4^{3-}的 P 被四个 O 所包围，形成正四面体，其磷原子在价电子层有 10 个电子。如果磷酸盐作为一种有机磷化合物则被称为磷酸酯，其化学式为$OP(OR)_3$。

磷酸盐与过量的钼酸铵在浓硫酸溶液中反应有淡黄色磷钼酸铵晶体析出，这是鉴定磷酸根离子的特征反应。

$$PO_4^{3-} + 12MoO_4^- + 3NH_4^+ + 12H^+ =\!=\!= (NH_4)_3[P(Mo_{12}O_{40})] \cdot 6H_2O\downarrow$$

在含HPO_4^{2-}的试液中加适量 $NH_3 \cdot H_2O$ 和 $MgCl_2$，则生成白色沉淀。

$$Mg^{2+} + NH_4^+ + HPO_4^{2-} =\!=\!= NH_4MgPO_4\downarrow + H^+$$

AsO_4^{3-} 也有类似白色沉淀，但 Ag_3AsO_4 沉淀为暗红色。

在稀释的水溶液中，磷酸盐以四种形式存在。在强碱环境下，PO_4^{3-} 较多；在弱碱环境下，磷酸氢盐离子HPO_4^{2-}较多；在弱酸环境下，磷酸二氢盐离子 $H_2PO_4^-$ 较为普遍；在强酸环境下，水溶的 H_3PO_4 是主要存在形式。磷酸盐在水中均会发生不同程度的水解，使 Na_3PO_4 溶液显碱性，可用作洗涤剂。在酸式盐中，其酸根离子同时发生水解和电离，溶液的酸碱性取决于水解和电离的相对强弱。在人体中，HPO_4^{2-} 和 $H_2PO_4^-$ 是维持血液 pH 的缓冲对。

磷酸钠为白色固体，易溶于水变为强碱溶液，pH = 13～14。一般磷酸钠指的是 $Na_3PO_4 \cdot 12H_2O$，加热至 55～65℃变成 $Na_3PO_4 \cdot 10H_2O$，加热至 60～100℃变成 $Na_3PO_4 \cdot 6H_2O$，加热到 100℃以上变成 $Na_3PO_4 \cdot H_2O$，再加热到 212℃以上变成无水磷酸钠。在干燥空气中易潮解风化，生成磷酸二氢钠和碳酸氢钠，在水中几乎完全水解为磷酸氢二钠和氢氧化钠。用 NaOH 或 Na_2CO_3 中和 H_3PO_4，于 pH ≈ 4.5 时可得无色菱形晶体 $NaH_2PO_4 \cdot 2H_2O$；于 pH ≈ 9.2 时，得无色菱形 $Na_2HPO_4 \cdot 12H_2O$ 晶体。在制备 Na_2HPO_4 时除 pH 外，还要严格控制反应物的浓度和温度：若浓度大、温度高，则将有少量 $Na_4P_2O_7$ 生成。H_3PO_4 和过量 NaOH 反应能得到 $Na_3PO_4 \cdot 12H_2O$，因过量 NaOH 的浓度不同，还能生成含 NaOH 的 Na_3PO_4 晶体。无水 Na_3PO_4 可由 Na_2O 和 P_2O_5(摩尔比为 3：1)于 673K 以上反应制得。

Na_2HPO_4 溶液显弱碱性，NaH_2PO_4 溶液显弱酸性。它们的盐主要用作缓冲试剂、食品加工的焙粉和乳化剂，如磷酸二氢盐(NH_4^+、Na^+、Ca^{2+})用于发酵制品中：

$$NaH_2PO_4 + Na_2CO_3 \Longrightarrow CO_2\uparrow + Na_3PO_4 + H_2O$$

磷酸钾为白色粒状粉末，易吸湿，溶于水，呈碱性。磷酸钾可由$(NH_4)_3PO_4$ 和 KCl 的复分解反应制得，溶解度较小者将沉淀。将磷酸与 KOH 溶液中和，通过调节反应计量可获得 KH_2PO_4、K_2HPO_4、K_3PO_4。把 NH_3 通入约 80% H_3PO_4 溶液中，在 pH 为 3.8~4.5 时可得 $NH_4H_2PO_4$ 晶体，pH 为 8.05~8.15 时得$(NH_4)_2HPO_4$ 晶体。为防止生成物分解，反应温度应低于 323K。室温下，$(NH_4)_3PO_4 \cdot 3H_2O$ 不稳定，可释出氨，酸式磷酸铵的热稳定性比磷酸铵高，$(NH_4)_3PO_4$、$(NH_4)_2HPO_4$、$NH_4H_2PO_4$ 的热分解温度分别为 303K、413K、443K。钾的磷酸盐可用于配制缓冲溶液、作肥料等，铵的磷酸盐除用作重合肥料，$(NH_4)_2HPO_4$、$NH_4H_2PO_4$ 还可作为纤维织物的抗火剂，这是因为它们受热分解生成 NH_3 和 H_3PO_4，而 H_3PO_4 是纤维素转变为炭的催化剂(炭燃烧比纤维燃烧缓和)。稀$(NH_4)_2HPO_4$ 溶液的 pH 为 7.85，加热至沸失去 NH_3，若保持沸热 2.5h，溶液的 pH 降为 5.78。该性质被用于使胶体羊毛染料沉积在羊毛织物上(因羊毛染料在碱性溶液中能保持其分散状态，而在酸性溶液中立即沉淀)。

磷酸钙$[Ca_3(PO_4)_2]$是白色晶体或无定形粉末，在空气中稳定，在人体的骨骼中普遍存在。难溶于水，易溶于稀盐酸和硝酸，不溶于乙醇和丙酮。有 α 型和 β 型两种，β 型加热至 1180℃时转变为 α 型，再加热至 1430℃则又转变为 α 型。α 型比 β 型更易溶于柠檬酸。将磷酸钠溶液在过量氨存在下与适量氯化钙饱和溶液进行反应，沉淀出不溶性的磷酸钙，经过滤、洗涤、干燥可得磷酸钙产品。

将石灰与磷酸溶液通过控制反应计量、pH 和温度可以在不同条件下生成 $Ca_3(PO_4)_2$、$CaHPO_4$、$Ca(H_2PO_4)_2$ 沉淀。磷酸氢钙通常以 $CaHPO_4 \cdot 2H_2O$ 的形式存在，但可经由加热变成无水形式。磷酸氢钙几乎不溶于水，25℃时的溶度积为 2.18×10^{-7}，是制造牙膏的原料。磷酸二氢钙为白色粉末，可适度溶于水，在 25℃时的溶度积为 7.19×10^{-2}，是磷酸盐肥料(如过磷酸钙)中的重要成分，也用作食品添加剂。如果把石灰浆加入 H_3PO_4 溶液，则产物中含有羟基磷酸钙，通常以 $Ca_5(PO_4)_3(OH)$ 或 $Ca_{10}(PO_4)_6(OH)_2$ 的形式表示羟基磷酸钙，也称为羟基磷灰石。$Ca_5(PO_4)_3(OH)$ 对热稳定，在 1773K 才会失水成 $Ca_{10}(PO_4)_6O$。天然的磷矿都是正磷酸盐，主要有氟磷灰石$[Ca_5(PO_4)_3F]$和含有磷酸根的羟基磷灰石$[Ca_5(PO_4)_3(OH)]$，羟基磷灰石是形成牙齿的矿物质部分，痕量 F⁻对牙齿的防蛀作用估计与氟磷灰石等的结构有关。

磷肥是重要的无机肥料，但天然磷酸盐都难溶于水，很难被作物吸收。用适量硫酸处理磷酸钙，所生成的混合物称为过磷酸钙，可直接用作肥料，其有效成分 $Ca(H_2PO_4)_2$ 溶于水易被植物吸收。$CaHPO_4$ 也是磷肥，不溶于水，撒入酸性土壤后溶解性增加。

$$Ca_3(PO_4)_2 + 2H_2SO_4 \rule[0.5ex]{1.5em}{0.4pt} 2CaSO_4 + Ca(H_2PO_4)_2$$

重过磷酸钙成分为 $Ca(H_2PO_4)_2$，可作磷肥。它是用磷酸代替硫酸处理磷酸钙而得：

$$Ca_3(PO_4)_2 + 4H_3PO_4 \rule[0.5ex]{1.5em}{0.4pt} 3Ca(H_2PO_4)_2$$

磷灰石是一类含钙的磷酸盐矿物总称，其化学成分为 $Ca_5(PO_4)_3(F,Cl,OH)$，其中含 CaO 55.38%、P_2O_5 42.06%、F 1.25%、Cl 2.33%、H_2O 0.56%。最常见的磷灰石矿物种是氟磷灰石 $[Ca_5(PO_4)_3F]$，其次是氯磷灰石 $[Ca_5(PO_4)_3Cl]$、羟磷灰石 $[Ca_5(PO_4)_3(OH)]$、氧硅磷灰石 $\{Ca_5[(Si,P,S)O_4]_3(O,OH,F)\}$ 和锶磷灰石 $[Sr_5(PO_4)_3F]$ 等。磷灰石有三种生成方式：分别生成于火成岩、沉积岩和变质岩中。生成于火成岩中的为内生磷灰石，一般作为副产物在基性或碱性岩石中富集；在沉积岩中为外生磷灰石，是由生物沉积或生物化学沉积形成的，一般为结核状；在变质岩中是经区域变质生成的。从结构上看，磷灰石为六方晶系，晶体呈六方柱状，集合体有块状、粒状、结核状等多种，颜色多样，有灰色、黄色、褐色、绿色、蓝色等，如图 3-11 所示。许多种磷灰石具有荧光，有玻璃光泽，硬度可达 5 左右，相对密度为 2.9～3.2。通常多种磷灰石含有杂质，如氟、碳、氯、铀、锰和其他稀有元素等。磷灰石是提取磷和制造农用磷肥的重要原料，颜色好、结晶好的磷灰石可作为宝石或装饰材料，伴生元素多的磷灰石可以综合利用。

图 3-11　自然界中的磷灰石

上面介绍了磷酸盐和酸式磷酸盐，红外光谱、拉曼光谱、核磁共振波谱对固态、液态和溶液的测试数据表明，磷酸根和酸式磷酸根为四面体结构。在稀溶液中，PO_4^{3-} 变形不明显，接近正四面体；在晶体中 PO_4^{3-} 并不是正四面体，略有变形；而酸式磷酸根中有 OH 和 P 相连，其变形更明显。图 3-12 和表 3-3 给出了一些磷酸盐和酸式磷酸盐中的酸根离子结构和数据。

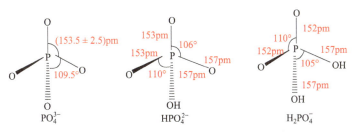

图 3-12　几种酸根离子结构中的键长与键角

表 3-3　几种磷酸盐中的酸根离子结构数据

结构数据	$Ag_3(PO_4)$	$(NH_4)_3PO_4 \cdot 3H_2O$	$Ca_{10}(PO_4)_6(OH)_2$	$NH_4MgPO_4 \cdot 6H_2O$
P—O 键平均键长/pm	151.0	153.6	154.0	153.7
OPO 键键角/(°)	109.5	109～110	107～111	108～110

难溶磷酸盐可作优良的无机黏结剂，如经过特殊处理的酸式磷酸铝溶液和特制的氧化铜粉末调制而成的磷酸盐黏结剂，能耐高温(1273K)和低温(87K)且黏结牢固不易老化。磷酸盐胶黏剂是在水泥、耐火、陶瓷材料基础上发展起来的一种耐高热材料，既可以黏结金属陶瓷玻璃，又可以作为复合材料、耐火和保温材料及涂料的基体。目前常用的磷酸盐体系主要有以下 5 类：磷酸铬胶黏剂、磷酸镁胶黏剂、磷酸锆胶黏剂、磷酸铝胶黏剂和磷酸铝铬胶黏剂[29]。

磷酸铝胶黏剂通常用铝的氢氧化物或氧化物、氮化物、铝酸盐与磷酸反应而得，反应式如下：

$$Al(OH)_3 + 3H_3PO_4 =\!=\!= Al(H_2PO_4)_3 + 3H_2O$$

$$2Al(OH)_3 + 3H_3PO_4 =\!=\!= Al_2(HPO_4)_3 + 6H_2O$$

$$Al(OH)_3 + H_3PO_4 =\!=\!= AlPO_4 + 3H_2O$$

$$Al_2O_3 + 6H_3PO_4 =\!=\!= 2Al(H_2PO_4)_3 + 3H_2O$$

$$Al_2O_3 + 3H_3PO_4 =\!=\!= Al_2(HPO_4)_3 + 3H_2O$$

$$Al_2O_3 + 2H_3PO_4 =\!=\!= 2AlPO_4 + 3H_2O$$

$$AlN + H_3PO_4 =\!=\!= AlPO_4 + NH_3\uparrow$$

$$NaAlO_2 + 2H_3PO_4 \xrightarrow{\quad\quad} AlPO_4 + NaH_2PO_4 + 2H_2O$$

在以上反应中调整磷酸、金属氧化物及氢氧化物的用量，可以得到 P 与 Al 物质的量比不同的磷酸铝胶黏剂。其中黏结性能良好、应用范围广的是磷酸二氢铝，该磷酸盐有 $Al(H_2PO_4)_3$、$Al(H_2PO_4)_3 \cdot 1.5H_2O$ 和 $Al(H_2PO_4)_3 \cdot 3H_2O$ 三种类型，其密度为 $1.47 \sim 1.48 g \cdot mL^{-1}$，pH 为 $1 \sim 2$，均为无色透明黏稠状溶液。工业产品中应用最多的为 $Al(H_2PO_4)_3$ 型黏结剂，它具有黏结能力强、常温固化、耐高温及红外吸收良好等优异性能。将磷酸钠和硫酸铝用热水溶解配成溶液，过滤除去不溶性杂质，然后将两种溶液以适当的浓度，按一定物质的量比送入反应釜进行复分解反应，也会生成白色胶状磷酸铝沉淀。例如，Na_3PO_4 稍过量有利于 $AlPO_4$ 的沉淀：

$$Al_2(SO_4)_3 + 2Na_3PO_4 \xrightarrow{\quad\quad} 2AlPO_4 + 3Na_2SO_4$$

除了胶黏剂，磷酸铝还有一个特别重要的用途是分子筛[30]。此外，磷酸铝水泥为特种水泥的主要组成之一，在冶金、建材工业中作为热力设备材料。磷酸铝水泥属聚合-聚硬化胶结材料类，其性能由 Al_2O_3-P_2O_5-H_2O 和 Al_2O_3-P_2O_5 系统的化合物决定。磷酸铝水泥还可以用于仪器制造，大型设备上的仪器可以用磷酸铝隔热材料进行热防护。

磷酸硼(BPO_4)化学性质稳定，不溶于水，其结构类似于方晶石，是由 P(V)、B(Ⅲ)与 O 原子形成的白色正四面体晶体，其分子结构由 PO_4 和 BO_4 在三维空间中通过共享 O 形成网状结构[31-32]。磷酸硼用途广泛，作为固体磷酸催化剂在脱氢、脱水、烷基化、异构化、高聚物的催化裂化和氧化反应方面得到应用；作为无机磷系阻燃剂在高温下分解出磷酸，使物体表面形成碳化层从而阻止聚合物进一步热解，分解出的三氧化二硼会形成玻璃状覆盖层，大大减轻熔滴现象；在玻璃、陶瓷中添加磷酸硼，可降低熔点，控制膨胀系数，改善材料强度；作为电解质具有非常好的电化学特性，是燃料电池、氢气传感器和湿度传感器的理想材料[33-34]。

传统的磷酸硼制备方法采用液相反应和煅烧两步工艺，包括磷酸和硼酸液相沉淀反应、分离、干燥、高温反应；也可以用硼酸和磷酸二氢铵在 $800 \sim 1000\,^{\circ}\text{C}$ 条件下进行高温固相反应合成磷酸硼[35-36]。

$$H_3BO_3 + H_3PO_4 \xrightarrow{\quad\quad} BPO_4 + 3H_2O$$

$$H_3BO_3 + NH_4H_2PO_4 \xrightarrow{\quad\quad} BPO_4 + NH_3 + 3H_2O$$

磷酸二氢锰[$Mn(H_2PO_4)_2$, Mazhef salt, 马日夫盐]是钢铁防锈及上漆的磷化剂。

电镀中用于黑色金属制件的防腐处理，其性能仅次于磷酸二氢锌。酸性较强，具有腐蚀性，与氧化物接触极容易变质，一般常温下呈 $Mn(H_2PO_4)_2 \cdot 2H_2O$，当温度高于 100℃ 时脱水生成无水磷酸二氢锰[$Mn(H_2PO_4)_2$]。它可以被次氯酸钠氧化为磷酸锰(Ⅲ)。工业上常用两种方法制备磷酸二氢锰。一种方法称为碳酸锰法，用磷酸和碳酸锰进行反应，去除杂质，经分离制得。另一种方法是先用硫酸锰和碳酸钠反应产生碳酸锰，再加入磷酸使碳酸锰与磷酸发生反应生成磷酸二氢锰的混合物，经分离制得：

$$MnSO_4 + Na_2CO_3 = MnCO_3 + Na_2SO_4$$

$$MnCO_3 + 2H_3PO_4 = Mn(H_2PO_4)_2 + H_2O + CO_2\uparrow$$

磷酸锌是无色斜方结晶或白色微晶粉末，有腐蚀性和潮解性。几乎不溶于水和乙醇，在水中的溶解度随温度升高而降低，可溶于无机酸、氨水、铵盐溶液。将 15% 的磷酸溶液在搅拌下与浓度约 20% 的氧化锌浆液在 30℃ 以下反应，加入 $Zn_3(PO_4)_2 \cdot 2H_2O$ 晶种，在 pH = 3 下加热至 80℃，经过滤、热水洗涤、粉碎和 120℃ 干燥，可制得二水磷酸锌晶体；将硫酸锌在搅拌条件下缓慢加入 Na_3PO_4 溶液，在 70～80℃ 下进行复分解反应，经过滤、水漂洗除硫酸根离子，再经粉碎、120℃ 干燥，也可制得二水磷酸锌。具体反应如下：

$$2H_3PO_4 + 3ZnO = Zn_3(PO_4)_2 \cdot 2H_2O + H_2O$$

$$3ZnSO_4 + 2Na_3PO_4 = Zn_3(PO_4)_2 + 3Na_2SO_4$$

$Zn_3(PO_4)_2 \cdot 2H_2O$ 加热至 150℃ 时会失去两个结晶水成为无水物。磷酸锌用作醇醛、酚醛、环氧树脂等各类涂料的基料，以及氯化橡胶、合成高分子材料的阻燃剂，也用于生产水溶性涂料，代替传统使用的有毒铅丹等用作无毒防腐防锈颜料。

2. 多聚磷酸盐

正磷酸盐比较稳定，但磷酸一氢盐或磷酸二氢盐受热容易脱水聚合，缩聚产物包括链状结构的多磷酸盐和环状结构的偏磷酸盐。如图 3-13，链状多磷酸盐的酸根离子是磷氧四面体通过共用氧原子连接成链状结构，这类多磷酸根的通式为 $[P_nO_{3n+1}]^{(n+2)-}$，n 是多磷酸盐中的磷原子数。环状偏磷酸盐的酸根离子是由 3 或 3 个以上磷氧四面体共用氧原子连接成环状结构，其通式为 $[(PO_3)_n]^{n-}$，常见的有三聚偏磷酸盐和四聚偏磷酸盐。

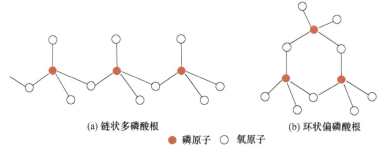

(a) 链状多磷酸根   (b) 环状偏磷酸根

● 磷原子   ○ 氧原子

图 3-13　链状结构的多磷酸根和环状结构的偏磷酸根

1) 焦磷酸盐

焦磷酸盐(pyrophosphate)又称二磷酸盐或双磷酸盐(diphosphate)，有正盐和酸式盐两类：正盐如焦磷酸钠($Na_4P_2O_7$)、焦磷酸钾($K_4P_2O_7$)等；酸式盐如酸式焦磷酸钠($Na_2H_2P_2O_7$)等。正盐可由磷酸氢盐制得，酸式盐可由磷酸二氢盐制得。在多磷酸盐系列中，焦磷酸盐是第一个被发现的，最初是通过加热磷酸氢盐得到的。将磷酸一氢盐加热至 603～613K 开始聚合，至 773K 可以制得焦磷酸盐(此反应不能在玻璃容器中进行，因为焦磷酸钠能够腐蚀二氧化硅)：

$$2Na_2HPO_4 \xrightarrow{\triangle} Na_4P_2O_7 + H_2O$$

用适量的 HCl 酸化 $Na_4P_2O_7$，在不高于 308K 时(分离出 NaCl)得到 $Na_3HP_2O_7 \cdot 9H_2O$ 晶体，约 303K 得到 $Na_3HP_2O_7 \cdot H_2O$ 晶体，后者于 423K 温度下脱水数日得到无水盐 $Na_3HP_2O_7$ 晶体。NaH_2PO_4 受热脱水生成 $Na_2H_2P_2O_7$，需要在一定的水蒸气分压下(为了避免 $Na_2H_2P_2O_7$ 进一步脱水成偏磷酸钠)于 498～523K 下完成：

$$2NaH_2PO_4 =\!=\!= Na_2H_2P_2O_7 + H_2O$$

$$nNa_2H_2P_2O_7 =\!=\!= 2(NaPO_3)_n + nH_2O$$

273K 下混合等摩尔 $H_4P_2O_7$ 和 $Na_2H_2P_2O_7$，真空蒸发得 $NaH_3P_2O_7$ 晶体：

$$Na_2H_2P_2O_7 + H_4P_2O_7 =\!=\!= 2NaH_3P_2O_7$$

焦磷酸的四种钠盐($Na_4P_2O_7$、$Na_3HP_2O_7$、$Na_2H_2P_2O_7$、$NaH_3P_2O_7$)都能溶于水。室温下，$Na_4P_2O_7$ 的溶液在中性、弱酸性和碱性条件下比较稳定，但在酸性介质中和加热条件下较易发生水解，转化为 H_3PO_4。

除了一些碱金属和铵外，大部分焦磷酸盐在标准状态下不溶于水。通常情况下，焦磷酸盐在磷的含氧酸形成的盐中有最大溶解度。$Na_4P_2O_7$ 溶液与过量的易溶金属盐作用，生成相应的难溶焦磷酸盐。例如：

$$Na_4P_2O_7 + 4AgNO_3 \Longrightarrow Ag_4P_2O_7\downarrow + 4NaNO_3$$

另外，焦磷酸盐是一种良好的络合剂，可与钙离子或多种过渡金属离子配位：

$$Cu_2P_2O_7 + P_2O_7^{4-} \Longrightarrow 2[CuP_2O_7]^{2-}$$

$$Mn_2P_2O_7 + P_2O_7^{4-} \Longrightarrow [Mn_2(P_2O_7)_2]^{4-}$$

焦磷酸根过量时，难溶的焦磷酸盐转化为配离子溶解。这些反应在化学工业上有许多用途，如可用作无氰电镀。

含铵的磷酸盐加热也可制得一些二价金属的焦磷酸盐：

$$2NH_4NiPO_4 \cdot 6H_2O \xrightarrow{\triangle} Ni_2P_2O_7 + 2NH_3 + 13H_2O$$

制备其他金属焦磷酸盐的方法还有许多，例如：

$$2CaHPO_4 \xrightarrow{\triangle} Ca_2P_2O_7 + H_2O$$

$$2Al_2(HPO_4)_3 \xrightarrow{673K} Al_4(P_2O_7)_3 + 3H_2O$$

$$2PbO + 2H_3PO_4 \Longrightarrow Pb_2P_2O_7 + 3H_2O$$

$$2FePO_4 + H_2 \Longrightarrow Fe_2P_2O_7 + H_2O$$

$$4Hg_3(PO_4) \xrightarrow{\triangle} 2Hg_2P_2O_7 + 8Hg + O_2\uparrow$$

焦磷酸盐中都含有 $P_2O_7^{4-}$，各种盐中 P—O—P 键的键角各不相同，分布在 $120°\sim180°$ 之间。P—O—P 键键长比离子末端的 P—O 键键长。表 3-4 列出部分焦磷酸盐的结构数据。

表 3-4　几种磷酸盐中的酸根离子结构数据

结构数据	α-$Mg_2P_2O_7$	β-$Mg_2P_2O_7$	$Na_4P_2O_7$	$KAlP_2O_7$
P—O—P 键键长/pm	157.0	156.0	163.6	160.7
$\angle$P—O—P/(°)	144	180	127	125
末端 P—O 键长/pm	151.0	—	151.3	150.9

$H_2P_2O_7^{2-}$ 相对不易水解，溶液中有下列平衡：

$$2H_2PO_4^- \Longrightarrow H_2P_2O_7^{2-} + H_2O$$

355K 时，6000 份 $H_2PO_4^-$ 和 16 份 $H_2P_2O_7^{2-}$ 处于平衡态。$H_2P_2O_7^{2-}$ 水解速率常数 k 随溶液的 pH 而变，pH 越小，水解速率越快。

焦磷酸盐中最重要的是钠盐、钾盐和钙盐。$Na_2H_2P_2O_7$ 大量用于食品加工中，供调节发酵酸和作罐头防腐剂；$Na_4P_2O_7$ 用于工业电镀液的配料，羊毛脱脂剂，工业洗涤剂，H_2O_2 的稳定剂；$K_4P_2O_7$ 由于具有很高的水溶性，用作液体洗涤剂的有效组分；$CaH_2P_2O_7$ 用作食品添加剂和膨胀剂；$Ca_2P_2O_7$ 在含氟牙膏中用作摩擦剂，金属抛光时用作软质研磨剂。

2）其他多聚磷酸盐

其他多聚磷酸盐可由普通磷酸盐通过加热脱水缩合制备。例如，三聚磷酸钠（$Na_5P_3O_{10}$）：

$$4Na_2HPO_4 + 2NaH_2PO_4 \xrightarrow{\triangle} 2Na_5P_3O_{10} + 4H_2O$$

加热脱水的条件不同，它们的产物和结构不一定相同。例如，三聚磷酸钠有三种不同的晶形：两种无水物和一种六水合物。Ⅰ型无水 $Na_5P_3O_{10}$ 属于高温型，热力学稳定相，水化作用较快，生成 $Na_5P_3O_{10} \cdot 6H_2O$ 的速度也快。Ⅱ型无水 $Na_5P_3O_{10}$ 为低温型，水化作用慢，当加热到 743K 时，Ⅱ型 $Na_5P_3O_{10}$ 会转化为Ⅰ型 $Na_5P_3O_{10}$，室温时两者是稳定和共存的。$Na_5P_3O_{10} \cdot 6H_2O$ 在室温时是稳定的，当加热到 373K 时迅速水解为焦磷酸盐和正磷酸盐。Ⅰ型 $Na_5P_3O_{10}$ 和Ⅱ型 $Na_5P_3O_{10}$ 结构的区别在于阳离子的配位不同：在Ⅰ型 $Na_5P_3O_{10}$ 中所有的钠离子由氧原子进行八面体配位，是六配位氧；在Ⅱ型 $Na_5P_3O_{10}$ 中有一些钠离子被四个氧原子所围绕，是四配位氧。

三聚磷酸钠易溶于水，溶解度为 $15g \cdot 100g^{-1}$ 水，在溶液中会逐渐水解生成 $Na_4P_2O_7$ 和 Na_3PO_4。$Na_5P_3O_{10}$ 溶液和适量 $HClO_4$、CH_3COOH 混合，再加乙醇可制得 $Na_3H_2P_3O_{10} \cdot 1.5H_2O$ 或 $Na_4HP_3O_{10}$。$Na_5P_3O_{10}$ 是制备其他三聚磷酸盐(目前已有上百种)的原料，例如：

$$2Na_5P_3O_{10} + 5BaCl_2 === Ba_5(P_3O_{10})_2 + 10NaCl$$

$$2Na_5P_3O_{10} + Cr_2(SO_4)_3 + 3H_2O === 2Na_2CrP_3O_{10} \cdot 1.5H_2O + 3Na_2SO_4$$

三聚磷酸钠具有良好的水溶性和离子交换性能，对碱土金属和重金属离子有较强的配合作用，是一种非有机表面活性剂，可用作合成洗涤剂中的增效助剂、软水剂等，也广泛用于食品工业中作品质改良剂，如火腿、熏肉的加工保藏。

已经制得的四聚磷酸盐并不多，如 $Na_6P_4O_{13}$、$(NH_4)_6P_4O_{13}$、$Ba_3P_4O_{13}$、$Bi_2P_4O_{13}$ 等。$P_4O_{13}^{6-}$ 是链状结构，在中性、碱性介质中比较稳定。在 pH = 10、338.5K 时 $Na_6P_4O_{13}$ 比较稳定。当溶液 pH 下降时，$P_4O_{13}^{6-}$ 明显水解，水解从链状结构的末端开始，断裂为 $HP_3O_{10}^{4-}$ 和 HPO_4^{2-}，接着 $HP_3O_{10}^{4-}$ 再水解，如图 3-14 所示。

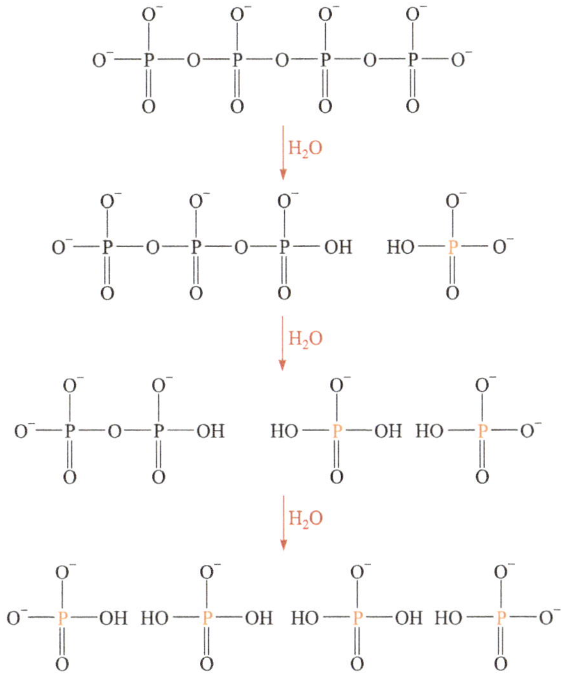

图 3-14　$P_4O_{13}^{6-}$ 的水解

当链状 $[P_nO_{3n+1}]^{(n+2)-}$ 的 $n>50$ 时，称为长链聚磷酸盐。一般长链聚磷酸盐的 $n=500\sim1000$，当 n 很大时，$3n+1$ 近似等于 $3n$，此时化学式可表示为 $[(PO_3)_n]^{n-}$，与环状结构的偏磷酸盐化学式相同，早期一些文献中常将长链多聚磷酸盐和环状偏磷酸盐混淆。长链多聚磷酸盐的两端均有一个 OH，因此真正的化学式为 $[H_2P_nO_{3n+1}]^{n-}$，具体的结构式如图 3-15 所示，其在一定的条件下能够成环为偏磷酸盐。多聚磷酸可以被水解成更简单的磷酸。另外，聚磷酸的毒性比较低。

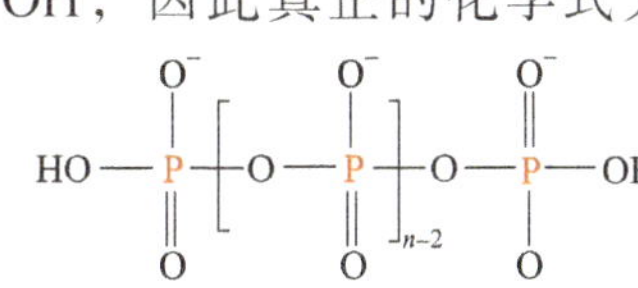

图 3-15　长链多聚磷酸盐的结构

Na 的聚磷酸盐溶液具有微弱的碱性，如焦磷酸钠($Na_4P_2O_7$)、三聚磷酸钠($Na_5P_3O_{10}$)、四聚磷酸钠($Na_6P_4O_{13}$)、五聚磷酸钠($Na_7P_5O_{16}$)和六聚磷酸钠($Na_8P_6O_{16}$)等溶液[37]，对皮肤和黏膜具有一定的刺激性。NaH_2PO_4 在不同加热条件下生成各种缩合聚磷酸盐[38]，见图 3-16。当温度高于 160℃时生成焦磷酸盐，温度达到 240℃时，焦磷酸盐转化为环状三偏磷酸盐，超过 260℃时焦磷酸盐转化为马德利尔盐 (Maddrell salt，链状多聚磷酸钠)的低温Ⅱ型 $Na_5P_3O_{10}$ 和高温Ⅰ型 $Na_5P_3O_{10}$，当温度超过 400℃时，不可逆地转化为环状三偏磷酸盐，并在 625℃时生成$(NaPO_3)_n$熔融体，迅速冷却生成格雷姆盐玻璃体，或者加晶种时$(NaPO_3)_n$熔融体转化为库

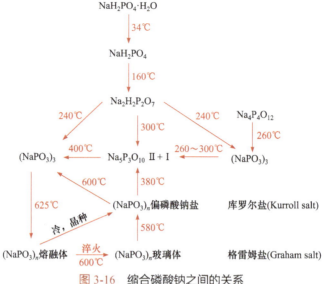

图 3-16 缩合磷酸钠之间的关系

罗尔盐,库罗尔盐在 380℃ 时转化为高温 I 型马德利尔盐。在实验室制备的玻璃状磷酸盐链中磷原子个数为 3~3000。

格雷姆盐是最有名的长链聚磷酸盐,它是熔融的 $NaPO_3$ 淬火制成的,呈玻璃状固体,而不是结晶状。在工业上错误地将它称为六偏磷酸钠,它不含 6 个 PO_3 单元,但它是高相对分子质量的聚合物$(NaPO_3)_n$,其平均相对分子质量为 12000~18000,链中的 PO_3 单元达 200 个。它主要由长链组成,但其中也含有 10% 的环状偏磷酸盐和交叉连接的聚磷酸盐。用末端基团滴定、渗透压、扩散、黏度、电泳和超离心法可测定这些长链聚合物的相对分子质量。格雷姆盐溶于水,金属离子如 Pb^{2+} 和 Ag^+ 可使其溶液沉淀,Ca^{2+} 和 Mg^{2+} 不能使其沉淀,而是生成稳定的配离子[39]。

多聚磷酸钾可由以下两种方法制得:

$$nKH_2PO_4 == (KPO_3)_n + nH_2O$$

$$P_4 + 4KCl + 6O_2 == 4/n\,(KPO_3)_n + 2Cl_2$$

将 NH_3 通入含 85%P_2O_5 的多磷酸溶液中,将生成物加水,可使$(NH_4PO_3)_n$ 沉淀出。热 H_3PO_4 和 $CO(NH_2)_2$ 反应得尿素的磷酸盐,后者在低温下分解成多聚偏磷酸铵:

$$2H_3PO_4 + CO(NH_2)_2 == 2/n(NH_4PO_3)_n + CO_2 + H_2O$$

聚磷酸盐的重要化学性质有:

(1) 水解作用。聚磷酸盐都显示出不同程度的水解性，水解速率取决于聚磷酸盐的结构和所处的条件(pH 和温度)。正磷酸盐不涉及 P—O—P 键的断裂，而缩合磷酸盐水解时，所有 P—O—P 键均能断裂，最终形成正磷酸盐。尤其是长链聚磷酸盐水解更复杂，除了链端基团断裂外，在链节内部也可断裂形成较短链的聚磷酸盐，并伴随环状偏磷酸盐的形成，动力学呈现一级水解反应。水解的速率随着链长的增加而增快。水解机理受 pH 影响，pH 为 4~7 时有利于三偏磷酸盐的形成，pH 为 7~11 时有利于链端断裂的正磷酸盐的形成。长链聚磷酸盐溶液呈中性或很弱的酸性，而短链磷酸盐($n = 2$ 或 3)水溶液呈碱性。在室温下，链状聚磷酸盐在中性或碱性溶液中是稳定的。它的水解是强酸催化水解，但是像所有的缩合磷酸盐一样，它们最终在沸腾时转变为正磷酸盐。

$$H[PO_3H]_nOH + H_2O \longrightarrow H[PO_3H]_mOH + H[PO_3H]_{n-m}OH$$

(2) 配合作用。实际上，聚磷酸盐能与所有的金属阳离子形成各种组成的配合物。一般来说，碱金属聚磷酸盐形成比较弱的配合作用，碱土金属聚磷酸盐形成稍能解离的配合，过渡金属聚磷酸盐形成很强的配合。配合物的稳定性：正磷酸盐＜焦磷酸盐＜三聚磷酸盐＜四聚磷酸盐。三偏磷酸盐和四偏磷酸盐不生成这类强配合物，与离子的大小和环的构型有关。值得注意的是，链状磷酸盐的络合能力比较强，环状磷酸盐的络合能力要差得多，正磷酸盐的络合能力最弱。正磷酸离子是碱土金属优良的沉淀剂，其络合能力微乎其微。在实践中，防止碱土金属磷酸盐沉淀所需的聚磷酸盐的质量称为螯合值。在水软化中通常要用到聚磷酸盐，螯合水中钙、镁等离子的作用，降低水的硬度。聚合磷酸盐在洗涤液中还能起到碱性缓冲作用，使洗涤剂溶液的 pH 保持在适宜的范围内，在粉状洗涤剂中，能使产品不吸潮、不结块，使产品具有良好的流动性。一般链状聚磷酸盐对镁离子的螯合能力是对钙离子的数倍。在螯合镁离子时，二磷酸盐比三磷酸盐有效，而三磷酸盐比玻璃状磷酸盐有效。但在螯合钙离子时，这种顺序正好相反。

(3) 催化作用。磷酸和磷酸盐催化剂是通过与反应物之间进行质子交换来促进化学反应的，具有催化链烯烃的聚合、异构化、水合、烯烃烷基化及醇类脱水等各种反应性能。例如，磷酸铜钙可作为乙炔水合制乙醛的催化剂；磷酸镧和磷酸铜都是气相水解法合成甲酚、二甲酚的催化剂；磷酸锆对环氧乙烷的高聚反应和乙烯聚合反应具有良好的催化作用。聚磷酸的催化活性在很大程度上取决于氢离子活性和脱水性。

(4) 高分子性质。聚磷酸盐从低相对分子质量向高相对分子质量变化，其溶液的物理性质连续变化。除了开始几个聚磷酸盐外，它们都表现出典型的聚电解质性质。在其平均链长为几百个单元以前，聚磷酸盐没有胶体行为。多聚磷酸盐具有高分子性质，在水中可以形成胶体溶液。因此，其在食品加工中用作乳化剂，也用作钻井泥浆、油漆中颜料和矿石浮选的分散剂。

3. 偏磷酸盐

具有环状结构的偏磷酸钠的化学式为$(NaPO_3)_n$，其中 $n=3\sim8$ 均已被分离和鉴定，更大的偏磷酸根存在于玻璃状的偏磷酸盐中。1848 年首次提出了三偏磷酸钠制法，直至 1937 年才第一次用 X 射线确定了这些环状化合物的结构。图 3-17 列出了一些环状偏磷酸盐。

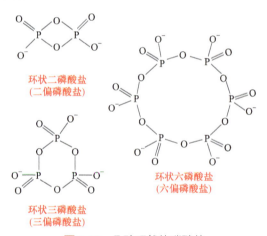

图 3-17　几种环状偏磷酸盐

1) 三偏磷酸盐

环状三磷酸钠又称三偏磷酸钠($Na_3P_3O_9$)，白色吸湿性粉末状或块状，其稳定型是 I 型 $Na_3P_3O_9$，易溶于水，于 690K 在密封管内(有少量水气)转化为 II 型 $Na_3P_3O_9$。其结构表现为稳定的六元环状，可以从水中生成六水合的形式 $Na_3P_3O_9 \cdot 6H_2O$、一水合的形式 $Na_3P_3O_9 \cdot H_2O$ 和无水物 $Na_3P_3O_9$。三偏磷酸钠有一定的腐蚀性，但比三聚磷酸钠低。它是以磷酸与纯碱中和制得的磷酸二氢钠水溶液为原料，除去杂质后蒸发干燥或结晶为无水磷酸二氢钠，磷酸二氢钠进一步加热至 190～204℃脱去结构水成为酸式焦磷酸钠，酸式焦磷酸钠继续加热至 500～520℃后，取出缓慢冷却即得三偏磷酸钠。

$$Na_2CO_3 + 2H_3PO_4 =\!=\!= 2NaH_2PO_4 + CO_2\uparrow + H_2O$$

$$2NaH_2PO_4 \xrightarrow{200℃} Na_2H_2P_2O_7 + H_2O$$

$$3Na_2H_2P_2O_7 \xrightarrow{500℃} 2(NaPO_3)_3 + 3H_2O$$

总反应式为

$$3NaH_2PO_4 =\!=\!= Na_3P_3O_9 + 3H_2O$$

碳酸钠与五氧化二磷按一定比例混合，使得 $n(P_2O)：n(P_2O_5) = 1：1$，反应生成偏磷酸钠，偏磷酸钠进一步加热到 500～520℃缩聚生成三偏磷酸钠：

$$Na_2CO_3 + P_2O_5 =\!=\!= 2NaPO_3 + CO_2\uparrow$$

$$3NaPO_3 =\!=\!= (NaPO_3)_3$$

用食品级焦磷酸钠和氯化铵按物质的量比配料，在水溶液中中和，然后脱水干燥，再以 420℃以上高温加热使其反应，将反应产物再在水中溶解、浓缩、分离、干燥，最后得到三偏磷酸钠：

$$3Na_4P_2O_7 + 6NH_4Cl =\!=\!= 2(NaPO_3)_3 + 6NaCl + 6NH_3 + 3H_2O$$

酸性三偏磷酸钠($Na_2HP_3O_9$)是将 $n(Na_2O)：n(P_2O_5) = 2：3$ 的正磷酸钠盐的溶液蒸发，于300℃加热生成的结晶。钠盐溶液与多价离子或重金属可溶性盐混合、蒸发可得各种盐。此外，铵、钾、四甲胺等可溶性三偏磷酸盐可用离子交换法由钠盐制得。三偏磷酸钠可与过氧化氢生成复合化合物 $Na_3P_3O_9 \cdot H_2O_2$，此过氧化物易分解，极少量的重金属存在即可促进其分解。三偏磷酸钠可生成过氧化物，而四偏磷酸钠不能生成过氧化物。

$Na_3P_3O_9$ 在低于 293K 的中性溶液中稳定，于酸性介质中易水解，水解是一级反应：

$$P_3O_9^{3-} \longrightarrow H_2P_3O_{10}^{3-} \longrightarrow H_2P_2O_7^{2-} + H_2PO_4^- \longrightarrow 3H_2PO_4^-$$

pH = 8.0 和 353K 时，$P_3O_9^{3-}$ 水解速率比 $H_2P_3O_{10}^{3-}$ 和 $H_2P_2O_7^{2-}$ 慢得多。pH－10 和 413K 时则能定量转化成 $Na_5P_3O_{10}$。碱可使环状三偏磷酸钠水解成链状三聚磷酸钠，环状磷酸盐在碱中水解时断裂，先形成相应的链状聚磷酸盐，然后进一步断裂，最后以正磷酸离子存在于溶液中：

$$Na_3P_3O_9 + 2NaOH =\!=\!= Na_5P_3O_{10} + H_2O$$

$Na_3P_3O_9$ 易溶于水，室温下饱和溶液的浓度为 18%。偏磷酸根的碱土金属及铜系元素盐的溶解度较小，如 $Ba_3(P_3O_9)_2$ 为 1.03%。$Na_3P_3O_9$ 在水溶液中重结晶得 $Na_3P_3O_9 \cdot 6H_2O$，后者在空气中易风化，受热脱水成 $Na_3P_3O_9 \cdot 1.5H_2O$、$Na_3P_3O_9 \cdot H_2O$ 和 $Na_3P_3O_9$。当 $Na_3P_3O_9 \cdot H_2O$ 脱水时，会发生部分的开环作用。

$Na_3P_3O_9$ 的用途非常广泛[40]：可与维生素 C 酯化制得 Vc-2-三聚磷酸钠，其既具有维生素 C 的功效，又克服了维生素 C 易受光、热和金属离子等作用而氧化的缺点，可作为饲料改性剂；三偏磷酸钠的 P—O 键与淀粉的醇羟基在水溶液中进行酯化反应可制得交联淀粉；可用作优异的无机表面活性剂和生产高级牙膏的原料等。

$K_3P_3O_9$ 可用加热 $(CH_3CO)_2O$ 和 KH_2PO_4 的混合物制得。三偏磷酸还能形成一系列复盐 $MM'P_3O_9$，M = K、NH_4、Rb、Tl、Ag，M′= Mg、Ca、Mn、Co、Zn、Cd，反应过程如下：

$$2(NH_4)_2HPO_4 + CdCO_3 + TlH_2PO_4 \Longrightarrow CdTlP_3O_9 + 4NH_3 + CO_2 + 4H_2O$$

2) 四偏磷酸盐

在发现用 P_2O_5 水解法生成四偏磷酸钠以前，四偏磷酸钠都是用多价金属的酸性正磷酸盐加热脱水制得。铜、镁、钡、铁、镍、钴、锰、锌、铅、铝等四偏磷酸盐可用相应的酸性正磷酸盐与少量过剩的磷酸加热脱水制得。六方 P_4O_{10} 于 288K 水解，产物用 30% NaOH 中和到 pH = 7.0 时，加入 NaCl 于 298K 可得到 $Na_4P_4O_{12} \cdot 10H_2O$。

许多金属的磷酸二氢盐(如 Al^{3+}、Fe^{3+}、Cr^{3+}、Ti^{3+}、Mg^{2+}、Ni^{2+}、Co^{2+}、Mn^{2+}、Fe^{2+}、Zn^{2+}、Cd^{2+})在一定的条件下加热可以得到相应的四偏磷酸盐。$M_2P_4O_{12}$(M 为 Cu、Zn)和 Na_2S 或 K_2S 反应可得 $Na_4P_4O_{12}$ 和 $K_4P_4O_{12}$。

$Na_4P_4O_{12} \cdot 10H_2O$ 受热会逐步脱水成 $Na_4P_4O_{12} \cdot 4H_2O$ 和 $Na_4P_4O_{12}$，$Na_4P_4O_{12}$ 在 523K 于空气中少量水的作用下会形成链状的马德利尔盐。$Li_4P_4O_{12} \cdot 4H_2O$ 受热容易脱去 2 个水分子，最后 2 个水分子不易脱去，在高温进一步脱水时会开环成为高相对分子质量的聚磷酸盐。$Na_4P_4O_{12}$ 于 673K 加热会转化为 $Na_3P_3O_9$，类似的 $K_4P_4O_{12}$ 于 473K 时加热会转变为 $K_3P_3O_9$。总之，从热力学角度来看，四偏磷酸盐不如三偏磷酸盐稳定。

四偏磷酸铅($Pb_2P_4O_{12} \cdot 4H_2O$)和 Na_2CO_3 共热时，前者发生热重排反应生成八偏磷酸铅($Pb_4P_8O_{24}$)，产率为 70%，其余 30% 转变为摩尔质量更高的偏磷酸铅：

$$2Pb_2P_4O_{12} \cdot 4H_2O \xrightarrow{\triangle} Pb_4P_8O_{24} + 8H_2O$$

$Pb_4P_8O_{24}$ 和 Na_2S 作用生成 $Na_8P_8O_{24} \cdot 6H_2O$。八偏磷酸钠的复盐 $M_2Cu_3P_8O_{24}$ (M = NH_4、Rb、Cs、Tl)也已被制得。

四偏磷酸根在 pH = 5～10 的水溶液中比较稳定，在碱中可以水解为四聚磷酸根，在低 pH 溶液中会逐步水解开环转变为 $H_2PO_4^-$。小环偏磷酸盐 $P_3O_9^{3-}$ 在碱溶液中的水解速率比大环四偏磷酸根速率快，也更容易开环。

3) 其他多偏磷酸盐

六偏磷酸钠[$(NaPO_3)_6$]包括工业级和食品级,是由磷酸二氢钠经加热脱水熔聚,再经骤冷而形成的透明玻璃状粉末或鳞片状固体。在空气中易潮解,易溶于水,20℃时每 100g 水溶解 97.32g,在水中溶解度较大但溶解速率慢,水溶液呈酸性,质量分数为 1%的六偏磷酸钠溶液的 pH 为 5.5～6.5;不溶于有机溶剂。由于六偏磷酸钠对金属离子尤其是钙、镁等碱土金属离子具有超强的络合能力,从而螯合封闭金属离子。因此,在工业上可用于锅炉用水软水剂,纤维工业和漂染工业的清洗剂,也可用作食品品质改良剂等[41]。

目前国内主要采用两种生产工艺:一步法生产工艺和两步法生产工艺。一步生产工艺法中,将黄磷加热熔融后,送入氧化燃烧炉中,用干燥的空气和黄磷进行了氧化燃烧反应,生成中间产品五氧化二磷。再将五氧化二磷与纯碱混合后,经高温聚合反应,骤冷至片状即得片状六偏磷酸钠,经粉碎可得六偏磷酸钠。

$$P_4 + 5O_2 = 2P_2O_5$$

$$2P_2O_5 + 2Na_2CO_3 = 4NaPO_3 + 2CO_2$$

$$6NaPO_3 = (NaPO_3)_6$$

两步法生产工艺一般是指以磷酸钠盐为原料,通过高温脱水缩合获得偏磷酸钠盐产品。用纯碱中和磷酸制得磷酸二氢钠溶液,经蒸发、结晶制得结晶状磷酸二氢钠,或经喷雾干燥制得无水磷酸二氢钠:

$$Na_2CO_3 + 2H_3PO_4 + H_2O = 2NaH_2PO_4 \cdot H_2O + CO_2\uparrow$$

磷酸二氢钠加热脱去结晶水:

$$NaH_2PO_4 \cdot H_2O = NaH_2PO_4 + H_2O$$

继续加热脱去结构水:

$$2NaH_2PO_4 = Na_2H_2P_2O_7 + H_2O$$

进一步加热至 620℃时,脱水生成熔融的偏磷酸钠,并聚合为六偏磷酸钠:

$$Na_2H_2P_2O_7 = 2NaPO_3 + H_2O$$

$$6NaPO_3 = (NaPO_3)_6$$

小环偏磷酸盐在 NaOH 溶液中的水解开环反应比大环偏磷酸盐容易。例如,在 $0.1mol \cdot L^{-1}$ NaOH 溶液中,$(NaPO_3)_3$ 水解开环反应的 $t_{1/2} = 4.5h$,$(NaPO_3)_4$ 的 $t_{1/2} = 150h$,$(NaPO_3)_5$ 的 $t_{1/2} = 200h$,$(NaPO_3)_6$ 的 $t_{1/2} = 1000h$。溶液中若有 Ag^+、Cu^{2+}、Zn^{2+}、Pb^{2+}、Bi^{3+} 及 Ln^{3+}(稀土)还能加速水解反应。

偏磷酸钙分子式为 $Ca(PO_3)_2$。工业品偏磷酸钙是由磷在空气中燃烧生成 P_2O_5,

在高温和水蒸气存在下与磷矿粉作用而制得。偏磷酸钙有玻璃态和结晶态两种。结晶态的 $Ca(PO_3)_2$ 为白色,不溶于水,不溶于中性柠檬酸铵溶液,无肥料价值。偏磷酸钙熔融物经过快速冷却即可生成玻璃态,产品带有浅绿色,能溶于中性柠檬酸铵溶液中,是一种高浓度枸溶性磷肥,也是一种无机盐原料。偏磷酸钙可能是一种聚合物 $[Ca(PO_3)_2]_n$,但聚合程度不明确,n 未知,其在空气中有微吸湿性。

偏磷酸钾分子式为 KPO_3,微溶于水,易溶于草酸铵溶液。工业品为白色粉末,不吸湿,不结块,可与硝酸铵、硫酸铵、硫酸钾或尿素混合作肥料,或与硝酸铵共熔制成粒状混合肥料。偏磷酸钾是一种高浓度复合肥料,一种无机盐原料。美国用偏磷酸钾作肥料进行过大量田间试验,其肥效相当于重过磷酸钙。

偏磷酸铵分子式为 NH_4PO_3。工业品偏磷酸铵为粒状,其中 51% 为水溶性,22% 为枸溶性。偏磷酸铵易溶于水,其水溶液 pH 为 6.0～6.5,稍有吸湿性,不结块,无腐蚀性,在常温下不挥发,不分解,有良好的化学稳定性。偏磷酸铵是一种高浓度氮磷复合肥料,也是混合肥料的基础肥料。偏磷酸铵也是一种无机磷阻燃剂。将元素磷在空气中燃烧生成 P_2O_5,在高温和水蒸气存在下与氨气作用,即可制得偏磷酸铵。

在溶液中,环偏磷酸盐和链状多聚磷酸盐有以下区别:

(1) 双向纸上色层可分离环偏磷酸盐和链状多聚磷酸盐。

(2) 环偏磷酸盐只有一种特征的 ^{31}P 核磁共振峰,而链状多聚磷酸盐不止一个共振峰。

(3) 环偏磷酸上的 H^+ 表现为强酸,而链状多聚磷酸中除了每个 P 上有一个表现为强酸的 OH 基外,末端两个 P 原子上的 OH^- 则表现为弱酸。

(4) 与链状多聚磷酸盐相比,环偏磷酸盐($n<6$)的溶解度较大,不易形成配合物,在碱溶液中较易水解。

4. 次磷酸盐

次磷酸盐可由白磷和碱溶液的反应制得:

$$P_4 + 3OH^- + 3H_2O \xrightarrow{温热} 3H_2PO_2^- + PH_3\uparrow$$

$$P_4 + 4OH^- + 4H_2O \xrightarrow{温热} 4H_2PO_2^- + 2H_2\uparrow$$

用 NaOH 和 $Ca(OH)_2$ 的混合物作碱,于 353～363K 得 NaH_2PO_2,产率 53%～59%。工业生产用石灰浆作碱,实验室则用 $Ba(OH)_2$ 和白磷作用,通入 CO_2 除去多余的氢氧化物,过滤后在低于 318K 下蒸馏浓缩得钙、钡的次磷酸盐。电解白磷-碱金属氢氧化物的溶液，可得相应的次磷酸盐。

次磷酸盐经酸化得次磷酸(H_3PO_2)。例如，$Ca(H_2PO_2)_2$ 和等摩尔 H_2SO_4 或 $H_2C_2O_4$ 反应均得 H_3PO_2 溶液；次磷酸钡 $Ba(H_2PO_2)_2$ 和等摩尔 H_2SO_4 作用可制得较纯的 H_3PO_2。纯 H_3PO_2 可用乙醚进行液液萃取得到。

碱金属、碱土金属及多数重金属的次磷酸盐都易溶于水。次磷酸盐具有强还原性，能把 Ag(I)和 Ag(II)还原为 Ag，Cu(II)还原为 Cu(I)和 Cu，把 Cr(VI)还原为 Cr(III)。能被 Cl_2、Br_2、I_2 氧化成 H_3PO_3，甚至 H_3PO_4：

$$H_3PO_2 + X_2 + H_2O \Longrightarrow H_3PO_3 + 2HX$$

$$H_3PO_2 + 2X_2 + 2H_2O \Longrightarrow H_3PO_4 + 4HX$$

次磷酸钠(NaH_2PO_2)为无色单斜结晶或有珍珠光泽的晶体或白色结晶性粉末，味咸、易潮解。无水次磷酸结晶在常温下很稳定，在干燥空气中放置 3 个月后并无变化，但在 100℃以上则缓慢分解，加热超过 200℃迅速分解，放出剧毒且自燃的磷化氢(PH_3)，并立即在空气中着火。次磷酸钠为强还原剂，可将金、银、汞、镍、铬、钴等金属从盐中还原为金属状态。遇强热或与氯酸钾等氧化剂混合时会爆炸。常压下，加热蒸发次磷酸钠溶液也会发生爆炸，故蒸发应在减压下进行。从水溶液制得的次磷酸钠结晶为一水合物 $NaH_2PO_2 \cdot H_2O$，易溶于甘油和热乙醇，溶于水、冷乙醇，微溶于无水乙醇，不溶于乙醚。其水溶液呈中性。

$$5NaH_2PO_2 \xrightarrow{\triangle} Na_4P_2O_7 + NaPO_3 + 2PH_3\uparrow + 2H_2\uparrow$$

次磷酸钠工业制法可分为一步法和两步法。一步法是用黄磷与以下反应物之一进行反应而直接制得次磷酸钠的方法：NaOH，碱土金属氢氧化物和 NaOH 的混合物，碱土金属氢氧化物和 Na_2CO_3 的混合物。其反应式如下：

$$2P_4 + 3Ca(OH)_2 + 6H_2O \Longrightarrow 3Ca(H_2PO_2)_2 + 2PH_3\uparrow$$

$$Ca(H_2PO_2)_2 + Na_2CO_3 \Longrightarrow 2NaH_2PO_2 + CaCO_3\downarrow$$

两步法是将黄磷和消石灰依次投入反应釜，加水调成稀浆状，搅拌下加热升温至 90℃，保温反应一段时间，无气体放出时停止反应，反应过程中有磷化氢生成，需注意安全防护。过滤除去未反应的固体。滤液放入搅拌釜，一边搅拌一边通入二氧化碳鼓泡，使溶解在滤液中的少量氢氧化钙转化为碳酸钙沉淀，再继续在次磷酸钙溶液中加入碳酸钠溶液进行复分解反应生成次磷酸钠。过滤除去碳酸钙，之后除杂砷和重金属工艺以及结晶过程均与一步法相同。

近年来，大量的水合次磷酸钠($NaH_2PO_2 \cdot H_2O$)在工业上用作还原剂，尤其是用于金属、非金属或塑料表面化学镀镍。表面镍层一般是无定形及含 6%～15%

的磷，含量因 $H_2PO_2^-$ 浓度而定。镀层的硬度因在加热时生成 Ni_3P 而增强。化学镀镍的镀液除含有 $NaH_2PO_2 10\sim50g \cdot L^{-1}$ 和 $10\sim30g$ $NiCl_2$ 或 $NiSO_4$ 外，还要加乳酸配位体以防止 $NiHPO_3$ 沉淀，加苹果酸盐或琥珀酸盐以加速镍沉积及加铅盐作稳定剂。NaH_2PO_2 也被用于化学镀钴、锡。因 NaH_2PO_2 具有强还原性，被用作聚酰胺对光、热的稳定剂。

5. 亚磷酸盐

亚磷酸(H_3PO_3)是二元酸，能形成两种系列的盐：正盐，如 Li_2HPO_3、$Na_2HPO_3 \cdot 5H_2O$、K_2HPO_3、$(NH_4)_2HPO_3 \cdot H_2O$；酸式盐，如 LiH_2PO_3、$NaH_2PO_3 \cdot 2.5H_2O$、KH_2PO_3、NH_4HPO_3、$M(H_2PO_3)_2$(M 为 Ca、Sr、Ba)。其中碱金属的正盐(锂盐难溶)、酸式盐均易溶于水，例如 273.2K 时 100g 饱和溶液中含 35.9g $NaH_2PO_3 \cdot 2.5H_2O$。而其他金属的亚磷酸盐较难溶解，例如 303K 时，100g 饱和溶液中只含 0.627g $BaHPO_3 \cdot 0.5H_2O$。

HPO_3^{2-} 在碱性介质中比次磷酸根稳定，如于 393K，在 50% NaOH 溶液中加热 1h，HPO_3^{2-} 并不分解。但在很浓的碱性溶液中，如在 85% NaOH 溶液中沸热 6h，则按下式定量分解：

$$4HPO_3^{2-} + OH^- \xrightarrow{\triangle} 3PO_4^{3-} + PH_3\uparrow + H_2O$$

HPO_3^{2-} 可作配位体，如生成 $K[Cr(HPO_3)_2] \cdot 12H_2O$，其中的 P 原子也可能在某些条件下作为中心体形成配合物，如 $Na_3[P(Mo_2O_7)_3] \cdot 10H_2O$。

HPO_3^{2-} 为变形四面体结构。例如，在 $MgHPO_3 \cdot 6H_2O$ 中 P—O 键键长为 151pm。

酸式亚磷酸盐小心加热脱水生成焦亚磷酸盐，如 NaH_2PO_3 在 433K 下脱水生成 $Na_2H_2P_2O_5$。焦亚磷酸盐溶液在室温下比较稳定，在沸热条件下水解较快，在强酸、强碱性条件下水解速率更快。

亚磷酸盐是强还原剂，能使 Ag(I)还原成 Ag，热浓 H_2SO_4 还原成 SO_2。但在常温下，它与 X_2、$HgCl_2$、$K_2Cr_2O_7$ 的反应速率较慢。于 333～343K 下，能把 H_2SO_3 还原为 S 和少量 $H_2S_2O_4$。

H_3PO_3 中与 P 原子直接相连的 H 可被有机基团 R 取代，如$(HO)_2P(O)R$，称为膦酸(phosphonic acid)。羟基氧也可以被 R 取代。PCl_3 和 ROH 反应生成亚磷酸三烷基酯 $P(OR)_3$ 或亚磷酸二烷基酯$(RO)_2P(O)H$，例如：

$$PCl_3 + 3ROH \Longrightarrow P(OR)_3 + 3HCl \qquad (R 表示烷基)$$

$$PCl_3 + 3ROH + 3R_3N \Longrightarrow P(OR)_3 + 3R_3NHCl$$

$$PCl_3 + 3ArOH \Longrightarrow P(OAr)_3 + 3HCl \qquad (Ar\ 表示芳基)$$

$$2P(OAr)_3 + P(OH)_3 \Longrightarrow 3(ArO)_2P(O)H$$

亚磷酸三甲酯能直接转化为甲基膦酸二甲酯：

$$P(OCH_3)_3 \Longrightarrow (CH_3O)_2P(O)CH_3$$

其他的亚磷酸三烷基酯需与卤代烷反应,经中间物转化为烷基膦酸二烷基酯,亚磷酸酯也具有强还原性,$(C_6H_5O)_3P$ 被用作聚乙烯醇的稳定剂。

$$P(OR)_3 + R'X \longrightarrow [(RO)_3PR'] + X^- \longrightarrow (RO)_2P(O)R' + RX$$

6. 其他磷酸盐

1) 连二磷酸盐

由前可知,连二磷酸($H_4P_2O_6$)是四元酸,$K_{a1} = 6.31 \times 10^{-3}$,$K_{a2} = 1.58 \times 10^{-3}$,$K_{a3} = 5.01 \times 10^{-8}$,$K_{a4} = 1.00 \times 10^{-10}$。由 K_a 值得知,电离第一个、第二个 H^+ 的倾向相近,而 K_2 与 K_3、K_4 之间有明显的差别,易形成二氢盐如 $Na_2H_2P_2O_6 \cdot 6H_2O$、一氢盐如 $Na_3HP_2O_6 \cdot 9H_2O$ 及正盐 $Na_4P_2O_6 \cdot 10H_2O$,而不易形成三氢盐。目前已知许多连二磷酸盐,如 $Na_2H_2P_2O_6 \cdot 6H_2O$、$K_4P_2O_6 \cdot 8H_2O$、$Ca_2P_2O_6 \cdot 2H_2O$、$K_3HP_2O_6 \cdot 3H_2O$、$K_2H_2P_2O_6 \cdot 2H_2O$、$KH_3P_2O_6$ 等。在空气中,它们容易被氧化为焦磷酸盐。连二磷酸盐对碱很稳定,但在熔融氢氧化钠中会迅速转变为磷酸盐。

连二磷酸二钠盐可以由红磷和亚氯酸钠在室温下反应得到:室温下用 $NaClO_2$ 氧化红磷,再用 $NaOH$ 中和使溶液的 pH 为 5.2,得溶解度较低的连二磷酸钠 $Na_2H_2P_2O_6 \cdot 6H_2O$ 晶体;若溶液的 pH 为 10,则得 $Na_4P_2O_6 \cdot 10H_2O$。

$$2P + 2NaClO_2 + 2H_2O \Longrightarrow Na_2H_2P_2O_6 + 2HCl$$

278K 下把红磷加入到剧烈搅拌的 $0.2mol \cdot L^{-1}$ $NaOH$ 和 $1.5mol \cdot L^{-1}$ $NaOCl$ 混合溶液中,反应可得 $Na_2H_2P_2O_6$:

$$2P + 4NaOCl + 2NaOH \Longrightarrow Na_2H_2P_2O_6 + 4NaCl$$

使 $Na_2H_2P_2O_6$ 溶液流过 H 型离子交换树脂,可得二水合连二磷酸 $H_4P_2O_6 \cdot 2H_2O$,即 $[H_3O]_2[(OH)P(O)_2P(O)_2(OH)]$。纯二水合连二磷酸是无色、易潮解的固体,经 P_4O_{10} 脱水两个月得无水 $H_4P_2O_6$。H_2S 和难溶的 PbP_2O_6 反应去除铅离子,然后蒸发溶液也得到无水 $H_4P_2O_6$。

三钠盐可以由等摩尔带结晶水的磷酸一氢钠和亚磷酸二氢钠在 180℃下小心干燥而得到。

$$Na_2HPO_4 \cdot 12H_2O + NaH_2PO_3 \cdot 2.5H_2O \Longrightarrow Na_3[HP_2O_6] + 15.5H_2O$$

除锂外，碱金属的连二磷酸盐易溶于水，如 298K 时 100g 饱和溶液中只含 0.058g $Li_4P_2O_6 \cdot 7H_2O$，而 100g 饱和溶液中含 1.49g $Na_4P_2O_6 \cdot 10H_2O$(钾盐的溶解度更大)，$Ag_4P_2O_6$ 难溶于水。

异连二磷酸(HO)(H)P(O)OP(O)(OH)$_2$ 由 PCl_3 与计量的 H_3PO_4 和 H_2O 于 323K 作用制得：

$$PCl_3 + H_3PO_4 + 2H_2O \xrightarrow{323K} H_3[HP_2O_6] + 3HCl$$

其钠的正盐可由以下物质在 453K 下加热制得：

$$Na_2HPO_4 \cdot 12H_2O + NaH_2PO_3 \cdot 2.5H_2O == Na_3[HP_2O_6] + 15.5H_2O$$

2) 过氧磷酸盐

含有过氧键的磷酸(盐)称为过氧磷酸(盐)。虽然纯过氧一磷酸(H_3PO_5)至今尚未制得，但其盐是存在的。在有 KF 和 K_2CrO_4 存在时，阳极(Pb)氧化 K_2HPO_4 和 K_3PO_4 得 $K_4P_2O_8$，同时生成少量 K_3PO_5(后者经放置过夜即分解)。

过氧二磷酸盐 $K_4P_2O_8$ 溶液和某些金属盐(如 Ba^{2+}、Zn^{2+}、Pb^{2+}、$Li^+\cdots$)等反应生成相应的难溶产物。与 $P_2O_7^{4-}$ 相似，$P_2O_8^{4-}$ 也能与碱金属、碱土金属等离子发生配位作用，不过其配位能力弱于 $P_2O_7^{4-}$ 和相应金属离子的配位能力。室温下，$P_2O_8^{4-}$ 在中性或碱性溶液中较为稳定，而在酸性介质中较易水解为 H_3PO_4 和 H_3PO_5。

$K_4P_2O_8$ 和 $NaClO_4$ 或 $NaClO_4$ 和 $HClO_4$ 的混合溶液作用制得 $Na_4P_2O_8$ 或 $Na_2H_2P_2O_8$ 酸式盐：

$$K_4P_2O_8 + 4NaClO_4 == Na_4P_2O_8 + 4KClO_4$$

$$K_4P_2O_8 + 2NaClO_4 + 2HClO_4 == Na_2H_2P_2O_8 + 4KClO_4$$

固态 $K_4P_2O_8$ 受热分解为 $K_4P_2O_7$ 和 O_2，在酸性介质中 $K_4P_2O_8$ 有氧化性，但氧化反应速率远慢于 K_3PO_5，$K_4P_2O_8$ 氧化 I^- 成 I_2 的速率就很慢。

过氧二磷酸(H_3PO_6)是不稳定化合物，可以由 H_2O_2 和 P_4O_{10} 或焦磷酰氯反应制得：

$$P_2O_3Cl_4 + 4H_2O_2 + H_2O == 2H_3PO_6 + 4HCl$$

低于 273.2K，在磷酸盐(偏磷酸盐、焦磷酸盐)和 H_2O_2、H_2O 的体系中，能生成一系列过氧化氢合物。化合物中的 H_2O_2 相当于结晶水，溶解时释出 H_2O_2。绝大多数过氧化氢合物在低于 373K 时即分解，因此可以用作漂白剂。

钠、钾磷酸盐的过氧化氢合物有：$Na_3PO_4 \cdot H_2O_2$、$Na_3PO_4 \cdot 2H_2O_2$、$Na_4P_2O_7 \cdot 2H_2O_2$、$Na_3PO_4 \cdot 4H_2O_2 \cdot 2H_2O$、$Na_4P_2O_7 \cdot 2H_2O_2 \cdot 8H_2O$、$K_4P_2O_7 \cdot 3H_2O_2$、

$Na_5P_3O_{10} \cdot H_2O_2 \cdot 5H_2O$ 及 $Na_3P_3O_9 \cdot H_2O_2$。固态 $Na_4P_2O_7 \cdot 2H_2O_2$ 在室温下比较稳定,放置一个月才损失 1%的氧。5%水溶液放置一周就损失 5%的活性氧。在 353K 下的失氧是一个完全的反应,痕量重金属阳离子会加速其分解。低温下用紫外光辐照过氧化氢合物,能释出 HO_2 自由基。

3) 超磷酸盐

在缩合磷酸盐中,若有些 PO_4 四面体分别以角氧和另外三个 PO_4 四面体相连接的盐,称为超磷酸盐(ultraphosphate)。超磷酸盐是无定形玻璃体,具有良好的可塑性,化学式中 $M_2O/P_2O_5 < 1$。与前述 PO_4 四面体以两个角氧分别和另外两个 PO_4 四面体相连形成的环状、链状磷酸盐不同,超磷酸盐中的某个 PO_4 分别和三个 PO_4(以氧原子)相连,它即使和湿气接触也极易水解。简单的超磷酸盐和链状或环状磷酸盐是同分异构体,如图 3-18 所示。虽然至今尚未分离得到图中这两种超磷酸盐,但一般认为它们存在于高聚合磷酸盐的裂解产物中。

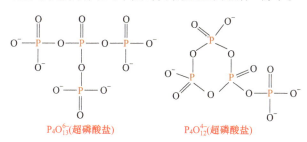

$P_4O_{13}^{6-}$(超磷酸盐)　　　　　$P_4O_{12}^{4-}$(超磷酸盐)

图 3-18　两种超磷酸盐的结构

3.2.3　砷、锑、铋氧酸盐的制备、结构与性质

1. 砷氧酸盐

砷酸盐是所有带砷酸根离子(AsO_4^{3-})的化合物的统称,包括砷酸形成的各种盐。砷酸盐存在于多种矿物中,与自然中的磷酸盐不同的是,砷酸盐不会因为风化作用而流失,含水和脱水的砷酸盐都能在大自然中找到。在强酸性环境中以 H_3AsO_4 形式存在;在弱酸性环境中以 $H_2AsO_4^-$ 形式存在;在弱碱性环境中以 $HAsO_4^{2-}$ 形式存在;在强碱性环境中,AsO_4^{3-} 单独存在。

As_2O_5 溶于水可得砷酸(H_3AsO_4),但反应过程很慢,若用碱溶液处理则相当快地生成砷酸盐。除正盐外,两种酸式盐 MH_2AsO_4 和 M_2HAsO_4 也存在,如 KH_2AsO_4、CsH_2AsO_4、$NH_4H_2AsO_4$、$MgHAsO_4 \cdot 4H_2O$、$CaHAsO_4 \cdot 3H_2O$。这些砷酸盐中的砷是四面体配位的:含有 AsO_4^{3-} (Na_3AsO_4)、$[AsO_2(OH)_2]^-$ (NaH_2AsO_4)和 $[AsO_3(OH)]^{2-}$ ($MgHAsO_4 \cdot 4H_2O$,$CaHAsO_4 \cdot 3H_2O$),其中 As—O 键键长约为

167pm，As—OH 键键长约为 173pm。已知 $YAsO_4$ 和 YPO_4 是等构体，KH_2AsO_4 和 KH_2PO_4 也是等构体。

虽然未能从 H_3AsO_4 水合物脱水制得原砷酸、焦砷酸和偏砷酸，但相应的盐都是已知的，其结构和相应的磷酸盐相似，如加热 NaH_2AsO_4 可得偏砷酸钠：

$$NaH_2AsO_4 \xrightarrow{\triangle} NaAsO_3 + H_2O$$

$NaAsO_3$ 是无限长链多聚物，有一个三聚的重复单元；$LiAsO_3$ 也类似，但具有二聚的重复单元(图 3-19)。然而 $\beta\text{-}KAsO_3$ 形成环状的三聚阴离子 $As_3O_9^{3-}$，$As_4O_{12}^{4-}$ 也是环状的，这些盐的阴离子通式是 $[As_nO_{3n}]^{n-}$。

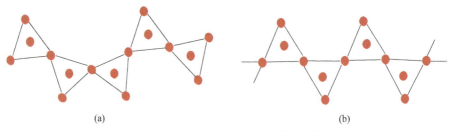

(a)   (b)

图 3-19 $NaAsO_3$(a)和 $LiAsO_3$(b)的结构重复单元

砷酸及其盐的氧化性不强，但仍是其重要性质。例如，通 H_2S 于略加酸化的砷酸盐中不会立即产生沉淀，而 As(V) 将被还原成 As(Ⅲ)，而后产生沉淀：

$$H_2AsO_4^- + HS^- + 2H^+ \Longrightarrow H_3AsO_3 + H_2O + S\downarrow$$
$$2H_3AsO_3 + 3HS^- + 3H^+ \Longrightarrow As_2S_3\downarrow + 6H_2O$$

与 SO_2 作用还原成亚砷酸：

$$HAsO_4^{2-} + SO_2 + H_2O \Longrightarrow H_3AsO_3 + SO_4^{2-}$$

在用浓盐酸酸化后，$SnCl_2$ 把砷酸还原成黑色的 As：

$$5[SnCl_4]^{2-} + 2H_3AsO_4 + 10Cl^- + 10H^+ \Longrightarrow 5[SnCl_6]^{2-} + 2As\downarrow + 8H_2O$$

在稀盐酸中与电正性强的金属如 Zn、Al 反应，得到 AsH_3。例如：

$$4Zn + H_3AsO_4 + 8H^+ \Longrightarrow AsH_3\uparrow + 4Zn^{2+} + 4H_2O$$

与 $[BH_4]^-$ 反应也得到 AsH_3：

$$[BH_4]^- + H_3AsO_4 + H^+ \Longrightarrow AsH_3 + H_3BO_3 + H_2O$$

砷酸盐用于制药和杀虫剂，如 Na_2HAsO_4、$Ca_3(AsO_4)_2$、$PbHAsO_4$ 等是农林中常用的杀虫剂，也有已知的 $M^IH_2AsO_4$(M = K、Rb、Cs、NH_4)是铁电体。

蒸发 As(Ⅲ)氧化物的碱溶液可以得到亚砷酸盐，如将 As_4O_6 与 Na_2CO_3 溶液共煮，即得 Na_3AsO_3 溶液。Ag_3AsO_3 也是原亚砷酸盐的一个例子，将亚砷酸的中性溶液与硝酸银作用得黄色 Ag_3AsO_3 沉淀：

$$H_2AsO_3^- + 3Ag^+ \Longrightarrow Ag_3AsO_3\downarrow + 2H^+$$

Ag_3AsO_3 溶于稀硝酸、氨水和乙酸。亚砷酸与硫酸铜作用可形成酸式亚砷酸铜 $CuHAsO_3$，它易溶于无机酸和氨水。

偏亚砷酸($HAsO_2$)在溶液中存在的证据不多，但得到了许多偏亚砷酸盐，如 M^IAsO_2。其结构是一个由 AsO_3 基团组成的角锥体共角连成的多聚阴离子链，并共用 Na^+，见图 3-20。

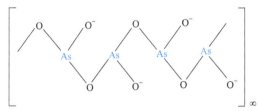

图 3-20　$(NaAsO_2)_n$ 的结构

碱金属的亚砷酸盐是易溶于水的，碱土金属的亚砷酸盐的溶解度较小，重金属的亚砷酸盐则几乎不溶。亚砷酸钠可用作长效杀虫剂、杀菌剂和除草剂。$Cu_2(CH_3COO)AsO_3$(称为巴黎绿)、$CuHAsO_3$[称为舍勒(Scheele)绿]及其脱水化合物 $Cu_2As_2O_5$ 都可作绿色颜料。

As(Ⅲ)既可作氧化剂，也可作还原剂，它们的电极电势见表 3-5，可以看出 As(Ⅲ)的氧化性弱，在碱溶液中，Zn、Al 等金属能将其还原成 AsH_3。但在酸性介质中，As(Ⅲ)的氧化性比在碱性介质中强。例如，在浓盐酸中与二氯化锡作用生成黑棕色的砷：

$$3SnCl_2 + 12Cl^- + 2H_3AsO_3 + 6H^+ \Longrightarrow 2As + 3[SnCl_6]^{2-} + 6H_2O$$

亚砷酸的这一性质与 Hg(Ⅱ, Ⅰ)、Se(Ⅳ, Ⅵ)和 Te(Ⅳ, Ⅵ)的类似。

表 3-5　不同氧化态砷的标准电极电势

氧化态		电极反应	$\varphi^\ominus$/V
酸性	As(0)/As(-Ⅲ)	$As + 3H^+ + 3e^- \longrightarrow AsH_3$	−0.225
	As(Ⅲ)/As(0)	$H_3AsO_3 + 3H^+ + 3e^- \longrightarrow As + 3H_2O$	0.24
	As(Ⅴ)/As(Ⅲ)	$H_3AsO_4 + 2H^+ + 2e^- \longrightarrow H_3AsO_3 + H_2O$	0.56
碱性	As(Ⅲ)/As(0)	$AsO_2^- + 2H_2O + 3e^- \longrightarrow As + 4OH^-$	−0.68
	As(Ⅴ)/As(Ⅲ)	$AsO_4^{3-} + 2H_2O + 2e^- \longrightarrow AsO_2^- + 4OH^-$	−0.67

As(Ⅲ)的还原性与其氧化性相反，在碱性介质中要强些，可与浓硝酸、Cl_2、I_2 等作用。在碳酸氢根和碳酸根离子缓冲溶液下(pH = 8)，亚砷酸能使 I_2-KI 溶液很快褪色，反应完全：

$$AsO_2^- + I_2 + 4OH^- \rightleftharpoons AsO_4^{3-} + 2I^- + 2H_2O$$

pH 强烈地影响电对 As(Ⅴ)/As(Ⅲ)的电极电势，随着溶液 pH 的降低，电极电势将增加，As(Ⅲ)的还原性减弱，上述反应向逆方向进行。

亚砷酸钾($KAsO_2$)以无味的白色固体形式存在。它易溶于水，微溶于乙醇，溶液略呈碱性。亚砷酸钾不可燃，但加热会导致其分解并形成包括砷化氢、砷氧化物和氧化钾在内的有毒烟雾。亚砷酸钾也可与酸反应生成有毒的砷化氢气体。亚砷酸钾以两种形式存在，分别为偏亚砷酸钾($KAsO_2$)和原亚砷酸钾(K_3AsO_3)。两种不同形式的亚砷酸钾可归因于不同数量的氧原子。偏亚砷酸钾含有两个氧原子，其中一个通过双键与砷原子键合。原亚砷酸钾有三个氧原子，都通过单键与砷原子结合。以上情况中，砷都以 +3 氧化态存在并被称为亚砷酸盐。此外，亚砷酸钾的两种形式具有相同的性质。

亚砷酸钾水溶液通常称为福勒溶液，可以通过在水存在下用氢氧化钾加热三氧化二砷制备[42]，反应如下：

$$As_2O_3(aq) + 2KOH(aq) \xrightarrow{\triangle} 2KAsO_2(aq) + H_2O$$

与许多其他含砷化合物一样，亚砷酸钾对人体具有毒性和致癌性。亚砷酸钾是福勒溶液的基本成分，该溶液历史上被用作药用补品，由于其具有毒性，已经停止使用，但亚砷酸钾仍被用作杀鼠剂[43-47]。在 18 世纪，英国医生福勒(T. Fuller,1736—1801)利用一种后命名为福勒溶液的亚砷酸钾溶液治疗许多疾病[48]。1865年，亚砷酸钾作为福勒溶液被用作治疗白血病的第一种化疗药物，但化疗效果只是暂时的。令人惊讶的是，这种特殊用途的灵感来自于亚砷酸钾在改善消化和让马产生更光滑外皮的作用。

亚砷酸酯[$As(OR)_3$]可用下述方法制备。

(1) 三卤化砷与醇(或酚)反应，例如：

$$AsCl_3 + 3CH_3OH + 3(CH_3)_2NPh \longrightarrow As(OCH_3)_3 + 3[(CH_3)_2NPhH]Cl$$

$$AsCl_3 + 3PhOH \longrightarrow As(OPh)_3 + 3HCl$$

(2) 三氧化砷与醇反应，例如：

$$As_2O_3 + 6ROH \longrightarrow 2As(OR)_3 + 3H_2O \quad (R\ 表示芳基、烷基)$$

(3) 酯转移反应，例如：

$$As(OC_2H_5)_3 + 3ROH \longrightarrow As(OR)_3 + 3CH_3CH_2OH$$

(4) 烷基砷酸酯的异构化作用，例如：

$$CH_3AsO(OCH_3)_2 \longrightarrow As(OCH_3)_3(52\%)$$

砷酸酯有 $(RO)_3AsO$ 和 $(RO)_5As$ 两种，它们可用与制备亚砷酸酯类似的方法制备，这些酯都是挥发性物质，热稳定性也较差。

2. 锑氧酸盐

Sb_2O_5 的酸性比 Sb_2O_3 强，可溶于碱形成锑酸盐。在工业上以五氯化锑制备锑酸盐，为减少碱的用量而节约成本，会先将氯化物水解，再用氢氧化钠进行反应。将三氧化二锑溶于氢氧化钠得到的亚锑酸盐用过氧化氢氧化，也是工业上制备锑酸盐的方法之一。将五氧化二锑溶于碱金属氢氧化物或与其固体共熔即得锑酸盐 $M^I[Sb(OH)]_6$。这些碱金属锑酸盐 $MSb(OH)_6$ 与酸型离子树脂交换得到的"锑酸"，pK 为 2.5。

很长时期内，人们对 Sb(V) 的含氧化合物的认识不清楚。许多化合物被看成是与磷酸、砷酸盐有相同分子式的偏、焦锑酸盐。后来通过结构研究才发现它们与磷酸、砷酸不同。Sb(V) 的含氧化合物不是以四面体为基础，都是氧原子对 Sb(V) 形成八面体配位。这些含氧化合物可分为两类。

(1) 含 $[Sb(OH)_6]^-$ 的盐类。原以分子式 $LiSbO_3 \cdot 3H_2O$、$Na_2H_2Sb_2O_7 \cdot 5H_2O$ 表示的偏、焦锑酸盐中，事实上不存在偏、焦锑酸离子。焦锑酸盐 $Na_2H_2Sb_2O_7 \cdot 5H_2O$ 的结构是 $NaSb(OH)_6$。将上述"焦锑酸钠"溶液加到镁盐的溶液中，得到实验组成为 $Mg(SbO_3)_2 \cdot 12H_2O$，被称为偏锑酸盐的化合物，但 X 射线研究结果表明它的分子式为 $Mg(H_2O)_6[Sb(OH)_6]_2$。一些锑酸盐的正确结构式如表 3-6 所示。$NaSbF_6$ 部分水解的产物原来写成 $NaF \cdot SbOF_3 \cdot H_2O$，它的正确分子式是 $Na[SbF_4(OH)_2]$，这也说明 $NaSbF_6$ 和 $Na[Sb(OH)_6]$ 是结构相似的。六羟基合锑酸钾($K[Sb(OH)_6]$)在强碱性的条件下可以将钠离子沉淀，是鉴定 Na^+ 的试剂[49]。$Pb[Sb(OH)_6]$ 可作瓷器黄色色料。

表 3-6　一些锑酸盐的结构式

正确的结构式	旧的分子式
$Na[Sb(OH)_6]$	$Na_2H_2Sb_2O_7 \cdot 5H_2O$
$Mg[Sb(OH)_6]_2 \cdot 6H_2O$ 或 $[Mg(H_2O)_6][Sb(OH)_6]_2$	$Mg(SbO_3)_2 \cdot 12H_2O$ (Co、Ni 类似)
$[Cu(NH_3)_3(H_2O)_3][Sb(OH)_6]_2$	$Cu(NH_3)_3(SbO_3)_2 \cdot 9H_2O$
$Li[Sb(OH)_6]$	$LiSbO_3 \cdot 3H_2O$

图 3-21 　LiSbO$_3$ 的共棱八面体结构

(2) 以{SbO$_6$}八面体为基础的，有下列(或可能其他)类型的络氧化物：M^{I}SbO$_3$、M^{II}Sb$_2$O$_6$、M$_2^{II}$Sb$_2$O$_7$ 及 M^{III}SbO$_4$。所有这些化合物中都含有{SbO$_6$}八面体结构，仅是在晶格中连接方式不同：{SbO$_6$}八面体可能以共角、棱或面连接起来。图 3-21 给出了 LiSbO$_3$ 的共棱八面体结构，所以把这些化合物看作络氧化物比看作不同类型的锑酸盐更合适。

在 M^{I}SbO$_3$ 中主要有 NaSbO$_3$ 和 KSbO$_3$，可在空气中分别加热 NaSb(OH)$_6$ 和 KSb(OH)$_6$ 制得。将 Sb$_2$O$_3$ 与碳酸钠共熔也可制得 NaSbO$_3$，也有类似的 Ag 盐和 Li 盐。它们主要是钛铁矿结构。M^{III}SbO$_4$ 类型的化合物包括 FeSbO$_4$、AlSbO$_4$、CrSbO$_4$、RhSbO$_4$ 和 GaSbO$_4$ 等，为金红石结构。M^{II}Sb$_2$O$_6$ 型化合物有三种类型结构：离子半径较小的 Mg^{2+} 和某些 3d 金属离子的化合物为三金红石结构；离子半径稍大的 Mn^{2+} 的化合物则取铌铁矿结构；M 离子半径为 100pm 或稍大则是六方结构。M$_2^{II}$Sb$_2$O$_7$ 型化合物有两种结构：Ca$_2$Sb$_2$O$_7$、Sr$_2$Sb$_2$O$_7$ 和 Cd$_2$Sb$_2$O$_7$ 为氟铝镁钠石结构，Pb$_2$Sb$_2$O$_7$ 为烧绿石(pyrochlore)结构。

锑酸盐化合物是以金属锑为基础的一类材料，种类繁多，结构各异，组成了一个庞大的半导体家族。目前已经发现的锑酸盐材料有 PbSb$_2$O$_6$ 构型的锑酸盐 MSb$_2$O$_6$(M = Ca、Sr、Ba、Gd 等)、LnGeSbO$_6$(Ln = Sc、Y 和稀土元素)、金红石结构的 MSb$_2$O$_6$(M = Mg、Zn 等)、双钙钛矿结构的 Ba$_2$LnSbO$_6$(Ln = Sc、Y 和稀土元素)、Ca$_2$LnSbO$_6$(Ln = Sc、Y 和稀土元素)、氟铝镁钠石结构 M$_2$Sb$_2$O$_7$(M = Ca、Sr)、NaLnSb$_2$O$_7$(Ln = Sc、Y 和稀土元素)、SrCdSb$_2$O$_7$、变形氟铝镁钠石结构的 Ca$_2$Ln$_3$Sb$_3$O$_{14}$(Ln = Sc、Y 和稀土元素)等，这些都保证了可供选择的锑酸盐基质材料的多样性。锑酸盐化合物的物理化学性质稳定，在气敏传感、光催化、发光材料等领域具有潜在的应用价值。目前，已经开始对锑酸盐材料的合成制备、结构、性能、应用等方面展开研究，主要包括 MSb$_2$O$_6$(M = Ca、Sr、Ba、Zn)、M$_2$Sb$_2$O$_7$(M = Ca、Sr)、BiSbO$_4$、GaSbO$_6$ 等[50-57]。

锑的不同氧化态的电势图在强酸性溶液中如下：

$$Sb_2O_5 \xrightarrow{0.605V} SbO^+ \xrightarrow{0.204V} Sb$$

酸性和中性溶液中如下：

$$Sb_2O_5 \xrightarrow{1.055V} Sb_2O_4 \xrightarrow{0.342V} Sb_4O_6 \xrightarrow{0.150V} Sb \xrightarrow{-0.510V} SbH_3$$

0.699V

碱性溶液中如下:

$$[Sb(OH)_6]^- \xrightarrow{-0.465V} [Sb(OH)_4]^- \xrightarrow{-0.639V} Sb \xrightarrow{-1.338V} SbH_3$$

可以看出,Sb(Ⅲ)在水溶液中不发生歧化。Sb(Ⅲ)是中等强度的还原剂,可被 I_2、$KBrO_3$ 和 $KMnO_4$ 等氧化,正是利用它们建立了锑的容量分析方法。

Sb_2O_3 几乎不溶于水(3×10^{-5}mol $Sb_2O_3 \cdot$ kg^{-1} H_2O,25℃)和稀硫酸,但溶于浓硫酸、硝酸、盐酸、草酸、酒石酸,并形成相应酸的盐或配离子:$Sb_2(SO_4)_3$、$Sb(NO_3)_3$、$SbCl_3$ 或 $[SbCl_4]^-$、$[Sb(C_2O_4)_2]^-$、$[Sb(C_4H_4O_6)_2]^-$。Sb_2O_3 也溶于强碱,形成亚锑酸盐。这些事实表明 Sb_2O_3 是两性的。但是到目前为止,对亚锑酸及其盐的特性描述甚少,还没有得到 $Sb(OH)_3$,制备得到的只是含水的氧化物 $Sb_2O_3 \cdot xH_2O$。尽管亚锑酸盐十分稳定,少数偏亚锑酸盐和聚亚锑酸盐也是已知的,如 $NaSbO_2$、$NaSb_3O_5 \cdot H_2O$ 和 $Na_2Sb_4O_7$。

Sb(Ⅲ)也形成许多 $M^{Ⅱ}Sb_2O_4$($M^{Ⅱ}$ = Mg、Zn、Mn、Fe、Co、Ni 等)。它们和 Pb_3O_4 是等价的,这些化合物是由三角锥形的 SbO_3 和八面体的 $M^{Ⅱ}O_6$(或者稍微扭曲)构成。例如,在 $ZnSb_2O_4$ 中,Sb—O 键键长为 197pm,Zn—O 键键长为 211pm,键角∠O—Sb—O 为 93.4°(2 个)和 96.4°(1 个)。

与 As(Ⅲ)的氧化物相似,Sb(Ⅲ)的氧化物也是合成锑化合物的方便起始物。常用 Sb(Ⅲ)的氧化物与过渡金属卤化物反应以制取过渡金属卤氧化物:

$$3MX_n + Sb_2O_3 \longrightarrow 3MX_{n-2}O + 2SbX_3$$

产物中 SbX_3 相比过渡金属卤氧化物具有较低沸点,很易除去。Sb_2O_3 有广泛的应用,如作为纤维、塑料与橡胶中的阻燃剂。美国每年消耗约 10000t Sb_2O_3。

锑的硫化物在自然界中以辉锑矿的形式存在。硫化锑可溶于碱金属硫化物溶液或氢氧化物溶液:

$$Sb_2S_3 + 3S^{2-} \longrightarrow 2SbS_3^{3-}$$

$$2Sb_2S_3 + 4OH^- \longrightarrow SbO_2^- + 3SbS_2^- + 2H_2O$$

$$Sb_2S_3 + 6OH^-(浓) \longrightarrow SbO_3^{3-} + SbS_3^{3-} + 3H_2O$$

形成的硫代亚锑酸盐在酸存在下又会沉淀出硫化锑。硫代锑酸锑($SbSbS_4$)可用作润滑添加剂。

四硫代锑酸钠(Na_3SbS_4)的九水合物通常称为斯卡利普斯盐,以德国化学家斯卡利普斯(K. F. Schlippe,1799—1867)命名。该盐的水合物有四面体形的 SbS_4^{3-} 阴离子($r_{Sb—S}$ = 2.33Å)和 Na^+。

四硫代锑酸钠可由三硫化二锑、硫和硫化钠溶液反应得到:

$$3Na_2S + 2S + Sb_2S_3 + 9H_2O === 2Na_3SbS_4 \cdot 9H_2O$$

三硫化二锑和硫与氢氧化钠的水热反应也能得到四硫代锑酸钠,其中的硫化锑可由三氯化锑和硫化氢反应得到:

$$2SbCl_3 + 3H_2S === Sb_2S_3 + 6HCl$$

$$Sb_2S_3 + 8NaOH + 6S \xrightarrow{水热法} 2Na_3SbS_4 + Na_2SO_4 + 4H_2O$$

四硫代锑酸钠的水合物溶于水,产生四面体的 SbS_4^{3-}。另外,把四硫代锑酸钠酸化可得到五硫化二锑:

$$2Na_3SbS_4 + 6HCl === Sb_2S_5 + 6NaCl + 3H_2S$$

3. 铋盐和铋氧酸盐

铋(Ⅲ)的氧化物具有足够的碱性,能形成一系列的铋盐(硝酸铋、硫酸铋、磷酸铋等),包括一些弱酸的铋盐。

硝酸铋为无色或白色有硝酸气味的固体,易潮解,其分子式为 $Bi(NO_3)_3 \cdot 5H_2O$,不含结晶水的硝酸铋尚未制得。五水合硝酸铋晶体中的 Bi^{III} 为三个二齿配体 NO_3^- 和 3 个 H_2O 配位形成高配位离子。用硝酸和氧化铋(Ⅲ)或碳酸铋(Ⅲ)反应可制得硝酸铋:

$$6HNO_3 + Bi_2O_3 === 2Bi(NO_3)_3 + 3H_2O$$

硝酸铋也能由铋和稀硝酸反应,蒸发结晶制得,反应时用浓硝酸则有可能产生氧化铋(Ⅲ):

$$Bi + 4HNO_3 === Bi(NO_3)_3 + NO\uparrow + 2H_2O$$

$$2Bi + 2HNO_3 === Bi_2O_3 + 2NO\uparrow + H_2O$$

$Bi(NO_3)_3 \cdot 5H_2O$ 在 $50\sim60℃$ 分解为 $(Bi_6O_6)_2(NO_3)_{11}(OH) \cdot 6H_2O$,在 $77\sim130℃$ 继续分解为 $[Bi_6O_6](NO_3)_6 \cdot 3H_2O$,最终在 $400\sim500℃$ 变成 α-Bi_2O_3。

硝酸铋晶体溶于水时生成不溶于水的碱式盐沉淀,它的浓硝酸溶液被稀释时也是如此。生成的碱式盐有 $BiONO_3$、$Bi_2O_2(OH)NO_3$ 和 $Bi_6O_4(OH)_4(NO_3)_6 \cdot H_2O$ 沉淀。当碱式盐沉淀时,溶液中仍然存在 $[Bi_6O_4(OH)_4]^{6+}$ 单元。

硝酸铋可以被强还原剂还原为单质铋,如亚锡酸钠作用于硝酸铋,该反应在碱性条件下进行,生成黑色的金属铋沉淀。用该反应可以鉴定 Sn^{2+} 和 Bi^{3+}:

$$3Na_2[Sn(OH)_4] + 2Bi(NO_3)_3 + 6NaOH === 2Bi\downarrow + 3Na_2[Sn(OH)_6] + 6NaCl$$

硝酸铋溶液可以用来制备硫化铋纳米管,用水热法在 120℃ 下反应 12h[58]:

$$2Bi(NO_3)_3 + 3Na_2S === Bi_2S_3\downarrow + 6NaNO_3$$

此外，硝酸铋还能制备纳米氧化铋、纳米碱式氯化铋等。硝酸铋是一种催化剂，可以和活性炭催化水合肼还原芳香族硝基化合物制备芳胺，产率为 78%～99%。硝酸铋用于生产其他铋盐，常用于显像管和发光漆。碱式盐则被当作药物。

Bi_2O_3 或 $Bi(OH)_3$ 与浓硫酸作用可生成硫酸铋(Ⅲ)，或将金属铋与浓硫酸共热蒸发，也可生成硫酸铋(Ⅲ)，其结晶为白色固体 $Bi_2(SO_4)_3 \cdot nH_2O$，已知 $n = 2$ 或 7。硫酸铋在 400℃以下加热并不分解，但在 400℃以上即分解为碱式盐和氧化铋(Ⅲ)。硫酸铋(Ⅲ)遇水发生水解作用而生成不溶性碱式盐 $Bi(OH)_3 \cdot Bi(OH)SO_4$。在浓硫酸溶液中的硫酸铋(Ⅲ)也不存在单独的 Bi^{3+}，而是一系列配离子 $[Bi(SO_4)_n]^{3-2n}$，$n = 1$～5，它们的稳定常数为 $\lg\beta_1 = 1.98$，$\lg\beta_2 = 3.41$，$\lg\beta_3 = 4.08$，$\lg\beta_4 = 4.34$，$\lg\beta_5 = 4.60$。

氧化铋或氢氧化铋与磷酸作用即可生成磷酸铋($BiPO_4$)，此物在原子能工业钸的分离中有重要用途。磷酸铋的溶度积常数很小，$[Bi^{3+}][PO_4^{3-}] = 10^{-23}$（在硝酸中），不溶于中等浓度的硝酸或硫酸。当钸与 NO_3^- 形成稳定配离子时，磷酸铋可以作为载体带着钸沉淀出来。磷酸铋可以溶于浓硝酸中，因此能再生循环使用。

高氯酸铋$[Bi(ClO_4)_3 \cdot 5H_2O]$早已制得，无水高氯酸铋可由氯化铋和无水高氯酸在 25℃下反应得到[59]。高氯酸铋水解生成 $BiOClO_4$，与氢氧化钠反应时，生成 $Bi(OH)_3$ 沉淀[60]。高氯酸铋在盐酸中会形成铋的氯配合物[61]。此外，铋还能形成一些有机酸的盐，如甲酸铋、乙酸铋等。

$$Bi(ClO_4)_3 + H_2O \Longrightarrow BiOClO_4\downarrow + 2HClO_4$$

$$Bi(ClO_4)_3 + 3NaOH \Longrightarrow Bi(OH)_3\downarrow + 3NaClO_4$$

铋盐溶液与碱液或氨水作用生成白色沉淀 $Bi(OH)_3$，$Bi(OH)_3$ 是无定形粉末，类似于其氧化物，完全只有碱性。$Bi(OH)_3$ 易溶于酸生成含 Bi(Ⅲ) 离子的溶液，但是没有证据表明溶液中存在简单的 $[Bi(H_2O)_n]^{3+}$。在中性的高氯酸盐中主要是聚合铋氧阳离子 $(Bi_6O_6)^{6+}$ 或其水合离子 $[Bi_6(OH)_{12}]^{6+}$。当溶液 pH 升高时，可以生成 $[(Bi_6O_6)(OH)_3]^{3+}$，直至生成铋氧基$(BiO_n)^{n+}$盐的沉淀。在$[Bi_6(OH)_{12}]^{6+}$中含有由 Bi_6 组成的八面体。用极强的氧化剂如次氯酸钠氧化 Bi_2O_3，或在 Bi^{3+} 的溶液中加入强氧化剂，可能生成棕黑色的 Bi_2O_5，但极不稳定，难以获得纯品，且在 100℃时失氧变成 Bi_2O_3。

Bi_2O_5 与 Bi_2O_3 不同，Bi_2O_5 呈酸性，存在多种与之对应的铋酸盐。最常见的是铋酸钠($NaBiO_3$)。在 $Bi(OH)_3$ 强碱溶液中加入强氧化剂或加热 Na_2O_2 与 Bi_2O_3 的混合物均可得到 $NaBiO_3$。铋酸钠是黄棕色固体，在酸性溶液中是极强的氧化剂 $\varphi^\ominus(Bi^{V}/Bi^{III}) = 2.03V$。例如，铋酸钠能将锰离子氧化成高锰酸根离子，可用于

Mn^{2+}的鉴定。但 $NaBiO_3$ 的溶液很不稳定，在 $0.5mol \cdot L^{-1}$ 的 $HClO_3$ 溶液中避光可以保存数日。$Bi(V)$的强氧化性与惰性电子对效应有关。

$$Bi(OH)_3 + Cl_2 + 3NaOH(aq) \longrightarrow NaBiO_3 + 2NaCl + 3H_2O$$
$$5BiO_3^- + 2Mn^{2+} + 14H^+ \longrightarrow 2MnO_4^- + 5Bi^{3+} + 7H_2O$$

思考题

3-4 如何定性鉴别磷酸盐与砷酸盐？

3-5 思考如何用滴定法测定多聚磷酸链的链长。

3-6 如何用多种方法定性鉴别硝酸钠与亚硝酸钠？

3-7 如何鉴定以下六种 P 的含氧酸盐固体？$Na_4P_2O_7$、$NaPO_3$、Na_2HPO_4、NaH_2PO_4、NaH_2PO_2 和 NaH_2PO_3。

3.3 含氧卤化物

3.3.1 氮的含氧卤化物

1. 亚硝酰卤化物

氮的含氧卤化物主要有亚硝酰卤化物 XNO 和硝酰卤化物 XNO_2 两个系列。亚硝酰卤化物均可由卤素和一氧化氮直接作用制得：

$$X_2 + 2NO \longrightarrow 2XNO \ (X = F、Cl\ 或\ Br)$$

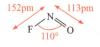

图 3-22 亚硝酰氟的结构

1）亚硝酰氟

亚硝酰氟(FNO)结构如图 3-22 所示。可以通过下列方法得到：

$$NO + AgF_2 \longrightarrow FNO + AgF$$

$$N_2O_4 + CsF \longrightarrow FNO + CsNO_3$$

$$N_2O + 2F_2 \xrightarrow{700℃} FNO + NF_3$$

用纯净的氟硼酸亚硝酰与干燥的氟化钠在 300℃下反应也可以制备出 FNO：

$$NOBF_4 + NaF \longrightarrow NaBF_4 + NOF$$

FNO 是一种十分活泼的氟化剂，能将多种金属转化为氟化物，并释放出一氧化氮；也很容易与氟化物反应，生成亚硝酰盐。例如：

$$FNO + M \longrightarrow MF + NO$$

$$FNO + AsF_5 \longrightarrow NOAsF_6$$

FNO 也能与路易斯酸反应生成类似于盐的加合物，如 $NOBF_4$ 和 $(NO)_2XeF_8$。

在-78℃及真空条件下，FNO 和 ClF 能形成 1∶1 的化合物 $NO^+[ClF_2]^-$，产物为白色固体，低于-110℃下稳定，无稳定的液态，一旦受热又分解成原来的反应物。类似的亚硝酰盐加合物还有 $NO^+[ClF_4]^-$，比 $NO^+[ClF_2]^-$ 略稳定。

$$FNO(l) + ClF(l) \longrightarrow NO^+[ClF_2]^-(s)$$

$$NO^+[ClF_2]^-(s) \longrightarrow FNO(g) + ClF(g)$$

亚硝酰氟的水溶液能溶解金属，其作用机理与王水类似。FNO 先与水反应生成亚硝酸和氢氟酸，然后亚硝酸歧化分解产生硝酸和一氧化氮：

$$NOF + H_2O \longrightarrow HNO_2 + HF$$

$$3HNO_2 \longrightarrow HNO_3 + 2NO + H_2O$$

亚硝酰氟也能将醇转化为亚硝酸酯：

$$ROH + NOF \longrightarrow RONO + HF$$

亚硝酰氟在有机合成中用作溶剂、氟化剂和硝化试剂，还可在火箭推进剂中用作氧化剂。

2) 亚硝酰氯

亚硝酰氯(ClNO)是最常见的亚硝酰化合物。室温下为不稳定的黄色气体，具有刺鼻恶臭味，遇水分解，可溶于发烟硫酸。存在于王水中。用作催化剂、有机化学试剂，也用于合成洗涤剂。其具有强腐蚀性，有毒，对眼部、皮肤和肺部有刺激性。ClNO 分子为弯曲型，中心的 N 原子为 sp^2 杂化。N＝O 双键键长为 1.16Å，N—Cl 键键长为 1.69Å，∠Cl—N—O 键角为 113°。

ClNO 可用亚硝基硫酸与氯化氢反应制得：

$$HCl + NOHSO_4 \longrightarrow NOCl + H_2SO_4$$

王水中也含有亚硝酰氯[62]：

$$HNO_3 + 3HCl \longrightarrow Cl_2 + 2H_2O + NOCl$$

ClNO 能与其他卤素反应，例如：

$$2ClNO + I_2 =\!=\!= 2NO + 2ICl$$

把 ClNO 加热至 100℃时分解为氯气和一氧化氮；与氧气反应，生成二氧化氮和氯气：

$$ClNO + 1/2O_2 \longrightarrow NO_2 + 1/2Cl_2$$

液态 ClNO 能用以制备亚硝酰盐，制备过程中同时作为介质，例如：

$$ClNO \Longrightarrow NO^+ + Cl^-$$

$$ClNO + FeCl_3 \longrightarrow NO^+[FeCl_4]^-$$

与亚硝酰氟类似，ClNO 与水反应先生成亚硝酸和盐酸，进一步反应得到硝酸、亚硝酸、一氧化氮和盐酸等，其他亚硝酰卤化物与水的反应都类似如下：

$$XNO + H_2O \longrightarrow HNO_2 + HX$$

$$3HNO_2 \longrightarrow HNO_3 + 2NO\uparrow + H_2O$$

总反应为

$$4XNO + 3H_2O \longrightarrow HNO_3 + HNO_2 + 2NO\uparrow + 4HX$$

与碱有类似的反应：

$$4XNO + 6NaOH \longrightarrow NaNO_3 + NaNO_2 + 4NaX + 2NO\uparrow + 3H_2O$$

ClNO 与其他化合物发生复分解，得到其他亚硝酰盐，如氟硼酸亚硝酰。此反应常在液态 NOCl 中进行，可以电离出 NO⁺ 和 Cl⁻，同时用作溶剂。

3) 亚硝酰溴

亚硝酰溴(BrNO)是一种红色气体，其凝聚点略低于室温。亚硝酰溴可以由一氧化氮和溴反应制得，反应是可逆的。该反应是非常罕见的三阶均质气体反应之一，因此备受关注。BrNO 见光容易分解。其结构中的 N═O 双键键长为 1.15Å，N—Br 键键长为 2.14Å，∠Br—N—O 键角为 117°。

2. 硝酰卤化物

在两类氮的含氧卤化物中，亚硝酰卤为弯曲形分子，而硝酰卤为平面形分子，如图 3-23 所示。硝酰氟(FNO₂)是最常见的硝酰盐之一，它由莫瓦桑于 1905 年制得[63]。

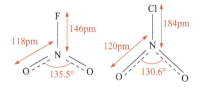

图 3-23　硝酰氟和硝酰氯的结构

1) 硝酰氟

硝酰氟与硝酸根离子是等电子体，平面结构。通常状态下为无色气体，共价性较强，熔点

–166℃, 沸点–72.5℃, 偶极矩 0.47D。溶于氟化氢时, 完全解离为直线形的 NO_2^+ [64]。

硝酰氟可由单质氟或金属氟化物与氟化二氧化氮或亚硝酸钠得到, 例如:

$$2NO_2 + F_2 \longrightarrow 2FNO_2$$

$$NaNO_2 + F_2 \longrightarrow FNO_2 + NaF$$

$$NO_2 + CoF_3 \xrightarrow{300℃} FNO_2 + CoF_2$$

硝酰氟是很强的氧化剂和氟化剂, 同时有很强的硝化性, 可以将大部分金属转化为相应的氧化物、氟化物或氟氧化物; 也可以与大部分非金属反应, 生成硝酰盐; 与有机物反应则生成对应的硝基取代物。例如, 硝酰氟与金属锌反应, 生成氧化锌和氟化锌的混合物; 与金属铬反应, 则生成铬酰氟(CrO_2F_2); 与硼反应, 先生成 BF_3, 进一步反应生成氟硼酸硝酰; 硝酰氟也可作为 F^- 供体与三氧化硫反应, 可以得到 $NO_2(SO_3F)$; 与七氟化碘反应, 生成 $NO_2^+ [IF_8]^-$ [65-66]。此外, 硝酰氟也可作配体, 不过对应的配合物较罕见。

$$2FNO_2 + Zn \longrightarrow ZnF_2 + 2NO_2$$

$$NO_2 + Zn \longrightarrow ZnO + NO$$

$$2FNO_2 + Cr \longrightarrow CrO_2F_2 + 2NO$$

$$3FNO_2 + B \longrightarrow BF_3 + 3NO_2$$

$$FNO_2 + BF_3 \longrightarrow NO_2BF_4$$

2) 硝酰氯

硝酰氯($ClNO_2$)是一种无色气体, 可由氯磺酸和无水硝酸的反应制备:

$$ClSO_3H + HNO_3 \longrightarrow ClNO_2 + H_2SO_4$$

类似地, 能产生硝鎓离子 NO_2^+ 的反应, 只要有氯存在都能产生硝酰氯。例如:

$$HNO_3 + 2H_2SO_4 \longrightarrow NO_2^+ + H_3O^+ + 2HSO_4^-$$

$$NO_2^+ + H_3O^+ + 2HSO_4^- + HCl \longrightarrow ClNO_2 + H_2O + 2H_2SO_4$$

在工业中, 硝酰氯通过氯气和硝酸银化合而成, 或硝酸银和三氯氧磷反应:

$$2AgNO_3 + 2Cl_2 \longrightarrow 2ClNO_2 + 2AgCl + O_2$$

$$3AgNO_3 + POCl_3 \longrightarrow 3ClNO_2 + Ag_3PO_4$$

$$N_2O_5 + PCl_5 \longrightarrow 2ClNO_2 + POCl_3$$

硝酰氯在约 120℃时按下式分解：

$$2ClNO_2 \longrightarrow 2NO_2 + Cl_2$$

硝酰氯与 NO 反应，生成亚硝酰氯和二氧化氮。与金属卤化物反应，生成硝酰盐：

$$ClNO_2 + NO \longrightarrow ClNO + NO_2$$

$$ClNO_2 + SbCl_5 \xrightarrow{Cl_2(l)} NO_2^+ [SbCl_6]^-$$

硝酰氯与水反应，生成硝酸和盐酸：

$$ClNO_2 + H_2O \longrightarrow HNO_3 + HCl$$

遇氨发生下列反应：

$$ClNO_2 + 2NH_3 \longrightarrow NH_2Cl + NH_4NO_2$$

3) 其他含氧卤化物

虽然曾报道硝酰溴存在于 Br_2 和 NO_2-N_2O_4 混合物体系中，但并未获得纯的硝酰溴。

氮的含氧卤化物还有 $XONO_2(X = F$ 或 $Cl)$ 和 F_3NO 等。$XONO_2$ 是卤素的硝酸盐，其中 $FONO_2$ 易爆。$FONO_2$ 是一种很不稳定的含氧酸卤素衍生物，化学式也可写成 FNO_3。由于很不稳定，一般用硝酸氯制备。$FONO_2$ 的分解方程式为

$$FONO_2 \longrightarrow F + ONO_2$$

氧化三氟胺(F_3NO)是稳定的气体，是有强氟化性的无机化合物，由六氟化铱或六氟化铂与一氧化氮反应得到[67]。F_3NO 的结构为四面体形，其中 N 采取 sp^3 杂化。F_3NO 不与水、玻璃、汞和镍反应，遇水也不发生水解，因此容易运输。F_3NO 可通过以下反应制备：

$$2NF_3 + O_2 \xrightarrow{\text{放电}} 2F_3NO$$

$$3FNO + 2IrF_6 \longrightarrow F_3NO + 2NOIrF_6$$

在-196℃，F_3NO 光解产生 $F_2NO \cdot$ 自由基，含 $F_2NO \cdot$ 自由基的化合物有 FSO_2ONF_2、SF_5ONF_2 及 CF_3ONF_2 等。

硝酸氯($ClONO_2$)是大气平流层中一种重要的气体，其结构如图 3-24 所示。它储存着氯元素，能加快臭氧的消耗。它与金属、金属氯化物、醇、醚和多数有机化合物剧烈反应并可能爆炸。若加热到分解温度，会释放出有毒的 Cl_2 和 NO_x。

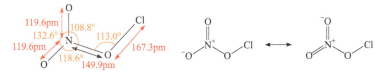

图 3-24　硝酸氯的结构

硝酸氯的制备方法是 0℃时一氧化二氯与五氧化二氮反应：

$$Cl_2O + N_2O_5 \xrightarrow{0℃} 2ClONO_2$$

硝酸氯与卤素或卤素互化物反应可制备其他卤素硝酸盐，如硝酸氟。与高氯酸氟类似，卤素硝酸盐也能与烯烃发生加成反应：

$$(CH_3)_2C \!=\! CH_2 + ClONO_2 \longrightarrow O_2NOC(CH_3)_2CH_2Cl$$

硝酸氯与金属氯化物反应得到无水硝酸盐：

$$4ClONO_2 + TiCl_4 \longrightarrow Ti(NO_3)_4 + 4Cl_2$$

3.3.2　磷的含氧卤化物

1. 磷酰卤

$POX_3(X = F, Cl, Br, I)$ 称为磷酰卤(phosphoryl halide)或正磷酰卤(orthophosphoryl halide)，或三卤(一)氧化磷(phosphorus monoxytrihalide)。PSX_3 是硫代磷酰卤(thiophosphoryl halide)。

1) 制备

制备 POX_3 的方法很多，以所用原料不同分类，大致有以下五种。

(1) 以三氯化磷为原料。293～323K 时将纯 O_2 通入液态 PCl_3 生成 $POCl_3$，若容器内液态 PCl_3 足够深，如 1m，则 O_2 吸收很完全，当 $POCl_3$ 在 PCl_3 中的量超过 95%时，PCl_3 吸氧能力下降。

(2) 以五卤化磷为原料与含羟基的化合物作用。

PF_5 或 PCl_5 与限量水反应：

$$PX_5 + H_2O =\!=\!= POX_3 + 2HX \ (X = F, Cl)$$

PCl_5 与 $H_2C_2O_4$ 作用(实验室制磷酰氯的方法)：

$$PCl_5 + H_2C_2O_4 =\!=\!= POCl_3 + CO\uparrow + CO_2\uparrow + 2HCl$$

PBr_5 与 CH_3COOH 反应：

$$PBr_5 + CH_3COOH =\!=\!= POBr_3 + CH_3COBr + HBr$$

PBr_5 与叔丁醇反应：

$$PBr_5 + 2t\text{-}C_4H_9OH =\!=\!= POBr_3 + 2t\text{-}C_4H_9Br + H_2O$$

(3) 以五氧化二磷为原料。P_4O_{10} 与 PCl_5、PBr_5 作用，该反应的产率高达 80%。

$$P_4O_{10} + 6PX_5 \Longrightarrow 10POX_3 \quad (X = Cl, Br)$$

P_4O_{10} 与气态或液态 HF、IF_3 或 FSO_3H 反应均能得到磷酰氟(POF_3)。

(4) 对磷酰卤(氯、溴)进行氟化制备磷酰氟，溴(碘)化制磷酰溴(磷酰碘)。$POCl_3$ 与氟化剂反应：

$$POCl_3 + 3MF \Longrightarrow POF_3 + 3MCl \quad (MF=PbF_2、ZnF_2、AgF、NaF、MgF_2 等)$$

若用 $SbCl_3$ 与 $POCl_3$、$POBr_3$ 进行氟化，产物是 $POF_{3-x}X_x$。

在 353K、无水 $AlCl_3$ 催化下，$POCl_3$ 与 HBr 作用生成 $POBr_3$：

$$POCl_3 + 3HBr \Longrightarrow POBr_3 + 3HCl$$

若 HBr 量不足，生成磷酰混合卤 $POCl_2Br$。POI_3 在 1973 年用 LiI 和 $POCl_3$ 首次合成。

(5) 其他方法，如将 $Mg_2P_2O_7$ 和 MgF_2 混合物加热到 1023K 直接生成 POF_3，SO_3 和 $PSCl_3$ 作用生成 POF_3。

2) 结构

POX_3 分子中的 P 是四配位的，键长见表 3-7，其中 P—O 键键长短于 158pm，表示有双键，P—F 键、P—Br 键键长也明显短于单键键长，因此都被认为有 π 键成分，如 P—F 键相当于 1σ键 ＋π/3 键，P—Cl 键中 π 键成分极少。$POCl_3$ 中的磷原子为四面体构型，含有 3 个 P—Cl 键及 1 个 P=O 双键，P=O 键解离能约为 533.5kJ·mol^{-1}。根据键长和电负性数据，图 3-25 共振式中双键型的贡献较多，但同族的 POF_3 中，贡献较多的则是电荷分离型结构。

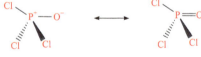

图 3-25　POX_3 分子的共振结构

表 3-7　磷酰卤和硫代磷酰卤的性质

物质	298K 状态	熔点/K	沸点/K	结构参数		
				P—O、P—S 键键长/pm	P—X 键键长/pm	∠X—P—X 键角/(°)
POF_3	无色气体	233.9 (104kPa)	233.3	156	152	107
$POCl_3$	无色液体	274.3	378.1	156	198	106

续表

物质	298K 状态	熔点/K	沸点/K	结构参数		
				P—O、P—S 键键长/pm	P—X 键键长/pm	∠X—P—X 键角/(°)
POBr$_3$	无色固体	328	464.7	141	206	
POI$_3$	暗紫色固体	325				
POF$_2$Cl	无色气体	176.6	276.1		151(F) 201(Cl)	106
POFCl$_2$	无色液体	192.9	325.9	154	150(F) 194(Cl)	106
POF$_2$Br	无色液体	188.2	304.0			
POFBr$_2$	无色液体	155.8	383			
POCl$_2$Br		283~284	325.3(5.2kPa)			
POClBr$_2$		304	322.2(1.6kPa)			
PSF$_3$	无色气体	124.4	220.8	185	151	99.5
PSCl$_3$	无色液体	238	398	194	201	107
PSBr$_3$	黄立方晶体	310.8	485(分解)	189	213	106
PSI$_3$	红褐色固体	321				
PSF$_2$Cl	无色气体	117.8	279.3			
PSFCl$_2$	无色液体	177	337.8			
PSF$_2$Br		136.1	308.5	187	145(F) 214(Br)	106
PSFBr$_2$		197.8	398.3	187	150(F) 218(Br)	
PSF$_2$NCS			363			
PS(NCO)$_3$	无色液体	281.8	488			

3) 性质

常温下 POF$_3$ 是无色气体,POCl$_3$ 是无色易挥发液体,POBr$_3$ 是无色固体,POI$_3$

是暗紫色固体。POX_3 在空气中因水解而冒烟，与水作用生成 H_3PO_4 和 HX：

$$POX_3 + 3H_2O =\!\!=\!\!= H_3PO_4 + 3HX$$

若 POX_3 与少量水反应，产物中含有 $P—O—P—O—$ 键的化合物。

相对而言，POF_3 的水解能力较弱，当它发生水解时，生成两种中间物：

$$POF_3 + H_2O =\!\!=\!\!= OP(OH)F_2 + HF$$
$$OP(OH)F_2 + H_2O =\!\!=\!\!= OP(OH)_2F + HF$$
$$OP(OH)_2F + H_2O =\!\!=\!\!= OP(OH)_3 + HF$$

若在微碱性介质中，生成的一氟代磷酸、二氟代磷酸可被分离，室温下这两个中间物尚稳定，$POCl_3$ 和 $POBr_3$ 水解的中间物尚未被分离过。

$pH = 7$ 时，$POCl_3$ 的水解分两步进行，在后一步慢反应中 2 个 Cl 几乎同时水解：

$$POCl_3 + H_2O \longrightarrow OP(=\!\!O)Cl + 2HCl \qquad (快反应)$$

$$OP(=\!\!O)Cl + 2H_2O \longrightarrow H_3PO_4 + HCl \qquad (慢反应)$$

POX_3 中的 X 也可被氨基、烷氧基、硫醇基取代：

$$POCl_3 + 3ROH =\!\!=\!\!= (RO)_3PO + 3HCl \qquad (R 表示烷基)$$

在 $MgCl_2$ 或 $AlCl_3$ 存在的催化条件下：

$$POCl_3 + 3ArOH \longrightarrow (ArO)_3PO + 3HCl \quad (Ar 表示芳基)$$

产物 $(RO)_3PO$ 是中性的，为避免它与 HCl 进一步作用，反应时需加入碱性物质以中和 HCl。

POX_3 能与许多物质形成加合物。POF_3 能与 BF_3、SbF_3···形成以氧键合的 1∶1 加合物，与四氯化锡生成 $SnCl_4 \cdot POCl_3$、$SnCl_4 \cdot 2POCl_3$。

$POCl_3$、$POBr_3$ 形成加合物的倾向强于 POF_3，形成的加合物也比较稳定。$POCl_3$ 和 BBr_3、BCl_3、$AlBr_3$、$AlCl_3$、$TiCl_4$、$SbCl_3$、$SnCl_4$、$TeCl_4$、$MoCl_5$ 等形成 1∶1 的加合物，经 X 射线衍射实验证明，它们都是通过氧进行键合的，如 $Cl_3PO{\rightarrow}SbCl_5$。室温下 $POCl_3$ 和 $MgBr_2$ 形成的 $MgBr_2 \cdot 2POCl_3$、$MgBr_2 \cdot 3POCl_3$ 及 $AlI_3 \cdot 2POCl_3$、$TiCl_4 \cdot 2POCl_3$、$ZrCl_4 \cdot 2POCl_3$ 等也都是通过氧键合的。其中，可利用 $POCl_3$ 和 $ZrCl_4$、$HfCl_4$ 形成的加合物的分级蒸馏分离锆和铪，利用 $POCl_3$ 和 $NbCl_5$、$TaCl_5$ 的加合物的分级蒸馏可分离铌和钽。

$AlCl_3 \cdot POCl_3$ 不溶于有机溶剂，因此加适量 $POCl_3$ 可除去 Fridel-Craft 反应中的 $AlCl_3$。

$POCl_3$ 还能与金属氧化物或氢氧化物结合，如 $CaO \cdot 2POCl_3$、$MgO \cdot 2POCl_3$、$MgO \cdot 3POCl_3$、$Ca(OH)_2 \cdot 2POCl_3$。

$POCl_3$ 是一种无质子溶剂，其某些性能与水相似，见表 3-8。

表 3-8　磷酰氯和水的某些物理性质的比较

物理性质	$POCl_3$	H_2O
熔点、沸点/K	274.5、378.3	273.2、373.2
蒸发热/$(kJ \cdot mol^{-1})$	33.723	40.627
电导/$(\Omega^{-1} \cdot cm^{-1})$	1.6×10^{-6}	4.3×10^{-8}
自电离	$POCl_3 \rightleftharpoons POCl_2^+ + Cl^-$	$H_2O \rightleftharpoons H^+ + OH^-$
	$2POCl_3 \rightleftharpoons POCl_2^+ + POCl_4^-$	$2H_2O \rightleftharpoons H_3O^+ + OH^-$

在 $POCl_3$ 中，$Al_2X_6(X = Cl, Br, I)$ 不仅生成了 $[AlX_4]^-$，还有 $[Al(OPCl_3)_6]^{3+}$，这表明反应中还发生了卤原子的交换作用：

$$Al_2X_6 + 6POCl_3 \rightleftharpoons 2AlCl_3 + 6POCl_2X$$

$$4AlCl_3 + 6POCl_3 \rightleftharpoons 3[AlCl_4]^- + [Al(OPCl_3)_6]^{3+}$$

无机化合物在 $POCl_3$ 中有以下 4 种行为：

(1) 在 $POCl_3$ 中，$MgCl_2$、BCl_3、$AlCl_3$、$TiCl_4$、$ZrCl_4$、$SnCl_4$、$SbCl_5$ 及 $MoCl_5$ 会生成溶剂合物或加合物。

(2) $POCl_3$ 和 MgO、$Mg(OH)_2$、CaO、$Ca(OH)_2$、ZnO、$Ni(OH)_2$ 会形成可被分离的固体。

(3) $HgCl_2$、ICl、PCl_5、$AsCl_3$ 在 $POCl_3$ 中能导电，但并不形成固态加合物。

(4) PBr_3、PCl_3、$SOCl_2$、$SiCl_4$ 溶于 $POCl_3$ 中，对溶液的导电性无影响。

混合卤氧化磷有 $POFCl_2$、POF_2Cl、$POCl_2Br$、$POClBr_2$、POF_2Br、$POFBr_2$ 等，而 $POCl_2Br$ 和 $POClBr_2$ 可用下法制得：

$$PBr_3 + PCl_5 \xrightarrow{423K,4h} PBr_2Cl_2 + PCl_3Br$$

$$PBr_2Cl_2 + PCl_3Br + Br_2 \longrightarrow PBr_3Cl_2 + PCl_3Br_2$$

$$3PBr_3Cl_2 + 3PCl_3Br_2 + P_4O_{10} \xrightarrow{423K,15h}$$

$$5POClBr_2 + 5POCl_2Br$$

$POCl_3$ 和 $POBr_3$ 混合得 $POCl_2Br$、$POClBr_2$。各种 POX_3 的含量因反应开始时 $POCl_3$ 和 $POBr_3$ 的相对用量而异，见图 3-26。

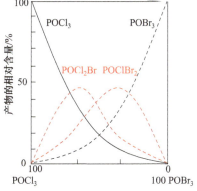

图 3-26　混合卤(氯、溴)氧化磷

2. 焦磷酰卤

二氟磷酸(HPO_2F_2)经 P_4O_{10} 脱水缩合得焦磷酰氟($P_2O_3F_4$)：

$$4HOP(O)F_2 + P_4O_{10} = 2F_2P(O)OP(O)F_2 + 4HPO_3$$

焦磷酰氯($P_2O_3Cl_4$)是无色、在空气中冒烟的液体。熔点为 108K，沸点为 483～488K(分解)，液态密度为 $1.58g \cdot mL^{-1}$。

制备 $P_2O_3Cl_4$ 的方法很多，PCl_3 在低温下与 N_2O_4 反应生成 $P_2O_3Cl_4$ 及四磷酸氯($P_4O_4Cl_{10}$)，产率 10%：

$$3N_2O_4 + 4PCl_3 \longrightarrow 2P_2O_3Cl_4 + 2NO + 4NOCl$$

PCl_5 和 HPO_2Cl_2 反应得 $P_2O_3Cl_4$，产率>90%：

$$PCl_5 + 2HOPOCl_2 = P_2O_3Cl_4 + POCl_3 + 2HCl$$

PCl_5 和 P_4O_{10} 按摩尔比 4∶1 混合，于 378K 下作用得 $P_2O_3Cl_4$，产率为 59%。$P_2O_3Cl_4$ 最早是在 $POCl_3$ 于湿空气中水解的产物中被发现的：

$$2POCl_3 + H_2O = Cl_2(O)POP(O)Cl_2 + 2HCl$$

按 $POCl_3$ 计，产率为 15%。

将 $POCl_3$ 和 P_4O_{10} 混合置于密封管中加热到 473K，经 48h，蒸出物中有 $P_2O_3Cl_4$ 和未反应的 $POCl_3$，残留物中含有缩合磷酰氯即玻璃状$(PO_2Cl)_n$，可从后者中分离得到$(PO_2Cl)_3$。

质谱法证明有下列平衡存在：

$$POCl(g) + 1/2O_2(g) = PO_2Cl(g)$$

$P_2O_3Cl_4$ 的结构与 $P_2O_3F_4$ 相似，是对称结构，其结构和其他卤氧化磷的结构见图 3-27。

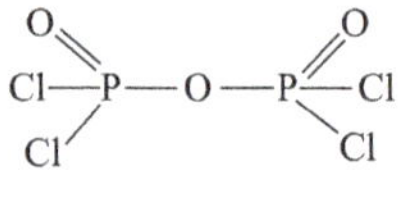

$P_2O_3Cl_4$的结构

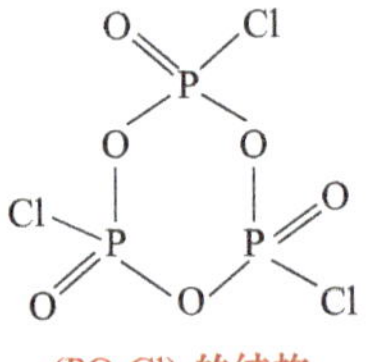

$(PO_2Cl)_3$的结构

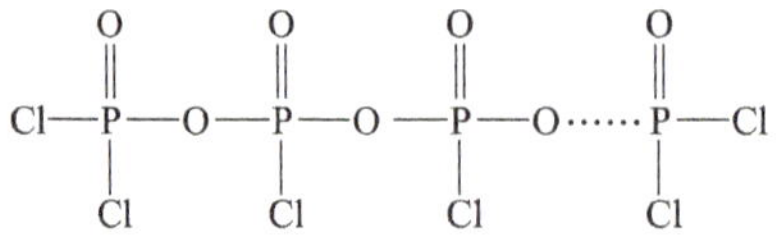

$(PO_2Cl)_n$的结构

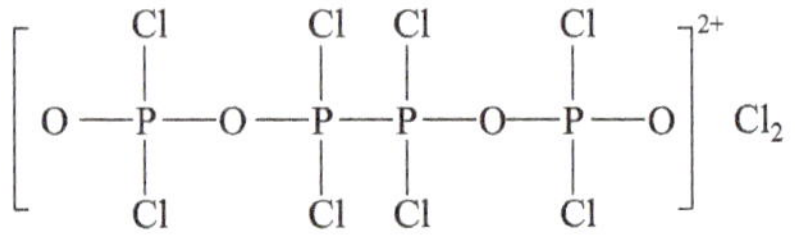

四磷酰氯的结构

图 3-27　几种卤氧化磷的结构

焦磷酰的混合卤化物也已被制得，NMR 结构表明其是对称结构：

$$POFCl_2 + P_4O_{10} \xrightarrow[46h]{473K} O(POFCl)_2$$

3. 磷酰拟卤

磷酰拟卤有 $PO(NCO)_3$、$PO(NCS)_3$ 等，可用氧化剂氧化三拟卤化磷或拟卤化物和磷酰氯作用制得：

$$P(NCO)_3 + SO_3 == PO(NCO)_3 + SO_2(l)$$

$$POCl_3 + 3MSCN == PO(NCS)_3 + 3MCl$$

在甲腈中 $POCl_3$ 和 NH_4SCN，在 C_6H_6 中 $POCl_3$ 和 $AgSCN$、$KSCN$、$NaSCN$ 作用可制得相应的磷酰化合物。

磷酰混合卤拟卤如 $OPF_2(NCS)$、$OPF(NCS)_2$、$OPCl_2(NCS)$、$OPCl(NCS)_2$、$OPFCl(NCO)$、$OPF_2(NCO)$、$OPCl_2(NCO)$等均已被制得。磷酰卤和磷酰拟卤之间进行卤-拟卤交换得相应的磷酰混合卤拟卤：

$$OPCl_3 + OP(NCS)_3 == OPCl(NCS)_2 + OPCl_2(NCS)$$

PCl_5 和氨基甲酸乙酯 $H_2NCOOEt$ 作用生成 $POCl_2(NCO)$，$POCl_2(NCO)$可在常压下蒸馏提纯：

$$H_2NCOOEt + PCl_5 == OPCl_2(NCO) + EtCl + 2HCl$$

含氟的磷酰混合卤拟卤则是用氟化剂对磷酰化合物进行氟化，或以 $P_2O_3Cl_4$ 为原料制备：

$$2OPCl_2(NCO) + SbF_3 \longrightarrow OPF_2(NCO) + OPFCl(NCO) + SbCl_3$$

这是一个放热反应，反应速率很快，产物是无色、在空气中冒烟的液体，易挥发但不易分解，常压下较稳定，易与氯原子发生交换反应。$OPF_2(NCO)$、$OPFCl(NCO)$ 的沸点分别为 $341.2 \sim 341.7K$ 和 $374.5K$。

$$F_2(O)POP(O)F_2 + KSCN \xrightarrow[搅拌12h]{298K} F_2P(O)(NCS) + KPO_2F_2$$

摩尔比　　　　1　　　:　1.2　　　　沸点 308.8K(11.6kPa)

$$F_2(O)POP(O)F_2 + KOCN \longrightarrow F_2P(O)(NCO) + KPO_2F_2$$

沸点 332.2K

此外，磷酰混合卤拟卤的歧化反应是制备另一种磷酰卤拟卤的方法：

$$2POF_2(NCS) \xrightarrow[N_2]{338K} POF(NCS)_2 + POF_3$$

该反应产率为 40%，$POF(NCS)_2$ 于 337.7K 和 466Pa 下沸腾。

4. 硫代磷酰卤

制备方法大体上和制备 $POCl_3$ 相似。以 $AlCl_3$ 为催化剂，S 对 PCl_3 直接进行反应：

$$PCl_3 + AlCl_3 \longrightarrow PCl_3 \cdot AlCl_3$$

$$PCl_3 \cdot AlCl_3 + S \longrightarrow PSCl_3 + AlCl_3$$

P_4S_{10} 和 PCl_5、PBr_5 反应：

$$P_4S_{10} + 6PX_5 =\!=\!= 10PSX_3(X = Cl, Br)$$

P_4S_{10} 在 CCl_4 中加热制得 $PSCl_3$：

$$P_4S_{10} + 3CCl_4 =\!=\!= 4PSCl_3 + 3CS_2$$

在避光条件下，于 CS_2 中 PI_3 和 S_8(摩尔比为 8 : 1)反应得 PSI_3：

$$PI_3 + S =\!=\!= PSI_3$$

在避光条件下，273.2K 下于 CS_2 中，P 和 S、I_2 作用，经数日得 PSI_3。PSI_3 不稳定，293.2K 分解，光和热均能加速其分解：

$$7PSI_3 =\!=\!= P_4S_7 + 3PI_3 + 6I_2$$

含氟的硫代磷酰卤需用氟化剂制备，若用 SbF_3 对 $PSCl_3$、$PSBr_3$ 氟化得 $PSF_{3-x}Cl_x$、$PSF_{3-x}Br_x$。

$PSCl_3$ 在常温下呈液态，在空气中冒烟，在水中水解为 H_3PO_4、HCl 和 H_2S，在碱性溶液中水解可得一硫代磷酸钠(Na_3PO_3S)。$PSBr_3$ 是黄色固体，熔点为 311.0K，485K 沸腾时有部分分解。PSF_3、$POCl_3$、$POBr_3$ 和 POI_3 都是四面体构型。$PSCl_3$ 能与许多金属卤化物作用形成含 $PSCl_2^+$ 的固态物，如 $AlCl_3 \cdot PSCl_3$ 为 $PSCl_2^+AlCl_4^-$，$PSCl_3 \cdot 2AlCl_3$ 为 $PSCl_2^+Al_2Cl_7^-$。POX_3 及其某些取代物和金属卤化物形成的加合物中也有含磷的正离子，如 $C_6H_5PSCl_2 \cdot AlCl_3$ 是 $C_6H_5PSCl^+AlCl_4^-$，$C_6H_5PSCl_2 \cdot 2AlCl_3$ 是 $C_6H_5PSCl^+Al_2Cl_7^-$，$(C_6H_5)_2PSCl \cdot AlCl_3$ 是$(C_6H_5)_2PS^+AlCl_4^-$，$(C_6H_5)_2PSCl \cdot 2AlCl_3$ 是$(C_6H_5)_2PS^+Al_2Cl_7^-$。与 POX_3 相同，PSX_3 通过 S 原子和其他化合物结合。由于硫是典型的软碱，因此易与软酸过渡金属、重卤素或以 sp^3 杂化的碳原子结合。

硫代磷酰混合卤中的 $PSCl_2Br$、$PSClBr_2$ 可由下法制得：

$$8S + 2P + 3PBr_3 + 3PCl_5 \xrightarrow{423K,8h} 7PSCl_2Br + PSClBr_2$$

$PSCl_2Br$ 沸点为 316.2K(1729Pa)和 427K(9.75 × 10^4Pa)。$PSClBr_2$沸点为 443K(1.007 × 10^5Pa)。

除上述外，卤硫代磷还有 PS_2Cl_5、PS_5Cl_2、PS_2Br、$P_2S_3Br_4$、P_2SBr_6、$P_4S_3I_2$、PSI、P_2SI_2、P_2SI_4 等。

硫代磷酰拟卤及硫代磷酰混合卤拟卤的制法与 POX_3 相似，如硫代磷酰卤和硫代磷酰拟卤间进行卤-拟卤交换反应，硫代磷酰拟卤进行氟化或硫代磷酰混合卤拟卤的歧化等反应。

交换：　　$SPBr_3 + SP(NCS)_3 \rightleftharpoons SPBr(NCS)_2 + SPBr_2(NCS)$

歧化：　　$2PSBr_2(NCS) \rightleftharpoons PSBr_3 + PSBr(NCS)_2$　　　$K = 0.523\ (423K)$

　　　　　$2PSBr(NCS)_2 \rightleftharpoons PSBr_2(NCS) + PS(NCS)_3$　　$K = 1.17\ (423K)$

氟化：　　$2PS(NCS)_3 + SbF_3 \rightleftharpoons PSF_2(NCS) + PSF(NCS)_2 + Sb(NCS)_3$

上述氟化体系于 339～340K/200Pa 条件下蒸发得 $PSF(NCS)_2$，产率为 45%。

PSF_3 和拟卤化硅反应得硫代磷酰氟拟卤化物：

$$4PSF_3 + Si(NCO)_4 \xrightarrow{473K} 4PSF_2(NCO) + SiF_4$$

硒代磷酰氟 $SePF_3$ 可由以下反应制备：

$$PF_3 + Se \xrightarrow[395MPa]{537K} SePF_3$$

3.3.3　砷、锑、铋的含氧卤化物

1. 砷的含氧卤化物

砷的化合物中有少数几种卤氧化物。在 320℃下封闭管加热 As_4O_6 与 AsF_3 可得到 AsOF。但 AsOF 的特性还没有被完全了解，而对三氧化砷溶于三氟化砷的溶液进行 ^{19}F 核磁共振谱测定，表明该溶液是多物种的随机混合物，含有 FFAsO、FOAsO、OOAsO 三种基团和游离的 AsF_3。单个的物质并未分离出来，对 As_4O_6-$AsCl_3$ 和 As_4O_6-$AsBr_3$ 体系的冰点降低、沸点升高和核磁共振测定也表明其中存在多种聚合物种。

浓三氯化砷水溶液(As：H_2O 摩尔比在 0.1～0.05)的拉曼光谱表明有 H_2OAsCl_3 配合物形成，可能处于如下平衡中：

$$H_2OAsCl_3 + H_2O \rightleftharpoons H_3O^+ + [HOAsCl_3]^-$$

$AsOF_3$ 的沸点为 -25.62℃，可按下述反应得到：

$$[AsCl_4]^+[AsF_6]^- \xrightarrow{ClONO_2} [As(ONO_2)_4]^+[AsF_6]^- \xrightarrow{160～170℃} AsOF_3$$

当等摩尔 As_4O_6 和 $AsCl_3$ 混合物与 F_2 作用时，也得到 $AsOF_3$：

$$2AsCl_3 + As_4O_6 + 9F_2 \longrightarrow 6AsOF_3 + 3Cl_2$$

与 $AsCl_5$ 的合成一样，$AsOCl_3$ 直到 1976 年才真正合成。它是在 $CFCl_3/CH_2Cl_2$ 溶剂中，在 $-78℃$ 下，由臭氧与 $AsCl_3$ 作用合成。$AsOCl_3$ 是真正含有 $As=O$ 双键的少数化合物之一，其在 $-25℃$ 缓慢分解（比 $AsCl_5$ 更稳定），$0℃$ 时立即分解：

$$3AsOCl_3 \longrightarrow AsCl_3 + Cl_2 + As_2O_3Cl_4$$

也得到了一些多核卤氧阴离子。例如，在 $K_2[As_2F_{10}O] \cdot H_2O$ 和 $Rb_2[As_2F_{10}O] \cdot H_2O$ 盐中含有氧桥双核阴离子 $[F_5As—O—AsF_5]^{2-}$，也有 $[As_2F_8O_2]^{2-}$，在这些结构中，4 个 F 原子和 2 个 O 原子组成六配位八面体，如图 3-28 所示。

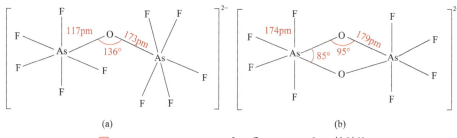

图 3-28 $[F_5As—O—AsF_5]^{2-}$(a)和$[As_2F_8O_2]^{2-}$(b)的结构

2. 锑的含氧卤化物

氯氧化锑(SbOCl)因在炼金术中广泛使用，曾为大众所熟知。该化合物具有催吐和通便的作用，因此曾用作泻药。前面已经提到，$SbCl_3$ 水解有下列反应：

$$SbCl_3 \longrightarrow SbOCl \xrightarrow{较多H_2O} Sb_4O_5Cl_2 \xrightarrow{460℃, Ar} Sb_8O_{11}Cl_2$$

通常将 100g $SbCl_3$ 放入 70mL 水中搅拌，放置数日即得 SbOCl，产物是 SbOCl 的多聚体，结构可视为 $[Sb_6O_6Cl_4]^{2+}$ 的多聚片被两个氯离子层所夹。

也有用干法制得了适合于研究铁电性质的无色单晶，熔点为 590℃：

$$5Sb_2O_3 + 2SbCl_3 \xrightarrow[\text{真空}]{75℃} 3Sb_4O_5Cl_2$$

化合物 $Sb_4O_3(OH)_3Cl_2$、Sb_8OCl_{22} 也有报道，其他卤氧化锑可由控制 SbX_3 水解得到，如红色的 SbI_3 在空气中放置变黄即表示水解生成碘氧化锑。

3. 铋的含氧卤化物

在 BiX_3 的浓盐酸溶液中逐渐加水稀释使 BiX_3 部分水解，即可生成不溶性的卤氧化铋沉淀：

$$BiX_3 + H_2O \Longrightarrow BiOX\downarrow + 2HX$$

氟氧化铋(BiOF)可由硝酸铋和氟化钠在 100∶2(体积比)的二乙基甲酰胺和水的混合溶液中于室温反应得到[68]。它与金属锂在充放电时发生如下反应[69]:

$$BiOF + 3Li \Longrightarrow Bi + Li_2O + LiF$$

铋还存在很多其他氟氧化物,如 $BiO_{0.5}F_2$、$Bi_7O_5F_{11}$ 等[70-71]。

氯氧化铋(BiOCl)是有光泽的白色固体,自古代起已有使用。硝酸氧铋结构与之类似,也可用作白色颜料。BiOCl 板状结构的光波干涉产生类似于珍珠的珠光彩虹光反射。BiOCl 在自然界中以罕见矿物氯铋矿的形式存在,该矿物存在于氟氯铅矿矿群中。BiOCl 可认为由层状的 Cl^-、Bi^{3+} 及 O^{2-} 构成(图 3-29)。这些离子按 Bi-Cl-O-O-Cl-Bi··· 模式排序,有着交替的 Cl^-、O^{2-} 及 Bi^{3+}。层状结构决定了这种材料的珠光性质。对于单个离子的配位环境,铋中心采取扭曲的正方形反棱镜的配位几何。Bi^{3+} 与四个 Cl^- 配位形成一个正方形面,每个正方形面与 Bi 的距离为 3.06Å,四个氧原子形成另一个正方形面,每个正方形面与 Bi 的距离为 2.32Å。铋和氧都是四面体配位[72]。

除直接使用氯化铋,还可将硝酸铋五水合物溶于浓盐酸,再稀释水解得到[73]。

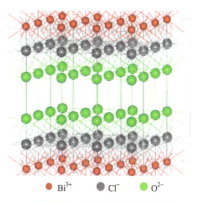

● Bi^{3+}　　● Cl^-　　● O^{2-}

图 3-29　BiOCl 的层状结构

当 BiOCl 加热至 600℃以上时,转换为 $Bi_{24}O_{31}Cl_{10}$(称为 Arppe 化合物),有复杂的层状结构[74]。pH<5 的盐酸作用于 BiOCl 时,盐酸浓度越大、温度越高,越有利于 BiOCl 的溶解[75]。BiOCl 可以被 NH_4HCO_3 转化为碳酸盐:

$$2BiOCl + 2NH_4HCO_3 \Longrightarrow (BiO)_2CO_3 + CO_2\uparrow + H_2O + 2NH_4Cl$$

BiOCl 和 Na_2CO_3 的混合物可以在加热下被碳或 CO 还原为金属铋[76]。

将硝酸铋和溴化钠的稀溶液混合搅拌,滴加氢氧化钠,可以制得溴氧化铋 BiOBr[77]。BiOBr 是白色固体,在冷碱溶液中稳定,加热转化为 Bi_2O_3。不同的反应条件也能得到不同比例的化合物,如 $Bi_4O_5Br_2$[78]、$Bi_{24}O_{31}Br_{10}$[79]等。

碘氧化铋(BiOI)是砖红色晶体,可由硝酸铋五水合物和碘化钾在乙二醇中于 160℃反应釜中反应得到[80]。硝酸酸化的硝酸铋水溶液经氢氧化钠调节 pH 后再滴加碘化钾也能得到反应产物,通过调节 pH 也会产生其他配比的碘氧化物[81]。BiOI 在常温下稳定,不与沸水作用,加热到 300℃以上会分解。

3-8 对比分析 FNO、ClNO 和 BrNO 分子结构中的键长与键角情况。

3-9 分析 POX$_3$ 的颜色变化情况。

3-10 查阅资料，试整理总结还有哪些新的含氧盐类物质。

3.4 其 他 盐 类

3.4.1 磷的氨基化合物

1. 三氨基磷

PCl$_3$ 和 NH$_3$ 在 CHCl$_3$ 中于 195K 反应生成三氨基磷[P(NH$_2$)$_3$]。

$$PCl_3 + 6NH_3 \rightleftharpoons P(NH_2)_3 + 3NH_4Cl$$

产物 P(NH$_2$)$_3$ 很难与 NH$_4$Cl 分离。室温下，P(NH$_2$)$_3$ 释出 NH$_3$，在稍高温度下，失 NH$_3$ 反应按下式进行：

$$P(NH_2)_3 \xrightarrow{-NH_3} HN=P-NH_2 \xrightarrow{-NH_3} NH \begin{matrix} P=NH \\ P=NH \end{matrix} \xrightarrow{-H_2,\,-H_2} PN$$

PN 是不溶于液氨、CHCl$_3$ 的黄色无定形物质。

注意：PCl$_5$ 和液氨于 203K 下作用只能生成氯化四氨基磷[P(NH$_2$)$_4$Cl]，P(NH$_2$)$_5$ 至今尚未制得。

$$PCl_5 + 8NH_3 \rightleftharpoons P(NH_2)_4Cl + 4NH_4Cl$$

真空蒸出 P(NH$_2$)$_4$Cl，产物可在 CH$_3$OH 中重结晶。纯物质于 473K 分解。反应时，若 PCl$_5$ 过量，则与产物继续反应：

$$P(NH_2)_4Cl + 4PCl_5 \longrightarrow \left[\begin{matrix} & N=PCl_3 & \\ & | & \\ Cl_3P=N-P-N=PCl_3 \\ & | & \\ & N=PCl_3 & \end{matrix} \right]^+ Cl^- + 8HCl$$

与 PCl$_5$ 不同，PF$_5$ 和 NH$_3$ 反应生成 PF$_3$(NH$_2$)$_2$ 和 NH$_4$PF$_6$。

2. 磷的含氧酸的氨基化合物

H$_3$PO$_4$ 中的 OH 被 NH$_2$ 取代生成一氨基磷酸[PO(NH$_2$)(OH)$_2$]、二氨基磷酸 [PO(NH$_2$)$_2$(OH)] 及三氨基磷酰[PO(NH$_2$)$_3$]。

H$_3$PO$_3$ 的氨基化合物有氨基亚磷酸 [P(NH$_2$)(OH)$_2$]、二氨基亚磷酸

$[P(NH_2)_2(OH)]$及三氨基磷$[P(NH_2)_3]$。前两种是三配位磷化合物和四配位磷化合物处于平衡状态：

$$H_2N-P{\overset{OH}{\underset{OH}{}}} \rightleftharpoons H{\underset{H_2N}{\overset{\overset{O}{\|}}{P}}}OH \quad \textbf{(氨基亚磷酸)}$$

$$H_2N-P{\overset{NH_2}{\underset{OH}{}}} \rightleftharpoons H_2N{\underset{H}{\overset{\overset{NH_2}{}}{P}}}O \quad \textbf{(二氨基亚磷酸)}$$

这些化合物中的 H 被卤素或有机基团取代得到另一大类化合物(包括有机磷化合物)，如氨基膦［R_2PNR_2'］、二氨基膦［$RP(NR_2')_2$］、氨基亚磷酸酯[$(RO)_2PNH_2$]、二氨基亚磷酸酯[$(RO)P(NH_2)_2$]、二卤化氨基膦[X_2PNR_2]、卤化二氨基膦[$XP(NR_2)_2$]、氨基氧化膦[$R_2P(O)(NR_2')$]、二氨基氧化膦[$RP(O)(NR_2')_2$]、氨基磷酸酯[$(RO)_2P(O)NR_2$]、二氨基磷酸酯[$ROP(O)(NR_2')_2$]、二卤氨基氧化膦[$X_2P(O)(NR_2)$]、卤二氨基氧化膦[$XP(O)(NR_2)_2$]等。

注意：上述化合物中的氧可全部或部分被硫取代，成为相应的硫代化合物。上述化合物一般用相应卤素的磷化合物与氨、氨基化合物作用制得：

$$(MeO)PCl_2 + 4NH_3 == (MeO)P(NH_2)_2 + 2NH_4Cl$$

$$(PhO)_2PCl + 2NH_3 == (PhO)_2PNH_2 + NH_4Cl$$

$$(PhO)P(O)Cl_2 + 4NH_3 == (PhO)P(O)(NH_2)_2 + 2NH_4Cl$$

$$(PhO)_2P(O)Cl + 2NH_3 == (PhO)_2P(O)(NH_2) + NH_4Cl$$

其中，酯在酸中经水解后，再通入 H_2S，可制得相应的酸：

$$(PhO)_2P(O)(NH_2) \xrightarrow[-PhOH]{NaOH水解} (NaO)_2P(O)NH_2 \xrightarrow[Na_2S]{+H_2S} (HO)_2P(O)NH_2$$

$$(PhO)P(O)(NH_2)_2 \xrightarrow[-PhOH]{NaOH水解} (NaO)P(O)(NH_2)_2 \xrightarrow[-Na_2S]{+H_2S} (HO)P(O)(NH_2)_2$$

氨基磷酸$(HO)_2P(O)(NH_2)$的酸性($pK_{a1} = 3.4$, $pK_{a2} = 8.15$)强于二氨基磷酸的酸性($pK_a = 4.8$)。室温下，$(HO)_2P(O)(NH_2)$水解速率很慢，373K 时较快，其水解产物是$(NH_4)_3PO_4$。$PO(OH)_2(NH_2)$于 373K 下加热数小时，转化为易溶的多聚磷酸盐：

$$HO{\underset{O}{\overset{HO}{}}}P-NH_2 \longrightarrow HO{\underset{O}{\overset{\overset{O}{\|}}{}}}P-NH_3^+ \longrightarrow HO{\underset{O}{\overset{\overset{O}{\|}}{}}}P + NH_3 \longrightarrow 1/n(NH_4PO_3)_n$$

$PO(NH_2)_3$ 在碱性介质中水解成 $PO(OH)(NH_2)_2$。

二氨基亚磷酸可由 P_4O_6 和 NH_3 在 C_6H_6 中反应生成，产物是白色易溶于水的粉末，溶解时释放大量的热：

$$P_4O_6 + 8NH_3 \Longrightarrow 4HPO(NH_2)_2 + 2H_2O$$

$POCl_3$ 或 $PSCl_3$ 与 NH_3 反应生成三氨基磷酰或三氨基硫代磷酰[$PS(NH_2)_2$]：

$$POCl_3 + 6NH_3 \Longrightarrow PO(NH_2)_3 + 3NH_4Cl$$

$$PSCl_3 + 6NH_3 \Longrightarrow PS(NH_2)_3 + 3NH_4Cl$$

$PO(NH_2)_3$ 和 $PS(NH_2)_3$ 都是无色易溶于水的晶体。为使 NH_4Cl 和产物分离，加入二乙胺，使 NH_4Cl 转化为可溶于水的氯化二乙胺并释出 NH_3。

$PO(NH_2)_3$ 在稀酸中或潮空气中转化为氨基磷酸一铵[$HOP(O)(NH_2)(ONH_4)$]，若在 NaOH 中水解，则生成氨基磷酸一钠[$HOP(O)(NH_2)(ONa)$]：

$$PO(NH_2)_3 + 2H_2O \Longrightarrow HOP(O)(NH_2)(ONH_4) + NH_3$$

$$PO(NH_2)_3 + NaOH \Longrightarrow HOP(O)(NH_2)(ONa) + NH_3$$

总体来看，$P—NH_2$ 发生水解的倾向大于 $P—OH$。

与含氧酸相同，许多氨基化合物也能发生缩氨合反应，如向 $PO(NH_2)_3$ 在乙醚中的悬浊液(263K)通入 HCl 的反应：

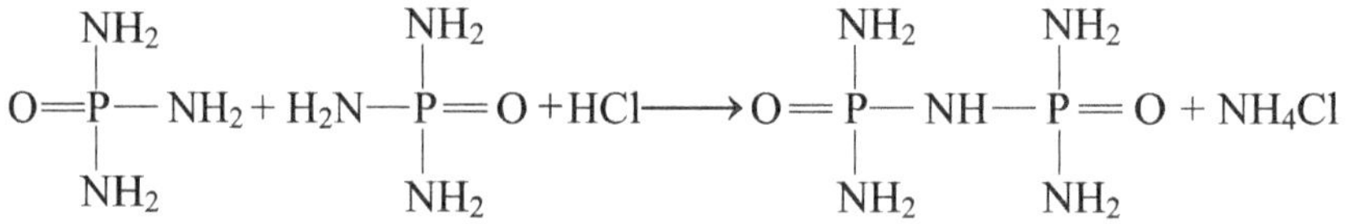

$Na_2PO_3(NH_2)$ 在真空中于 483K 经 7d 会缩氨成亚氨基二磷酸四钠：

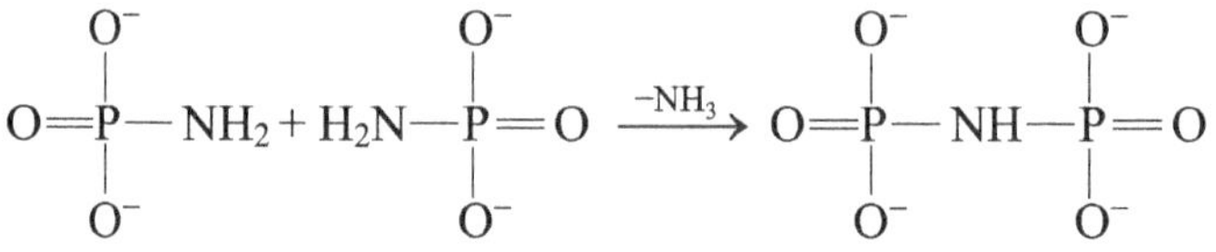

生成物可在水中重结晶得 $Na_4P_2O_6NH \cdot 10H_2O$。它和 $Na_4P_2O_7 \cdot 10H_2O$ 互为等电子体，然而前者的溶解度($34.8g \cdot 1000^{-1}g$ 水)大于后者($11.1g \cdot 1000^{-1}g$ 水)。

$PO(NH_2)_3$、$PS(NH_2)_3$ 受热分别转化为 $(PON)_n$ 和 $(PSN)_n$。

$P_2O_3Cl_4$ 和干燥的 NH_3 反应得无色、无嗅的四氨基焦磷酰：

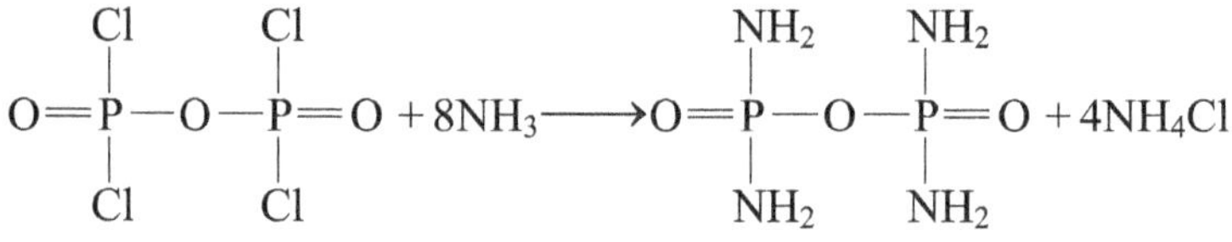

若有水存在，则生成 $HOP(O)(NH_2)_2$、$NH_4OP(O)(NH_2)_2$、$OP(NH_2)_3$。

$P_2O_3F_4$ 和 NH_3 反应生成二氟代磷酸铵和二氟氨基氧化膦：

$$O{=}\overset{\overset{F}{|}}{\underset{\underset{F}{|}}{P}}{-}O{-}\overset{\overset{F}{|}}{\underset{\underset{F}{|}}{P}}{=}O + 2NH_3 \longrightarrow O{=}\overset{\overset{F}{|}}{\underset{\underset{F}{|}}{P}}{-}ONH_4 + O{=}\overset{\overset{F}{|}}{\underset{\underset{F}{|}}{P}}{-}NH_2$$

3.4.2　磷化物的制备、结构与性质

磷化物是一类含有磷阴离子(如 P^{3-})的化合物。几乎所有的金属都能形成磷化物，这些磷化物有很多种类型的结构。Hg、Te 和 Po 不能形成稳定的磷化物[5]。许多金属有多种磷化物，如钛、钽、钨、铼有五六种磷化物，镍的磷化物至少有八种：Ni_3P、Ni_5P_2、$Ni_{12}P_5$、NiP_2、Ni_5P_4、NiP、NiP_2 和 NiP_3。20 世纪 60 年代以后人们制得了较纯的磷化物，得以研究它们的性质。

1. 制备

(1) 利用真空或保护气氛以防止磷的损失，将金属和红磷或磷蒸气(常用 H_2、CO 作载气)直接化合生成相应的磷化物。若利用电弧熔化技术，则反应温度较高，所得磷化物产物较纯。

(2) 若金属易挥发、易被氧化，也可用石蜡或熔融氯化锂作覆盖层。若某金属与磷只生成一种磷化物，则可将多余的磷蒸出；若某金属能与磷形成多种磷化物，一般含磷多的对热不稳定，因此，可借含磷多的磷化物的热分解来制备含磷少的相应磷化物。

$$4RhP_3 \Longrightarrow 4RhP_2 + P_4$$

$$4VP_2 \xrightarrow{1323K} 4VP + P_4$$

$$4IrP_2 \xrightarrow{1423K} 2Ir_2P + 3/2P_4$$

(3) 某些含磷多的磷化物和计量金属反应生成含磷少的磷化物。另一方面，在不太高的温度下，含磷少的磷化物能与磷化合生成含磷多的相应磷化物：

$$Th_3P_4 + Th \xrightarrow{1173K} 4ThP$$

$$4RuP + P_4(g) \Longrightarrow 4RuP_2$$

(4) 膦和金属、金属氧化物、卤化物或硫化物反应，1473～1673K 下硫化硼和膦反应生成磷化硼，还有其他反应。例如：

$$2Ti + PH_3 \xrightarrow{1073K} Ti_2P + 3/2H_2$$

$$Ga_2O_3 + 2PH_3 \stackrel{}{=\!=\!=} 2GaP + 3H_2O$$

$$3ZnCl_2 + 2PH_3 \stackrel{}{=\!=\!=} Zn_3P_2 + 6HCl$$

$$3Ni(CH_3COO)_2 + 2PH_3 \longrightarrow Ni_3P_2 + 6CH_3COOH$$

(5) 某些金属磷酸盐和碳或氢反应，磷酸盐矿、铜矿和焦炭混合，在电炉中加热得相应磷化物：

$$Ca_3(PO_4)_2 + 8C \stackrel{\triangle}{=\!=\!=} Ca_3P_2 + 8CO$$

$$Fe_2P_2O_7 + 7H_2 \stackrel{\triangle}{=\!=\!=} 2FeP + 7H_2O$$

(6) 磷化钙和金属(钛、钒、锰、钴、铌、铬、钽、钼、钨)或金属氯化物反应。

$$Ca_3P_2 + 2Ta \stackrel{\triangle}{=\!=\!=} 2TaP + 3Ca$$

$$Ca_3P_2 + 2CrCl_3 \stackrel{\triangle}{=\!=\!=} 2CrP + 3CaCl_2$$

(7) 高温下电解重金属氧化物或盐类和碱金属磷酸盐熔体，得相应的金属磷化物。例如：

$$WO_3/(NaPO_3)_n/NaCl \stackrel{电解}{\longrightarrow} W_3P$$

2. 结构与性质

根据组成磷化物可分为三类：M/P>1，富金属磷化物，往往具有高硬度、高熔点、导电、金属光泽等特性；M/P=1，一磷化物；M/P<1，富磷的磷化物，往往具有熔点较低、热稳定性差等特性。三种磷化物在性质、结构上的差异相当明显，因此分别讨论。磷化物的稳定性、硬度、熔点等一般低于硅化物、硼化物。

(1) 富金属磷化物(<60%P)一般为暗色，不溶于水，化学稳定性和热稳定性都较高，还具有金属光泽，高硬度、高导电和高导热性能。除个别外，不与稀酸、稀碱溶液反应。其中研究得最多的是铁的磷化物，铁中含有少量磷，其耐腐蚀性有所提高。工业上大量生产的磷铁中含有 Fe_3P 和 Fe_2P，在陨石和月亮岩石中有 $(Fe/Ni)_3P$。某些过渡金属磷化物具有非整比性，如 Pd_3P 的组成实为 $Pd_3P_{0.75} \sim Pd_3P$，Co_2P 的组成实为 $Co_2P \sim Co_{1.75}P$，它们是缺陷化合物。

(2) 一磷化物 MP，根据结构大致可分成三类。

六方结构的 MP(钛、锆、钒、铌、钽、铬、锰、铁、钴、钌、钼、钨)，常是灰黑色的高熔点致密物质，含有部分金属键和共价键。其中多数在高温下仍很硬，化学稳定性仍很高，具有抗氧化性。TaP、MoP、WP 是制作火箭前锥体的材料。

具有闪锌矿结构的 MP(硼、铝、镓、铟)，具有高硬度、高熔点及半导性。它们的能隙分别为：BP 约 6.0eV，AlP 约 2.5eV，GaP 约 2.24eV，InP 约 1.27eV。相应的砷化物也具有半导性。目前对 GaP-GaAs 体系研究得较充分，控制 $GaAs_xP_{1-x}$ 固熔体的组成不同可控制其能隙。GaAsP 用于制作发光二极管。

BP 很硬，低于 1073K 时抗氧化，不溶于热酸和冷浓碱溶液，在热碱溶液中会生成膦。AlP 在湿空气中逐渐水解，在水和酸中剧烈水解。水解是离子型磷化物的特性，但高纯 AlP 在水中是稳定的。

具有 NaCl 型结构的是 MP(铀、钇、镧、镨、锆)及 α-ZrP。此外，还有一些一磷化物 MP(硅、锗、锡)的组成比较复杂。CaP 和 SrP 中含有 P_2^{4-}，其水解产物中含有 P_2H_4。

$$2CaP + 4H_2O =\!=\!= 2Ca(OH)_2 + P_2H_4$$

(3) 富磷的磷化物有离子型和非离子型两类，其中磷原子以聚集体存在，有笼状结构(P_7^{3-}、P_{11}^{3-}、P_{16}^{2-})、环状结构(P_6^{4-})、链状结构和层状结构。

碱金属、碱土金属的富磷磷化物一般不易溶于水和发生水解反应，如 LiP_5、LiP_7、KP_{15}、RbP_3、BaP_3、RbP_7、CsP_7 等。

过渡金属的富磷磷化物中含有聚合磷，但不是聚合磷的阴离子。此外，还有一些多元的含磷化合物，如 $LiMgP$、$ZnPbP_{14}$、Cu_4SnP_{10}、Li_3AlP_2 等。

若快冷含有硼或碳、磷和一种或多种金属的熔体，则得无序合金，称为玻璃态金属(vitreous metal)或无定形合金(amor-phous alloy)或金属玻璃(metallic glass)，如 $Fe_{80}P_{13}C_7Fe_{80}P_{14}B_6$、$Fe_{40}P_{40}P_{14}B_6$、$Ni_{79}P_{21}$、$Fe_{70}Cr_{10}P_{13}C_7$、$Pt_{60}Ni_{15}P_{25}$、$Mo_{60}Re_{16}P_{10}B_{10}$、$Fe_{32}Ni_{36}Cr_{14}P_{12}B_6$ 等。它们具有高强度和高抗蚀性、抗磨性。其中 MPS(M = Rh, Co, Ni, Ir)具有半导性，M—P—S 和 M—P—Se 玻璃可作光导纤维。

表 3-9 介绍了一些重要的金属磷化物。

表 3-9　金属磷化物

磷化物	颜色、晶型、结构	结构参数/pm	制法	性质(298K)
Li_3P	红褐色、六方、Na_3As 结构	$a = 427.3$，$c = 759.5$ Li—Li 253，Li—P 264，P—P 426	Li + P(白)，反应不完全	密度 1.43g·mL^{-1} 与水反应得 PH_3
LiP	具有金属光泽的黑色针状物	$a = 555$，$b = 498$，$c = 1019$，$\beta = 117.1°$	Li_3P + P(红)	
Na_3P	红色、六方、Na_3As 结构	$a = 499$，$c = 881.5$，Na—P 309，P—P 498 Na—Na 293	Na + P	密度 1.74g·mL^{-1} 与水反应生成 PH_3

续表

磷化物	颜色、晶型、结构	结构参数/pm	制法	性质(298K)
K_3P	六方结构	$a = 569$，$b = 1005$	钾钠合金与白磷在 1,2-二甲氧基乙烷中反应，与 Na_3P 同时生成	
KP_{15}	透光、三斜、红色扁平针状	$a = 2274$，$b = 969$，$c = 721$，$\alpha = 116.7°$，$\beta = 97.5°$，$\gamma = 90.0°$	$K + P(红)$ 于 573～593K 下加热	在空气中稳定，不与水反应，被氧化性酸侵蚀
Be_3P_2	褐色、立方、反-Mn_2O_3 结构	$a = 1017$，P—P 359，Be—P 220	$Be + P(红)$	密度 $2.25g \cdot mL^{-1}$，与水反应生成 PH_3
Mg_3P_2	黄灰色、立方、反-Mn_2O_3 结构	$a = 1203$	$Mg + P(红)$	密度 $2.06g \cdot mL^{-1}$
Ca_3P_2	红褐色、四方	$a = 544$，$c = 659$	$Ca + P(红)$ $Ca_3(PO_4)_2 + 焦炭$	密度 $2.51g \cdot mL^{-1}$，惰性气氛下加热到 1523K 稳定；湿空气中释放 PH_3；573K 在 O_2 中燃烧
Ti_3P	Ti_3P 型	$a = 995.9$，$c = 498.7$	$Ti + P(红)$ 于 1073K 下反应 48h	
Zr_3P	Ti_3P 型	$a = 1080$，$c = 535.5$	$ZrP_{1.2} + Zr$	
ZrP_3	灰色、$PbCl_2$ 型	$a = 649.4$，$b = 874.3$，$c = 351.4$	$Zr + P_4$	密度 $5.55g \cdot mL^{-1}$
V_3P	Ti_3P 型	$a = 938.7$，$c = 475.6$	$V + P(红)$	
VP	灰色、六方 NiAs 型	$a = 318$，$c = 622$	电解含 V_2O_5 偏磷酸盐熔体	密度 $4.7g \cdot mL^{-1}$
W_3P	四方	$a = 989$，$c = 481$	电解$(NaPO_3)_n$/NaCl/WO_3	
MnP	灰色、正交	$a = 525.8$，$b = 317.2$，$c = 591.8$	电解 NaCl，$Na_4P_2O_7$，$Na_2B_4O_7$，$NaPO_3$，MnO_2 熔体	密度 $5.0g \cdot mL^{-1}$，熔点 1466K
Ir_2P	淡紫色、立方、反 CaF_2 型	$a = 554.3$	IrP_2 热分解	硬，化学惰性，被熔碱分解
IrP_2	灰黑色、FeAsS 型	$a = 574.6$，$b = 579.1$，$c = 585.0$，$\beta = 110.6°$	$Ir + P(计量)$	1503K 时仍稳定
Cu_3P	钢灰色金属光泽、六方 Cu_3As 型	$a = 695$，$c = 715$	Cu_2P 约 900K 加热；$3Cu + P(红)$；电解 CuO/$NaPO_3$	密度 $7.15g \cdot mL^{-1}$，熔点 1295K，导电，易碎，可被氧化

续表

磷化物	颜色、晶型、结构	结构参数/pm	制法	性质(298K)
CuP_2	灰黑色、CuP_2 型	$a=580.2$，$b=480.7$，$c=752.3$，$\beta=112.68°$	$Cu+2P(红)$	密度 $4.20g \cdot mL^{-1}$，与强氧化性酸反应
Pt_5P_2	单斜	$a=106.3$，$b=538.2$，$c=734$，$\beta=92.89°$		
PtP_2	FeS_2 型、硫铁矿	$a=569.6$	$Pt+P$ 石英管 923K 反应，慢冷 30d	密度 $9.25g \cdot mL^{-1}$，熔点高于 1773K
Zn_3P_2	钢灰色、Zn_3P_2 型	$a=811$，$c=1147$	Zn 盐 $+PH_3$，ZnP_2 热解；$3Zn+2P(红)$	导电，>620K 分解为单质
ZnP_2	红色、四方；黑色、单斜	$a=508$，$c=1859$；$a=885$，$b=729$；$c=756$，$\beta=102°$	$Zn+P(红)$	密度 $3.0g \cdot mL^{-1}$
Cd_3P_2	钢灰色、四方	$a=876$，$c=1231$	Cd 盐 $+PH_3$	良导电体
CdP_2	橙红色、四方	$a=529$，$c=1974$	$Cd+P(红)$，加热	不与水作用，与酸生成 PH_3(慢)
BP	红褐色、立方	$a=453.8$，B—P 196.4	$ZnP_2+PBr_3$1173K $B+P$；$P_2S_3+NH_3$ 在 1473~1673K；773K 在红磷上 BCl_3 和 H_2 作用	沸水中稳定，被沸浓碱分解
AlP	灰色、立方 ZnS 型	$a=545.1$，Al—Al 384，Al—P 234	P 加入熔融 Al 中	不溶于沸水，与稀 HCl 反应释出 PH_3，密度 $2.42g \cdot mL^{-1}$，熔点>1973K，纯 AlP 可作半导体
GaP	立方 ZnS 型	$a=545.06$	$Ga+P(红)$；$Ga+PCl_3$；$GaP+GaCl_2$	
InP	立方 ZnS 型	$a=586.88$	$In+P$；$In+P_4O_{10}$；$In+ZnP_2$	1288K 分解
SiP_2	$GeAs_2$ 型	$a=1397$，$b=1008$，$c=343.6$	$Si+P$ 于 1173K 反应	
SnP	似硅，具有金属光泽，六方	$a=878$，$c=598$		密度 $4.98g \cdot mL^{-1}$，加热不溶于 HNO_3
LaP	立方	$a=602$	$La+P$	与水作用生成 PH_3
Th_3P_4	灰黑色、金属光泽、立方	$a=861.8$，Th—P 298，P—P 320	$Th+P$	密度 $8.44g \cdot mL^{-1}$，与冷 HCl 反应释出 PH_3

续表

磷化物	颜色、晶型、结构	结构参数/pm	制法	性质(298K)
ThP	灰黑色、NaCl 型(缺 P)	$a = 583$		密度 8.81g·mL^{-1}
UP	灰黑色、金属光泽、立方 NaCl 型	$a = 558.9$	U + PH$_3$ UO$_2$ + C + PH$_3$	密度 10.16g·mL^{-1}，熔前分解为单质

3. 磷化物的应用

(1) 碱金属的磷化物：Na$_3$P 能够提供非常活泼的磷离子，它用作磷化剂，制备磷化氢和农药。除了 Na$_3$P，钠还已知有多种磷化物，如 NaP、Na$_3$P$_7$、Na$_3$P$_{11}$、NaP$_7$ 和 NaP$_{15}$ 等[82-83]。Na$_3$P 遇水立刻反应，生成剧毒且可燃的气体。K 和 P 也可以形成多种磷化物，如 K$_3$P、K$_4$P$_3$、KP、K$_4$P$_6$、K$_3$P$_7$、KP$_{15}$ 等[84]，其中 KP$_{15}$ 具有高电阻率，是新型非晶半导体材料[85]。

(2) 磷化钙(Ca$_3$P$_2$)是一种化学燃烧弹，或作为灭鼠剂使用，呈红棕色结晶粉末或灰色块状，熔点 1600℃。磷化钙与酸或水发生反应，自燃并释放出磷化氢。在潮湿空气中能自燃，与氯、氧、硫、盐酸反应剧烈，可引起燃烧爆炸的危险。金属的磷化物被用作杀鼠剂，进入老鼠体内的金属的磷化物会与消化系统的酸发生反应，释出有毒气体磷化氢。其他例子有磷化锌和磷化铝。磷化钙也用于烟火、鱼雷、自燃海军烟火弹。Sr$_3$P$_2$ 与同族的 Ba$_3$P$_2$ 同构，但离子性更强[86]，晶胞参数 $a = b = c = 15.468$Å，$\alpha = \beta = 144.733°$，$\gamma = 50.733°$[87]。

(3) 磷化铝(AlP)晶体的颜色通常为灰色，具有闪锌矿立方结构，在 1000℃ 以下非常稳定。磷化铝与水或酸反应生成磷化氢。磷化铝常用作杀虫剂、杀鼠剂或熏蒸剂，储存谷物时用来杀死虫和小型哺乳动物如鼹或啮齿目。磷化铝做成的药丸常称为"麦丸"，通常还包含一些可以增加氨的化学药品，这有助于减少自燃或磷化氢气体爆炸的可能性。作为杀鼠剂，磷化铝与啮齿目的食物混合，进入啮齿目的消化系统中并与酸反应产生有毒的磷化氢气体。作为熏蒸剂，它可以放进密闭空间，如粮仓、船、飞机甚至是啮齿目的巢穴中，产生有毒的磷化氢气体。在工业中，磷化铝是一种宽能隙的半导体材料，通常与其他二元材料形成合金，以作为发光二极管(LED)，如铝镓磷化钢。

(4) 磷化铟镓(indium gallium phosphide，InGaP)是磷化铟及磷化镓的合金。磷化铟镓也称为磷化镓铟(GaInP)，是由磷、铟和镓组成的半导体。因为其电子速率比常见的硅及砷化镓快，常用于高速或高功率的电子元件中。磷化铟镓常用在高电子迁移晶体管(high electron mobility transistor，HEMT)及异质结双极晶体管

(heterojunction bipolar transistor，HBT)结构中，也用在太空高速率太阳能电池中，若加入铝(AlGaInP 合金)可以制作高亮度的橙红色、橙色、黄色及绿色的发光二极管。

$Ga_{0.5}In_{0.5}P$ 是一种特别重要的合金，其晶格几乎和砷化镓相同，可以作为红色的激光二极管。$Ga_{0.5}In_{0.5}P$ 的能量接面是太阳能电池中砷化镓接面的 2～3 倍。近年来发现磷化铟镓及砷化镓叠层的太阳能电池在 AM0 条件(太阳光在大气层外的平均照度为 $1.35kW \cdot m^{-2}$)下，效率可以提升 25%。另一种磷化铟镓的合金，其晶格匹配底层的砷化铟镓，可用来制作高能量效率的磷化铟镓/砷化铟镓/锗三接面太阳能电池。磷化铟镓的磊晶生长可以依磷化铟镓的趋势成长，生成一般的材料，而不是任意分布的合金。这会改变该材料的带隙和其电子与光学性质。

磷化铟(InP)可由白磷及碘化铟在 400℃下反应制备。在面心立方(闪锌矿)晶体结构的化合物中，磷化铟有最长寿命的光学声子[88]。因为磷化铟电子速率比常见的硅半导体及砷化镓都高，可用在高功率高频的电子电路中。因为有直接带隙，适合作如激光二极管等光电元件。磷化铟也用在铟镓砷为基础的光电元件中的磊晶基板上。

4. 过渡金属磷化物

过渡金属磷化物是过渡金属原子与磷原子形成的二元或多元化合物的总称。磷可以与大多数过渡金属元素形成磷化物，根据金属与磷的比例，磷化物可分为富金属磷化物和富磷磷化物，除常见的单金属磷化物外，还可形成双/多金属磷化物。过渡金属磷化物的磷源有单质磷、三正辛基磷、三苯基磷、次磷酸盐等，其制备方法较多[91]。由于过渡金属磷化物催化剂合成原料的毒性较大，且在高温高压下进行，催化剂成本较高。近年来，研究者开发了一些新的制备方法，如超临界二氧化碳法、室温固相合成法、氢等离子体还原法[92-94]。

过渡金属磷化物在电化学及光催化领域也有良好的催化性能。其中，富金属磷化物一般具有金属特性，是优良的导体。由于具有显著的非金属导电性和优异的电化学活性，过渡金属磷化物可被开发为高效的析氧反应催化剂。除此之外，过渡金属磷化物催化剂在光催化方面也有突出的催化性能。例如，金属掺杂磷化镍纳米催化剂(NiMP，M = Mo、Mn、Co、Fe)可用于光催化产氢，催化性能优于纯 Ni_2P 纳米催化剂。

贵金属磷化物因其合成简便，具有可调的结构和组成以及独特的电子结构，近年来受到了广泛的关注。贵金属磷化物通常指由贵金属元素 M(M = Au, Ag, Pt, Pd, Ru, Rh, Ir, Os, Re 等)与磷元素 P 形成的二元化合物。贵金属磷化物可以采用多种合成策略，主要包括液相合成法、气相-固相反应法和其他方法。采用不同的合成方法会导致材料形貌和尺寸上的差异，进而影响催化活性。类似于过渡金属磷化物，贵金属与 P 的化学计量比不同可以形成不同的晶体结构(图 3-30)[95]。例如，Rh_2P 和 Ir_2P 为反 CaF_2 结构，金属原子在磷原子组成的四面体内[图 3-30(a)]；Rh_3P_2 中磷呈现两种配位结构，分别为四面体与四棱锥配位[图 3-30(b)]；在 Rh_4P_3 结构中，磷为四棱锥配位[图 3-30(c)]；RhP_2 和 IrP_2 均为 $CoSb_2$ 结构(单斜晶系)，金属与磷组成八面体结构，两个八面体间形成 P_2 结构[图 3-30(d)]；RhP_3、PdP_3 和 IrP_3 为 $CoAs_3$ 结构，其中磷原子为八面体配位形式[图 3-30(e)]；Ru_2P 为 Co_2P 结构[图 3-30(f)]。

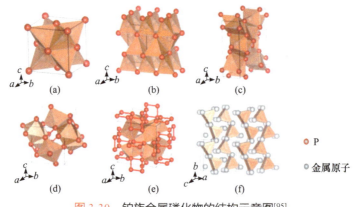

图 3-30　铂族金属磷化物的结构示意图[95]

　　此外，不同贵金属元素的磷化物种类数量差距较大。例如，PdP_x 有八种结构，而 Au 只有 Au_2P_3 一种亚稳相存在。贵金属磷化物随着 M/P 比的增加、M—M 键长缩短，金属性增加，因此可以通过调控组分来获得所需的结构。近年来，随着合成技术的蓬勃发展，出现了一系列形态和组成可控的纳米结构贵金属磷化物催化剂，推动了应用的探索。总体来说，磷化物形成趋势是随着 P 源含量增加，由 M 相逐渐转变为缺磷相至富磷相。同时，因为富磷相热稳定性不高，贵金属磷化物有随着温度升高逐渐转变为低化学计量相的趋势。与液相合成法相比，在气相-固相反应中较高的温度有助于金属完全转化为磷化物，同时可以方便地引入碳基材料。然而，高温(>500℃)可能导致严重的烧结，形成块状相并伴随性能下降。

　　贵金属磷化物纳米催化剂在电催化分解水反应中具有重要的应用。其中，电催化剂结构设计和优化对于提高催化性能具有重要的影响。电催化剂结构与可用的活性位点数量息息相关，电催化剂的结构会影响表面物质浓度分布、传质和催化剂稳定性。通过对合成条件的调节(如温度、时间和表面活性剂等)，可以有效地控制催化剂的尺寸。一般来说，减小催化剂的尺寸，尤其是减小到纳米尺度，会显著改善催化活性。这归因于小尺寸带来的巨大的比表面积、表面丰富的缺陷结构与晶格扭曲。将贵金属磷化物均匀分散，并避免催化过程中发生奥斯特瓦尔德熟化是提高性能与稳定性的有效方法。M 与 P 的化学计量比不同会导致明显的结构变化和电子环境的差异，对电催化性能也会产生影响，研究贵金属磷化物的结构对电催化活性的影响有助于指导未来催化剂的设计。

历史事件回顾

3　氮的功能材料化合物

氮化物是一类氮显–3 价的化合物。氮具有高电负性，只有氧、氟和氯的电负性比它更高。氮化物可分为离子型氮化物、共价型氮化物、间隙氮化物及它们之间的混合类型。关于氮功能材料的研究进展，国内许多研究学者已进行了归纳[96-105]，这里仅作简单阐述。

一、一般氮化物

(一) 离子型氮化物

氮与活泼金属结合形成的化合物一般为离子型氮化物。离子型氮化物主要是氮与 ⅠA、ⅡA 族活泼金属形成的氮化物，如氮化锂(Li_3N)、氮化钙(Ca_3N_2)等。这类氮化物热稳定性低，加热时会分解为氮和相应元素；它们极易水解，与水蒸气作用放出氨并生成金属氢氧化物。

氮化锂是碱金属氮化物中热稳定性最高的化合物，也是其中唯一可以在室温下制备的化合物。氮化锂熔点很高，其晶体结构特殊，可分为两层：一层为 Li_2N^-，其中的锂原子为六配位，如图 3-31(a)所示；另一层只有锂离子。氮化锂是一种快离子导体且其电导率比其他无机锂盐都高。目前已有许多研究是针对氮化锂作为电池固体电极及阴极材料的应用。

氮化镁(Mg_3N_2)的结构如图 3-31(b)所示，属于立方结构。氮化镁可以作为合成立方氮化硼的催化剂，在第一次成功合成立方氮化硼时，使用的催化剂就是氮化镁[106]。1957 年，美国通用电器公司的温托夫(R. H. Wentorf, 1926—1997)

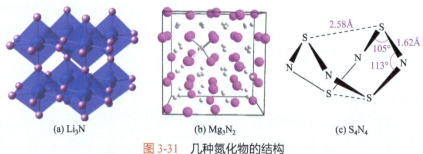

(a) Li$_3$N   (b) Mg$_3$N$_2$ (c) S$_4$N$_4$

图 3-31   几种氮化物的结构

试图将六方氮化硼变为立方氮化硼，他先后采用了加热、加压、使用催化剂或者以上条件的组合，但都没有成功。后来在一定的压力和热处理条件下，将镁加入六方氮化硼中进行反应。随后将镁放在显微镜下观察，发现镁表面有微小的深色块状物，且此块状物可以在已抛光的碳化硼上产生刮痕，当时已知可以在碳化硼上产生刮痕的物质只有钻石。由于反应过程有氨气释放出，是由氮化镁和潮湿的空气反应产生的，温托夫推断镁和氮化硼反应生成了氮化镁，氮化镁继而作为催化剂，使六方氮化硼转变为立方氮化硼。

(二) 一般共价型氮化物

氮与非金属反应生成的化合物一般为共价型氮化物，与磷、硅、硼等非金属元素形成的氮化物，即氮化磷(P$_3$N$_5$)、氮化硅(Si$_3$N$_4$)、氮化硼(BN)等非常稳定。

一氮化磷(PN)是第一种被确定的含磷星际分子[107]，在木星和土星大气中存在[108]。单分子 PN 只在高温时存在，在室温时为无色长链聚合物。它可以由五氮化三磷在 800℃时热分解得到。

五氮化三磷(P$_3$N$_5$)是一种暗红色粉末，有三种晶型：α-P$_3$N$_5$ 在常压下一直存在到 6GPa，密度为 2.77g · mL^{-1}；当压力超过 6GPa 时，转变为 γ-P$_3$N$_5$ 相，密度为 3.65g · mL^{-1}；当压力继续升高到 43GPa，模拟计算结果表明有 δ-P$_3$N$_5$ 相，密度为 3.65g · mL^{-1}[109]。其不溶于水，在空气中稳定。在高温时，颜色可以在白色到暗红色之间转换。在真空或氢气流中加热生成磷和氨，在氧气流中加热生成五氧化二磷和氮气。常温下不与水反应，100℃以上能缓慢分解为磷酸铵。在常温下不与浓硝酸反应。可用作半导体掺杂、灯用消气剂等。

四氮化四硫(S$_4$N$_4$)的结构和成键较特殊，见图 3-31(c)。它是制备其他含 S—N 键化合物时最主要的原料，因此成为化学家研究的焦点之一。氮和硫电负性相近，容易形成共价键相连的 S—N 环系，其中不少是 S$_4$N$_4$ 的衍生物。同族的 Se 和 Te 也很容易生成一系列相似的含 X—N 键的化合物。S 和

N 交替构成一个假想的八元环,每对硫原子中 S—S 相距 2.586Å,由 X 单晶衍射测定。同价的 Se_4N_4 结构类似。S_4N_4 分子中,S—N 键键长几乎相等,存在电子离域。S—S "跨环" 相互作用的距离比范德华力的距离小得多,这个现象可以用分子轨道理论解释[110],但仍有争议。其生成热为 $460kJ \cdot mol^{-1}$,在热力学上不稳定。四氮化四硫在常温下还算稳定,但研磨、摩擦、撞击、震动和迅速加热时,会猛烈分解并引起爆炸,生成非常稳定的产物 N_2 和 S_8。

(三) 功能型氮化硅

在氮气气氛下,将单质硅粉末加热到 1300~1400℃,会生成 Si_3N_4。此外,还有其他几种硅的氮化物被合成:如气态的 Si_2N、一氮化硅(SiN)和三氮化二硅(Si_2N_3)。这些化合物的高温合成方法取决于不同的反应条件,如反应时间、温度、起始原料,还包括反应物和反应容器的材料及纯化方法[111]。Si_3N_4 是硅的氮化物中化学性质最稳定的,仅能被稀 HF 和热 H_3PO_4 分解,也是所有硅的氮化物中热力学最稳定的。

Si_3N_4 存在 3 种结晶结构,分别是 α、β 和 γ 相。α 和 β 两相是 Si_3N_4 最常见形式,且可以在常压下制备。γ 相只有在高压及高温下才能合成得到,它的硬度可达 35GPa,为包含八面体形六配位硅原子的尖晶石型结构。在很宽的温度范围内,Si_3N_4 都是一种具有一定热导率、低热膨胀系数、弹性模量较高的高强度硬陶瓷。不同于一般的陶瓷,它的断裂韧性高。这些性质结合起来使它具有优秀的耐热冲击性能,能够在高温下承受高结构载荷并具备优异的耐磨损性能。常用于需要高耐用性和高温环境下,如汽轮机、汽车引擎零件、轴承和金属切割加工零件。美国国家航空航天局的航天飞机就是用氮化硅制造主引擎轴承。氮化硅薄膜是硅基半导体常用的绝缘层,由氮化硅制作的悬臂是原子力显微镜的传感部件。

2020 年 4 月,中国科学技术大学 08 级少年班刘骏秋等在 *Nature Photonics* 上发表了一篇关于氮化硅芯片级光学频率梳的研究论文[112]。研究者通过研发全新的半导体纳米加工工艺技术,制造了损耗接近 $1dB \cdot m^{-1}$ 的氮化硅波导 "氮化硅光子大马士革工艺",该波导损耗也是目前所有集成波导材料中的最低纪录。研究者们采用深紫外步进光刻技术、刻蚀、化学气相沉积、化学机械抛光等技术用于氮化硅波导的制造,所产出的芯片波导损耗远低于传统的纳米加工技术,并使得大规模商业化生产成为可能。基于氮化硅微腔的集成光频梳是构建高纯度通信光源和超低相位噪声微波振荡器的关键模块，可以广泛使用在未来的集成化雷达和信息网络中。

二、功能型Ⅲ族氮化物

Ⅲ族半导体材料是一种共价型半导体材料,其氮化物称为第三代半导体材料。因为Ⅲ族氮化物半导体材料的结构单元与金刚石的四面体十分相似，故也称为类金刚石氮化物。它们是一种具有强压电、铁电性的宽带隙、直接能隙半导体材料，具有独特的光电性质，在光电子和微电子领域中得到了广泛的应用，成为半导体发展的新一代技术。

(一) 高温材料 BN

氮化硼(BN)禁带宽度 4.35eV，具有耐热性和耐火性，是一种理想的导热复合材料。晶体类型主要有四种，可以分为两类，如图 3-32 所示：其中一类为六方氮化硼 h-BN、三方氮化硼(r-BN，类似于六方氮化硼，在立方氮化硼转化为六方氮化硼的过程中产生)。它们的晶体类型与石墨类似，为 sp^2 杂化，是一种十分实用的润滑剂。另一类为纤维锌矿氮化硼(w-BN，由六方氮化硼在高压下转化成的一种不同于石墨层状结构的超硬状态)、立方氮化硼(c-BN，闪锌矿结构)，晶形与金刚石类似，为 sp^3 杂化。

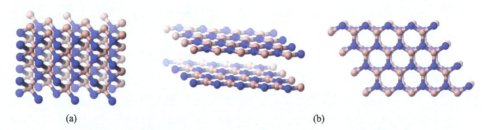

(a)   (b)

图 3-32 闪锌矿氮化硼 c-BN(a)和六方氮化硼 h-BN(b)的结构

立方氮化硼通常为黑色、棕色或暗红色晶体。与钻石相似，立方氮化硼是一种绝缘体，也是一种极佳的导热体。立方氮化硼晶体材料常用在切割工具的切割头。用作磨料时，一般使用合成树脂、多孔性陶瓷等作黏合剂。烧结的立方氮化硼是一种不导电的散热片材料，故在微电子学领域中有潜在应用价值。

六方氮化硼结构类似于石墨，又称 h-BN、α-BN 或 g-BN(graphitic BN)，有时也称白石墨，它是最普遍使用的氮化硼形态。与石墨相似，六方氮化硼是由许多片六边形组成的。六方氮化硼的共价性较低，导电性稍低于石墨，且能隙较大。

六方氮化硼摩擦系数很低、高温稳定性很好、耐热震性很好、强度很高、导热系数很高、膨胀系数较低、电阻率很大、耐腐蚀、可透微波或透红外线。六方氮化硼在极低和极高温度甚至在氧气下都是一种很好的润滑剂，它在石墨的导电性和与其他物质的化学反应造成困难时特别有用。六方氮化硼的润滑机理并不涉及层面之间的水分子，因此可以在真空下使用，如在太空作业时。氮化硼具有抗化学侵蚀性质，不被无机酸和水侵蚀，在热浓碱中硼氮键被断开。六方氮化硼 1200℃以上开始在空气中氧化，熔点为 3000℃，稍低于 3000℃时开始升华，真空时约2700℃开始分解。六方氮化硼微溶于热酸，不溶于冷水。在氧化气氛下最高使用温度为 900℃，而在非活性还原气氛下可达 2800℃，但在常温下润滑性能较差。氮化硼的大部分性能比碳素材料更优，与多数物质都不发生化学反应，也不被许多熔化物质所沾湿，如铝、铜、锌、铁、钢、铬、硅、硼、冰晶石、玻璃和卤化盐。

　　近年来，氮化物薄膜材料的合成和应用已成为重要的研究前沿。作为唯一无悬键的二维半导体，六方氮化硼的大面积单晶制备一直是该领域的难题。主要问题是外延生长过程中产生的孪晶晶界：即晶畴在常规单晶衬底上存在两个夹角为 180°的优势取向时，反向晶畴在拼接时会形成缺陷晶界。该问题在绝大多数二维材料单晶制备中存在，因此六方氮化硼单晶材料的制备研究具有重要的科学意义和技术价值。2019 年，中国科学院王恩哥院士和俞大鹏院士等在中心反演对称性破缺的单晶铜衬底上实现了分米级二维单晶六方 BN 的外延制备[113]，同时对生长机制给出了详细的实验及理论分析，探索出利用对称性破缺的衬底外延非中心反演对称二维单晶薄膜的新方法，可推广至其他二维材料的大面积单晶制备，有望推动新型二维材料器件规模化应用的技术发展。2020 年 1 月，北京大学宋柏等在 Science 上报道了具有超级热导率的新型半导体立方氮化硼晶体[114]。虽然室温下天然同位素丰度的立方 BN 热导率只有约 850W·m^{-1}·K^{-1}，而经过硼同位素的富集，在包含约 99%的 B-10 或 B-11 的立方氮化硼晶体中，观测到超过 1600W·m^{-1}·K^{-1} 的热导率。这一数值大大超过砷化硼，意味着硼同位素富集的立方氮化硼晶体已经取代砷化硼，成为目前最好的非碳及各向同性的导热材料。同样值得注意的是，实验通过同位素富集把热导率提高约 90%，这也是迄今观测到的最大同位素热效应。

(二) 半导体材料

　　Ⅲ族氮化物中的氮化铝(AlN)、氮化镓(GaN)、氮化铟(InN)及它们所形成的合金(AlGaN、InGaN、AlInN 或 AlGaInN 等)是具有广泛应用的半导体材料。通过调节合金中的组分，AlGaInN 的能隙可在 0.67~6.2eV 之间连续变化，覆盖了深紫外至近红外的光谱区，加之其直接带隙的特征，在光电领域有广泛的应用。

AlN 是原子晶体，能带宽 6.2eV，属于金刚石氮化物，六方晶系，晶体结构类型为闪锌矿型，颜色为白色或灰白色。AlN 作为一种新型的陶瓷材料，具有优良的绝缘性、导热性、高温抗腐蚀性，还具有与硅相接近的热膨胀系数等一系列优良特性，广泛应用于电子元器件。1877 年，J. W. Mallet 首次合成了 AlN。目前，比较先进的 AlN 粉体的制备方法有直接氮化法、碳热还原氮化法、溶胶-凝胶法和自蔓延高温合成法等。GaN 能带宽 3.4eV，晶体结构有三种：六角纤锌矿结构、立方闪锌矿结构和立方熔盐矿结构。GaN 具有电子迁移率高、热力学稳定性良好等优良性质，是一种新型的可作为电子元器件的材料，被誉为第三代半导体材料。1932 年，Johnson 等利用 NH_3 和纯的金属 Ga 为原料，在世界范围内首次合成 GaN。目前，比较先进的制备 GaN 的方法有：金属有机物化学气相沉积(metal organic chemical vapor deposition，MOCVD)法、分子束外延(molecular beam epitaxy，MBE)法、溶胶-凝胶法及模板法等。InN 禁带宽度约 0.7eV，具有两种晶格结构：六方纤锌矿和立方闪锌矿，常温常压下的稳定相是六方纤锌矿结构。InN 具有优良的电子运输性能和很高的电子迁移率($1430cm^2 \cdot V^{-1} \cdot s^{-1}$)，在高频、高速率晶体管的应用上具有明显的优势，有望成为一种新型的光电子器件。早在 1938 年，Juza 等就合成出六方纤锌矿结构的 InN。但 InN 的分解温度较低(600℃左右)，而氮源 NH_3 的分解温度较高(1000℃)。由于存在温度矛盾以及难以选择合适衬底以避免晶格失配的问题，一直以来都难以制备出高质量的 InN 材料，因此对其电学、光学性质的认识远不如其他氮化物材料。近年来，研究学者尝试用各种方法制备出较高质量及各种形貌的 InN。在众多合成方法中，以分子束外延法、化学气相沉积法、射频磁控溅射法(RFMS)较为常见。

半导体照明是目前氮化物半导体应用最为成熟的领域。1986 年，赤崎勇 (I. Akasaki，1929—2021)和天野浩(H. Amano，1960—)首次制成高质量的 GaN 晶体，他们采用的方法是在蓝宝石衬底上涂一层 AlN 材料，在上面生长 GaN 晶体。在扫描电子显微镜下观察培养出的 GaN 晶体时，他们无意中注意到晶体的发光强度似乎增强了，这说明扫描电子显微镜产生的电子流能够提升 p 层的效率。1992 年，他们终于制成第一个发蓝光的二极管。中村修二(S. Nakamura，1954—)从 1988 年开始研制蓝光 LED。两年之后，他同样成功成了高质量的 GaN 晶体，并创建了制作高质量晶体的办法：先在低温下生长薄薄一层 GaN 晶体，随后在稍高的温度下继续进行晶体培养。之后，两个研究组都在 LED 技术的持续改进研究中取得很大进展，使该技术更趋完善。他们进一步研制了不同的 GaN 合金，掺入了 Al 和 In，LED 的结构也更复杂和精细。2014 年诺贝尔物理学奖授予了天野浩、中村修二、赤崎勇三位科学家，他们在 20 世纪 90 年代前后所做的一系列工作孕育了当前繁荣的 LED 照明市场。

此外，通过调节 InGaN 的能隙(0.7～3.4eV)，有望制备转化效率超过 50%的多结太阳能电池。同时，AlGaN 材料带隙宽(3.4～6.2eV)、击穿电压高，可以制备出性能更高的功率电子器件，在电力传输和电动汽车领域有望取代当下的 Si 基功率器件[115]。AlGaN 还能通过和 GaN 形成异质结产生高浓度、高迁移率的二维电子气，在雷达、通信领域正逐步取代当前的 GaAs 基射频器件[116]。此外，由于 AlN 与 GaN 晶体具有很强的自发极化和压电系数，在 MEMS 器件[117]、摩擦电[118]等领域也有很大的应用前景。

目前，制约Ⅲ族氮化物发展的是高质量氮化物材料的低成本制备。研究学者们借助分子束外延、金属有机物化学气相沉积、氢化物气相外延(hydride vapor phase epitaxy，HVPE)等生长技术，通过低温缓冲层、图形衬底、侧向外延等生长工艺，已实现了氮化物在蓝宝石、SiC、Si 等异质衬底上较高质量的外延生长，其结晶质量可以满足当前器件制备的一般需要[119]。当前氮化物半导体发展的另一趋势是用 GaN 或 AlN 衬底上的同质外延取代目前属于主流技术的蓝宝石、SiC 等衬底上的异质外延，从而避免异质外延产生高密度缺陷，这涉及高质量 GaN 和 AlN 单晶衬底材料的发展。中村修二在几次重要的国际会议上都提出，实现 GaN 衬底，将使 GaN 基材料和器件跨入一个新纪元。

尽管属于第三代半导体的 GaN 基材料在许多领域的应用潜力已被广泛了解，并形成半导体照明数千亿规模的高新技术产业，但人类对 GaN 基半导体的认识还远没有达到像对 Si、GaAs 等第一代、第二代半导体材料认识的深度，当前 GaN 基器件和模块的应用研究与探寻 GaN 基半导体材料物理性质和生长动力学的基础研究正在同步进行，这也是第三代半导体研究的特色。例如，在 GaN 基蓝光 LED 广泛应用的今天，人们仍然没有完全理解作为 LED 核心结构的 InGaN/GaN 量子阱中的发光机制；氮化物材料生长于蓝宝石、SiC 异质衬底上，位错密度通常在 10^8～10^{10} cm^{-2} 量级，为何如此高的缺陷密度对发光过程没有造成显著影响还没有得到令人信服的解释。也许这就是 GaN 基半导体吸引许多物理学工作者研究的原因。

三、过渡金属氮化物材料

间隙型氮化物主要指氮与过渡金属形成的氮化物，如氮化锰(Mn_5N_2)、氮化钨(W_2N_3)、氮化锆(ZrN)等。这类氮化物具有高硬度、高熔点、高热稳定性的特点。它们大多是氮原子填充在金属结构的间隙中，属于间隙化合物，具有金属的性质，不与水反应，有导电性。过渡金属氮化物(transition metal nitride，TMN)是 N 元素插入过渡金属晶格间隙中所生成的一类化合物，它兼具共价化合物、离子晶体和过渡金属 3 类物质的性质。由于元素 N 的插入，金属晶格扩张，金属间距和晶胞常数变大，金属原子间的相互作用力减弱，产生相应的 d 带收缩修饰和费米能级附近态密度的重新分布，价电子数增加，结构也随之变化，可以从根本上改变催化位点的活性。同时，因具有类铂的电子结构，过渡金属氮化物理论上具有类铂或其他贵金属的电催化活性，受到人们广泛的关注，但其电催化活性与贵金属催化剂相比仍有较大差距。

研究表明，除了 Ru、Os、Rh、Ir、Pd、Pt 等贵金属外，理论上所有过渡金属都可以与 N 反应形成 TMN，且其能带结构和面心立方型过渡金属的结构相似。因 N 元素的存在，过渡金属氮化物催化剂的电子结构得到调整，从而催化性能得到优化。除此之外，TMN 三键共存(金属键、离子键、共价键共存)的性质使其耐腐蚀性良好，在酸性或碱性条件下均有很强的适应性。因此，包含单金属、双金属、多金属及异质结构等类型的 TMN 在 HER、OER、ORR 电催化中具有重要应用。此外，过渡金属氮化物在许多涉氢反应中，如氨的合成与分解、加氢脱硫(HDS)、加氢脱氮(HDN)等过程中都表现出良好的催化活性，其性能丝毫不逊色于 Pt 和 Rh 等贵金属催化剂，被誉为准铂催化剂。

过渡金属氮化物因其低而平的充放电电位平台、高度可逆的反应特性与容量大等特点，已引起科学工作者的广泛关注。此外，过渡金属氮化物的高熔点和卓越的电化学惰性，有利于其作为电极材料在潮湿和腐蚀性的环境中稳定工作。大多数过渡金属氮化物在充放电过程中具有较大的体积变化，导致活性成分随着循环的进行发生团聚、粉化、开裂和剥落，从而大大降低锂离子电池的性能。在 Li_3N 基础上的锂过渡金属氮化物的可逆容量超过了石墨[120]。锂过渡金属氮化物的化学式主要有 Li_3N 结构 $Li_{3-x}M_xN$(M = Mn, Cu, Ni, Co, Fe)和类萤石结构 $Li_{2n-1}MN_n$(M = Sc, Ti, V, Cr, Mn, Fe)。近期研究表明，三元锂过渡金属氮化物，如 $LiMnN_2$、$Li_{3-x}M_xN$(M = Co, Ni)、$Li_{2.7}Fe_{0.3}N$ 和 $Li_{2.6}Co_{0.4}N$，已经发展成一系列有前景的负极材料，其可逆容量可达到 $400\sim760mAh\cdot g^{-1}$[121]。针对过渡金属氮化物在光电水分解催化领域和电化学能源储存与转化方面的研究进展、存在的问题和发展前景，我国相关学者已撰写发表了多篇综述文章[122-123]，这里不再赘述。

目前大多数过渡金属氮化物为缺氮型，即 TMN_x($x\leqslant1$)，这些氮化物有较优异的性能。富氮型过渡金属氮化物，即 $x>1$ 时，理论上在大气压下很难将氮掺入晶格中，若对其进行改性，可能会导致部分氮从晶格向外扩散。氮作为富电子元素，可以在电子传输方面加速 HER、OER 或 ORR 等电催化反应过程。今后可对此类型催化剂进行深入研究，以扬长避短。

参 考 文 献

[1] Armstrong W O R. 无机化学. 6 版. 李珺, 雷依波, 刘斌, 等译. 北京: 高等教育出版社, 2018.

[2] Delaplane R G, Taesler I, Olovsson I. Acta Crystal, 1975, B31: 1486.

[3] Taesler I, Delaplane R G, Olovsson I. Acta Crystal, 1975, B31: 1489.

[4] Wiberg N, Holleman A F, Wiberg E. Inorganic Chemistry. New York: Academic Press, 2001.

[5] Greenwood N, Earnshaw A. Chemistry of the Elements. 2nd ed. Oxford: Butterworth-Heinemann, 1997.

[6] 项斯芬, 严宣申, 曹庭礼, 等. 无机化学丛书第四卷: 氮磷砷分族. 北京: 科学出版社, 1995.

[7] Wisian-Neilson P, King R. Encyclopedia of Inorganic Chemistry, 1994, 6: 3371.

[8] Kolozsi A, Lakatos A, Galbács G, et al. Inorganic Chemistry, 2008, 47(9): 3832-3840.

[9] Greenwood N, Hughes A, Fox M. et al. Chemistry of the Elements. 3rd ed. Oxford: Elsevier, 2011.

[10] 赵青燕, 陈志波, 钟小华. 一种氢氧化铋的制备方法: CN103112893 A. 2013-05-22.

[11] Holleman A F, Wiberg N. Lehrbuch der Anorganischen Chemie. Berlin: Der Walter de Gruyter Verlag, 1985.

[12] Neumann R C, Jr Bussey R J. Journal of the American Chemical Society, 1970, 92(8): 2440.

[13] Thomas W P, Lawton W S. Stable Ammonium Polyphosphate Liquid Fertilizer from Merchant Grade Phosphoric Acid：US04721519A. 1988-1-26.

[14] Corbridge D E C. Phosphorus: Chemistry, Biochemistry and Technology. Boca Raton: CRC Press, 2013.

[15] Greenwood N N, Earnshaw A. Chemistry of the Elements. Oxford: Pergamon Press, 1984.

[16] Brauer G. Handbook of Preparative Inorganic Chemistry V1. 2nd ed. New York: Academic Press, 1963.

[17] Toles C, Rimmer S, Hower J C. Carbon, 1996, 34(11): 1419-1426.

[18] Tucker K L, Morita K, Qiao N, et al. The American Journal of Clinical Nutrition, 2006, 84(4): 936-942.

[19] Heaney R P, Rafferty K. The American Journal of Clinical Nutrition, 2001, 74(3): 343-347.

[20] Collin R T, Willis M. Acta Crystallographica Section B: Structural Crystallography and Crystal Chemistry, 1971, 27(2): 291-302.

[21] Najm I, Trussell R R. Journal AWWA, 2001, 93(2): 92-99.

[22] Bills D D, Hildrum K I, Scanlan R A, et al. Journal of Agricultural and Food Chemistry, 1973, 21(5): 876-877.

[23] Heisler J, Glibert P M, Burkholder J M, et al. Harmful Algae, 2008, 8(1): 3-13.

[24] Bizsel N, Uslu O. Marine Environmental Research, 2000, 49(2): 101-122.

[25] Yoshida S, Komiya T. Journal of Geography (Chigaku Zasshi), 2019, 128: 597-623.

[26] 夏萌萌. 南方农业, 2020, 14(23): 183-184.

[27] 郭昊, 宋有涛. 环境保护与循环经济, 2020, 40(4): 19-21.

[28] 聂司宇, 孟昊, 李婷婷, 等. 环境保护与循环经济, 2020, 40(4): 47-51.

[29] 陈孜, 张雷, 周科朝. 粉末冶金材料科学与工程, 2009, 14(2): 74-82.

[30] 杨文冬, 黄剑锋, 曹丽云, 等. 无机盐工业, 2009, 41(4): 1-3.

[31] Schmidt M, Ewald B, Prots Y, et al. Zeitschrift für Anorganische und Allgemeine Chemie, 2004, 630(5): 655-662.

[32] Haines J, Cambon O, Astier R, et al. Zeitschrift für Kristallographie-Crystalline Materials, 2004, 219(1): 32-37.

[33] Hutchings G J, Hudson I D, Timms D G. Journal of the Chemical Society Chemical Communications, 1994, 23(6): 2717-2718.

[34] Chen S, Ye M, Chen H H, et al. Journal of Inorganic and Organometallic Polymers and Materials, 2009, 19(2): 139-142.

[35] 李海昆, 曾波, 杨学芬, 等. 无机盐工业, 2014, 46(1): 31-34.

[36] 张军, 王锐, 姜恒, 等. 化工科技, 2012, 20(1): 37-39.

[37] 秦安荣. 云南化工, 1990, 17(3): 34-37.

[38] 贡长生. 自然杂志, 1987, 10(8): 578-582.

[39] 拉什奇 F, 崔洪山, 雨田. 国外金属矿选矿, 2000, 37(11): 2-9.

[40] 李龙燕, 钟本和, 许海全, 等. 无机盐工业, 2013, 45(3): 5-7.

[41] 陈华东, 曾波, 戴元华, 等. 无机盐工业, 2010, 42(2): 9-11.

[42] Tinwell H, Stephens S, Ashby J. Environmental Health Perspectives, 1991, 95: 205-210.

[43] Jolliffe D. Journal of the Royal Society of Medicine, 1993, 86(5): 287-289.

[44] Lander J J, Stanley R J, Sumner H W. et al. Gastroenterology, 1975, 68(6): 1582-1586.

[45] Xiong L, Wang Y. Journal of Proteome Research, 2010, 9(2): 1129-1137.

[46] Chen S J, Zhou G B, Zhang X W, et al. Blood, 2011, 117(24): 6425-6437.

[47] Ho D, Lowenstein E J. SKINmed: Dermatology for the Clinician, 2016, 14(4): 287-289.

[48] Doyle D. British Journal of Haematology, 2009, 145(3): 309-317.

[49] 吴胜强, 杨玲. 黔东南民族师专学报, 1999, 16(3): 21.

[50] 陈流敏. 锑酸盐纳米材料的低温合成及光学性能研究. 苏州: 苏州大学, 2013.

[51] 郑文君, 黄红波, 武丽艳, 等. 高等学校化学学报, 2004, 25(12): 2199-2203.

[52] 郑文君, 庞文琴. 无机材料学报, 2000, 15(2): 275-280.

[53] 刘亚飞, 刘杏芹. 功能材料, 1999, 30(1): 4-6.

[54] 刘杏芹, 刘亚飞, 沈瑜生. 高等学校化学学报, 1998, 19(6): 6-11.

[55] Lin X, Wu J, Lü X, et al. Physical Chemistry Chemical Physics, 2009, 11(43): 10047-10052.

[56] Lin X P, Huang F Q, Wang W D, et al. Dyes & Pigments, 2008, 78(78): 39-47.

[57] 张玉波. 层状偏锑酸盐电子结构和线性光学性质的理论研究. 哈尔滨: 哈尔滨工业大学, 2008.

[58] 朱刚强, 刘鹏, 周剑平, 等. 高等学校化学学报, 2008, 29(2): 240-243.

[59] Ivanova T A, Babaeva V P, Rosolovskii V Y. Zhurnal Neorganicheskoi Khimii, 1987, 32 (11): 2706-2710.

[60] 刘芳芳, 戴亚堂, 张欢, 等. 中国粉体技术, 2011, 17(5): 32-34.

[61] Vasil'ev V P, Ikonnikov A A. Zhurnal Neorganicheskoi Khimii, 1972, 17(12): 3232-3236.

[62] Beckham L J, Fessler W A, Kise M A. Chemical Reviews, 1951, 48(3): 319-396.

[63] Moissan H, Lebeau P, Hebd C R. Seances Academic Science, 1940, 1905: 1621.

[64] Cotton F A, Wilkinson G, Murillo C A, et al. Advanced Inorganic Chemistry. 5th ed. New York: Wiley-Interscience, 1988.

[65] Griffiths J, Sunder W. Journal of Fluorine Chemistry, 1975, 6(6): 533-556.

[66] Schmutzler R. Angewandte Chemie International Edition in English, 1968, 7(6): 440-455.

[67] Fox W, Mackenzie J S, Vanderkooi N, et al. Journal of the American Chemical Society, 1966, 88(11): 2604-2605.

[68] Wang M, Huang Q L, Chen X T, et al. Materials Letters, 2007, 61(25): 4666-4669.

[69] Bervas M, Klein L C, Amatucci G G. Journal of the Electrochemical Society, 2006, 153(1): A159-A170.

[70] Sorokin N, Sobolev B. Crystallography Reports, 2010, 55(5): 830-832.

[71] Wei H, Shan P, Sun T, et al. Journal of Alloys & Compounds, 2016, 47(10): 788-794.

[72] Keramidas K, Voutsas G, Rentzeperis P. Zeitschrift für Kristallographie-Crystalline Materials, 1993, 205(1): 35-40.

[73] 马春阳, 吴飞飞, 王金东, 等. 人工晶体学报, 2015, 44(7): 1764-1767,1772.

[74] Eggenweiler U, Keller E, Krämer V. Acta Crystallographica Section B: Structural Science, 2000, 56(3): 431-437.

[75] 张笛, 肖清贵, 张炳烛, 等. 化工学报, 2014, 65(6): 1987-1992.

[76] 郑文裕, 刘希澄, 赖远雄, 等. 广东工业大学学报, 1993, 3(2): 53-57.

[77] Li H, Hu T, Liu J, et al. Applied Catalysis B: Environmental, 2016, 182: 431-438.

[78] Di J, Xia J, Ji M, et al. Journal of Materials Chemistry A, 2015, 3(29): 15108-15118.

[79] Shang J, Hao W, Lv X, et al. ACS Catalysis, 2014, 4(3): 954-961.

[80] 付大卫, 谢汝义, 张琳萍, 等. 应用化学, 2017, 34(5): 590-596.

[81] Lee W W, Lu C S, Chuang C W, et al. RSC Advances, 2015, 5(30): 23450-23463.

[82] Dong Y, DiSalvo F J. Acta Crystallographica Section E, 2005, 61(11): i223-i224.

[83] Gu Y L, Guo F, Qian Y T, et al. Materials Research Bulletin, 2002, 37(6): 1101-1105.

[84] Sangster J M. Journal of Phase Equilibria and Diffusion, 2010, 31: 68-72.

[85] Yang Y H, Chen X Q, Tian N, et al. Materials Letter, 2020, 272: 127826.

[86] Maass K E. Zeitschrift für Anorganische und Allgemeine Chemie, 1970, 374(1): 19-25.

[87] Wang J J, Hanzawa K, Hiramatsu H, et al. Journal of the American Chemical Society, 2017, 139(44): 15668-15680.

[88] Bouarissa N. Physica B: Condensed Matter, 2011, 406(13): 2583-2587.

[89] Cossairt B M, Cummins C C. Journal of the American Chemical Society, 2009, 131(42): 15501-15511.

[90] Allen G C, Carmalt C J, Cowley A H, et al. Chemistry Materials, 1997, 9(6): 1385-1392.

[91] 朱对虎, 李平. 工业催化, 2019, 27(7): 7-10.

[92] 王红梅, 李美元, 白金, 等. 应用化工, 2017, 46(5): 1007-1012.

[93] Motos-Pérez B, Uzio D, Aymonier C. ChemCatChem, 2015, 7(21): 3441-3444.

[94] Guan J, Wang Y, Qin M L, et al. Journal of Solid State Chemistry, 2009, 182(6): 1550-1555.

[95] 周煜筑, 张友魁, 宋礼. 无机材料学报, 2021, 36(3): 225-244.

[96] 谭晓宇, 杨少延, 李辉杰. 化学学报, 2017, 75(3): 271-279.

[97] 陈汝文, 涂新满, 陈德志. 化学进展, 2015, 27(4): 416-423.

[98] 杨帆, 王美琪, 关卫省. 人工晶体学报, 2019, 48(7): 1203-1207.

[99] 韩波, 李钟玉, 兰云军. 化工技术与开发, 2015, 44(3): 23-30.

[100] 郭强强, 冯志海, 周延春. 宇航材料工艺, 2015, 45(5): 1-13.

[101] 王艳芝, 张旺玺, 孙长红, 等. 陶瓷学报, 2018, 39(6): 661-671.

[102] 崔雪峰, 李建平, 李明星, 等. 航空材料学报, 2020, 40(1): 21-34.

[103] 崔燚, 魏恒勇, 杨静凯, 等. 材料工程, 2020, 48(6): 82-90.

[104] 秦睿, 王鹏彦, 林灿, 等. 物理化学学报, 2021, 37: 1-20.

[105] 沈强, 卢春山, 马磊, 等. 化工生产与技术, 2004, 11(1): 33-36, 52.

[106] Wentorf R H. Journal of Chemical Physics, 1961, 34(3): 809-812.

[107] Turner B E, John B. The Astrophysical Journal, 1987, 321: L75.

[108] Viana R B, Pereira P S S, Macedo L G M, et al. Chemical Physics, 2009, 363(1-3): 49-58.

[109] Kroll P, Schnick W. Chemistry: A European Journal, 2002, 8(15): 3530-3537.

[110] Rzepa H S, Woollins J D. Polyhedron, 1990, 9: 107.

[111] Carlson O N. Bulletin of Alloy Phase Diagrams, 1990, 11(6): 569-573.

[112] Liu J, Lucas E, Raja A S, et al. Nature Photonics, 2020, 14(8): 486-491.

[113] Wang L, Xu X, Zhang L, et al. Nature, 2019, 570(7759): 91-95.

[114] Chen K, Song B, Ravichandran N K, et al. Science, 2020, 367(6477): 555-559.

[115] Flack T J, Pushpakaran B N, Bayne S B. Journal of Electronic Materials, 2016, 45: 2673.

[116] 康玄武, 郑英奎, 王鑫华, 等. 电源学报, 2019, 17(3): 44-52.

[117] Cimalla V, Pezoldt J, Ambacher O. Journal of Physics D: Applied Physics, 2007, 40: 6386.

[118] Mariello M, Fachechi L, Guido F. et al. Advanced Functional Materials, 2021, 31: 2101047.

[119] Narukawa Y, Ichikawa M, Sanga D, et al. Journal of Physics D: Applied Physics, 2010, 43: 354002.

[120] Shodai T, Okada S, Tobishima S, et al. Journal of Power Sources, 1997, 68: 515.

[121] Rowsell J L C, Pralong V, Nazar L F. Journal of the American Chemical Society, 2001, 123: 8598.

[122] Fu Z W, Wang Y, Yue X L, et al. Journal of Physical Chemistry B, 2004, 108: 2236.

[123] Balogun M S, Huang Y C, Qiu W T, et al. Materials Today, 2017, 20 (8): 425-451.

第4章

氮族元素的生物效应

p 区元素每族下方的 3 个元素组成了"小元素群"，它们有着共性及一些规律，同时，小元素群中大多数具有毒性[1-3]，如砷、锑、铋等，能与动物体正常代谢的重要酶巯基酶的巯基(—SH)相结合，抑制这些酶的活性，因而对动物体产生严重的毒性，称为"有毒小元素群"[4-5]。锑的毒性和砷相似，三价锑化合物的毒性较五价锑强，水溶性化合物的毒性较难溶性化合物强，锑元素粉尘的毒性较其他含锑化合物强。三价锑(SbH_3)毒性极强，吸入后会引起溶血和肝、肾障碍以及肺水肿。

4.1 氮的生物效应

4.1.1 氮在植物生命中的重要性

氮是生命元素，在动植物体中占有首要地位。从巍然耸立的参天大树到肉眼难见的微小生物[6]，从翱翔蓝天的鸟儿到畅游碧海的鱼群……都离不开氮。氮存在于所有组成蛋白质的氨基酸中，是构成如 DNA 等核酸的四种基本元素之一，影响动植物的生理活动和生长发育。在贫瘠的土壤中，即使是增加少量谷物可利用的氮量，也能将产量提高几倍[7]。氮是原生质、生物膜的重要组成部分，原生质是一切生命活动的基础。氮是叶绿素的组成成分，在植物中大量氮用于制造叶绿素分子，被誉为植物生长不可缺少的"维生素"。氮是许多酶及辅酶和辅基、某些植物激素(生长素和细胞分裂素)、维生素(B_1、B_6 等)、生物碱(烟碱、茶碱)等的成分，在生命活动中起重要的调节作用。绝大部分的氮被非共生或共生的固氮细菌所固定，这些细菌拥有可促进氮气氢化成为氨的固氮酶，生成的氨再被细菌通过一系列的转化以形成自身组织的一部分。

目前以大气中 N_2 为原料合成 NH_3 的方法主要有两种：一种是自然界固氮菌的固氮酶过程，另一种是有着百年历史的哈伯-博施法。固氮酶比较"娇贵"，提取和保持其稳定都不容易，很难用于大规模工业生产；哈伯-博施法需要高温和高压，耗能大、排放多。近年来也有利用纳米材料和固氮酶配合进行光能固氮的研究[8]，但还处于实验室的摸索阶段，固氮酶的提取和稳定性问题也都需要解决。

自然界只有某些微生物能直接将大气中的氮通过固氮酶还原成 NH_4^+，这个过程就是生物固氮，而具有这种固氮能力的微生物称为固氮菌[9-10]。根瘤菌能够同化大气中的氮，在于根瘤菌细胞中产生的固氮酶，这是生物固氮的基本物质。固氮酶由钼铁蛋白和铁蛋白组成，具有许多特征如氧敏感性、铵关闭效应等。生物固氮在生产实际中发挥着重要作用，为植物特别是对粮食作物提供氮素、提高产量、降低化肥用量和生产成本、减少水土污染和疾病、防治土地荒漠化、建立生态平衡和促进农业可持续发展具有重要意义。还有其他一些固氮过程及研究进展，详情已经在第 2 章合成氨研究进展部分阐述，此处不再赘述。

4.1.2 植物吸氮机制

NH_4^+ 和 NO_3^- 是氮元素吸收的主要形态，分子生物学技术在植物营养领域中的应用越来越多，对氮元素吸收的分子机理研究就是其中一项重要的内容。

1. 高等植物 NH_4^+ 吸收的分子机理

早期 NH_4^+ 吸收动力学研究表明，NH_4^+ 的吸收有两个明显的动力学吸收特性：低亲和的非饱和吸收和高亲和的饱和吸收[9-11]。高亲和力系统在低浓度（$\mu mol \cdot L^{-1}$）起作用，低亲和力系统在高浓度（$mmol \cdot L^{-1}$）起作用[12]。研究表明，高等植物 NH_4^+ 的吸收有 NH_4^+ 转运蛋白基因(AMT)参与，并且在植物、酵母、细菌和哺乳动物中都发现 AMT 基因的存在(图 4-1)[13]。这些 NH_4^+ 转运蛋白基因在氮元素吸收中起重要作用[14]。NH_4^+ 转运蛋白基因首先在根毛中表达的现象支持 AMT 基因在 NH_4^+ 营养中起到一定作用的观点[15]。AMT1 基因家族编码的蛋白在植物中具有 NH_4^+ 转运蛋白的功能。AMT1 基因属于真核和原核 NH_4^+ 转运蛋白基因家族 MEP/AMT1 中的成员，番茄和拟南芥的高亲和 NH_4^+ 转运蛋白基因 AMT1.1 已经通过酵母突变体得到功能鉴定[15-16]。其次，在酵母中 AMT 转运蛋白的生化特性如能量来源、最佳 pH 及受 K^+ 抑制的程度[16]都反映了完整植株根系中的 NH_4^+ 吸收特性[13,16]。最后，番茄中的 AMT1.1 首先在根毛中表达，足以说明 AMT 基因在植物从生长介质中吸收 NH_4^+ 这一过程中所起的作用[17]。

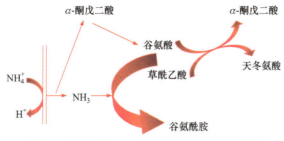

图 4-1　高等植物 NH_4^+ 吸收的分子机理示意图

2. 高等植物 NO_3^- 吸收的分子机理

硝酸盐是植物生长所必需的，既作为氮吸收的基本营养，也是植物发育的重要信号(图 4-2)。

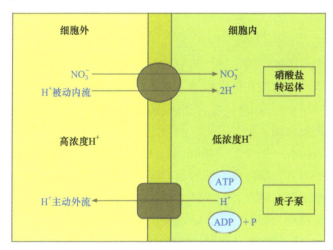

图 4-2　硝酸盐通过植物细胞质膜示意图

高等植物的硝酸盐吸收中有高亲和吸收系统(high affinity transport system，HATS)与低亲和吸收系统(low affinity transport system，LATS)两种[18]。因物种不同，HATS 的 K_m(K_m 为酶促反应速率达到最大反应速率一半时所对应的底物浓度)为 5～100μmol · L^{-1}，而 LATS 表现出线性的动力学特性或其 K_m 在 mmol · L^{-1} 数量级[18-19]。通常，LATS 比 HATS 容量大。因此，虽然 HATS 在外源硝酸根离子浓度很低时对氮的获得有重要作用，但 LATS 对于大量硝酸盐的获得还是必要的，而且后者可能对于植物的生长更重要，因为 NO_3^- 很难残留，且在耕地土壤中变化明显。根据对 NO_3^- 诱导的反应类型，HATS 可以进一步分为两种：一种是诱导型

(iHATS)，另一种是组成型(cHATS)。cHATS 可以解释无 NO_3^- 存在时的高亲和 NO_3^- 吸收行为。然而，当暴露在 NO_3^- 环境中时，iHATS 仅在几小时就可以诱导出来[19-20]。近年来，在高等植物的 NO_3^- 转运蛋白基因的分子克隆方面有很多报道[21-22]，基本上定义了两个序列特性的 NO_3^- 转运蛋白家族，称为 NRT1 和 NRT2，对它们的表达和功能的早期的研究已经明确 NRT1 是低亲和(mmol · L^{-1})转运蛋白，NRT2 是高亲和(μmol · L^{-1})转运蛋白。

4.2 磷的生物效应

4.2.1 磷是生命的重要元素

磷是一切生命的必需元素[23-24]，是所有矿物质中生物功能最多的元素。磷首次发现于人的体液，与人的生命活动息息相关。

1. 磷构成骨骼和牙齿

人体内磷大约占体重的 1/10，其中 85%～90% 以羟基磷灰石的形式存在于骨骼和牙齿中，既具有支架和负重作用，也作为体内磷的储存库。其余的磷与蛋白质、脂肪、糖等结合形成有机物，在细胞膜发育、能量交换以及很多关键的生理过程中发挥着重要作用。

人的牙齿表面有一层 1.2～1.7mm 厚的牙釉质[25]，它的基本组成单元是尺寸为 40～50nm 的六方羟基磷灰石纳米晶。这些晶体按照轴择优相互平行地取向排列，形成几微米的羟基磷灰石纳米纤维，其直径在 30nm 左右。纳米纤维继续组装成具有更高级微结构特征的晶体纤维束，构成釉柱和釉柱间质的基本亚结构单元(图 4-3)[26-27]。研究表明，牙釉质的硬度大于 6GPa，弹性模量 80GPa，抗压强度 10GPa[28]。牙釉质覆盖在牙齿的最外层，是人体内最坚硬的矿化组织，具备优异的耐磨性及抗断裂性能。

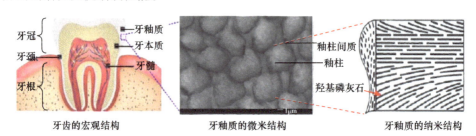

牙齿的宏观结构　　　　牙釉质的微米结构　　　　牙釉质的纳米结构

图 4-3　牙釉质的多级结构

2. 磷参与遗传物质的构成

磷参与了人体遗传物质的构成。脱氧核糖核酸(DNA)是生物细胞内携带有合成 RNA 和蛋白质所必需遗传信息的核酸，是生物体发育和正常运作必不可少的生物大分子。DNA 分子结构中，两条脱氧核苷酸链围绕一个共同的中心轴盘绕，构成双螺旋结构。脱氧核糖-磷酸链在螺旋结构的外面，碱基朝向里面。两条多脱氧核苷酸链反向互补，通过碱基间的氢键形成碱基配对相连，为相当稳定的组合。当磷酸盐形成两个酯键时，会构成磷酸二酯键，磷酸二酯键是遗传物质核酸骨架的重要组成部分。在 DNA 双螺旋长链中，一个脱氧核糖连接两个磷酸，两个连接键都是磷酸二酯键。从复杂的人体到微小的病毒，已知的所有生命形式都离不开核酸，核酸负责生物体遗传信息的携带和传递。

磷酸二酯键具有非常特殊的结构，它在生理 pH 条件下可以带有负电荷，由于同种电荷之间的排斥作用，溶液中带负电的亲核基团(Nu)难以进攻磷酯键，大大提高了结构的稳定性(图 4-4)。在不太苛刻的自然条件下，DNA 可以保存近百年，如果将其冷冻，可以存放千年。更重要的是，磷酸二酯键的稳定是相对的。在适当条件下，带正电的金属离子或多胺化合物可以中和负电，这时磷酯键被亲核试剂打开，以完成生命生长和繁衍所必需的各种化学反应。

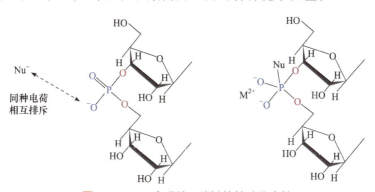

图 4-4　DNA 中磷酸二酯键的特殊稳定性

3. 磷是生物膜的重要组成成分

地球上除了病毒等少数种类以外，所有生命体都是由细胞构成的。人拥有数百万亿计的细胞，含有磷的磷脂双分子层是细胞膜的主要结构，正是因为拥有稳定的生物膜，细胞才能维持正常工作，参与体内各项生命活动。磷是核酸、磷酸酯、磷脂、核蛋白等化合物的重要组成部分。只有在充分供应磷的情况下，核酸、核蛋白才能正常形成。磷供应不足时，细胞分裂生长受影响，导致植物生长缓慢，根系发育不良，分枝较少，植株矮小。

4. 磷参与能量代谢

磷是 ATP、磷酸肌酸等储能物质的构成元素，直接参与机体内能量的储存、转移和释放。作物体内参与呼吸作用的重要酶都含有磷，储存和调节能量的三磷酸腺苷也含有磷，充足的磷营养常能促进根系的呼吸作用，增加养分吸收，有利于作物生长。磷直接参与植物光合作用，合成碳水化合物，糖之间的转化、碳水化合物水解和转化也多离不开磷酸化作用。从糖转化成甘油和脂肪酸合成脂肪的过程也都需要磷参与，缺磷时脂肪合成受到影响(图 4-5)。

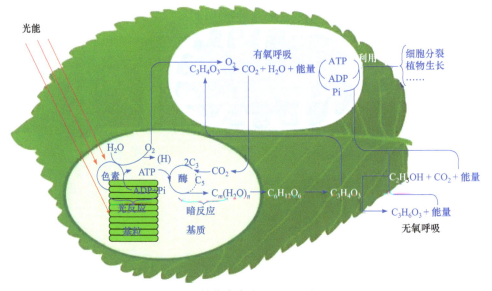

图 4-5　植物光合作用和呼吸作用

5. 磷参与维持体内酸碱平衡

机体代谢过程中会产生许多酸性或碱性物质，磷就参与了调节人体内酸碱平衡的过程。体内维持酸碱平衡的缓冲对有 $H_2PO_4^-$ 和 HPO_4^{2-}：

$$H_2PO_4^- \rightleftharpoons H^+ + HPO_4^{2-} \tag{4-1}$$

4.2.2　磷是生命的限制元素

磷与碳、氢、氧、氮、硫一起被认为是生命组成必不可少的元素[24]。相比于其他 5 种必需元素，磷在地球上的储备并不十分丰富。

人类每天消耗着大量的粮食，而氮、磷、钾是农作物生长需求量大、收获时又带走量较多的三种营养元素，所以长期耕种的土地很容易缺乏，必须人工施肥补充才能保持高产。人们已经掌握了将空气中的氮气转变为氨的人工固氮法，而磷和钾都只能从地壳中获取，其中钾的来源和储量比磷丰富得多。目前制造农用磷肥的主要原料是磷灰石。但根据美国地质调查局 2015 年的统计，大多数国家的磷矿资源比较匮乏[29]。另外，目前的农业技术使磷的流失率非常高，磷肥只有约10%可以被农作物吸收利用，流失到水体中的磷还会对环境造成严重污染。按照现有的开采速度和利用方式推算，地球上磷矿石的商业储量可能在 50 年后消耗殆尽。因此，科学家们正在积极寻找从有机废物和生活废水中高效回收磷的方法，以应对磷矿石未来可能出现短缺的问题。

尽管地球上的磷资源似乎不能满足人类的巨大需求，但在浩瀚宇宙中，地球已经是个十足的"幸运儿"了。天文学家发现，太空中磷的含量远低于人们的想象，像地球这样富含磷元素的星球在银河系凤毛麟角。为什么地球有大量的磷资源，对此尚无可靠的解释。但可以肯定的是，磷在早期生命演化中发挥着不可或缺的作用，如果星球表面没有磷，生命可能根本不会出现。这或许可以解释为什么人们发现了一些温度和水分条件都较理想的"宜居星球"，却始终难觅外星生物的踪迹。可见，磷不仅是生命的必需元素，更是生命的"限制元素"。

4.2.3　磷的生理毒性

1. 白磷是死亡烟火

白磷燃点低，在暗处会产生绿色的磷光(图 4-6)，极易引燃其他物质，其引发的火灾往往很难扑灭。白磷燃烧时会急剧放热，并产生浓浓的白烟，成分为五氧化二磷(实际分子结构为 P_4O_{10})。接触白磷或者吸入其燃烧产生的烟雾都会对人造成严重伤害。

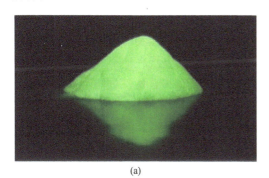

(a)　　　　　　　　　　　　　　　(b)

图 4-6　白磷在暗处产生绿色的磷光(a)和白磷弹(b)

白磷曾被用于制造燃烧弹和烟幕弹。第二次世界大战中 1943 年 7 月 28 日夜晚，英国出动 787 架轰炸机对德国汉堡进行轰炸，共投弹 2326t，其中包括大量含有白磷的燃烧弹，爆炸伴随着时速 250km 的大风引发了一场"火焰风暴"。汉堡作为磷的发现地，在第二次世界大战中几乎被白磷燃烧弹夷为平地。在越南战争、海湾战争和叙利亚内战等多次军事冲突中都有使用白磷弹。

2. 有机磷是致命毒药

1935 年，德国化学家施拉德(G. Schrader，1903—1990)发现了一种速效有机磷杀虫剂塔崩(Tabun)[30]。塔崩是清澈无色的液体，有淡淡的水果香气，但仅吸入很少量的样品，就会出现瞳孔收缩、呼吸困难及晕厥症状，三周后才能逐渐康复。人们由此意识到塔崩的巨大毒性。第二次世界大战后有研究人员开始深入分析塔崩的化学结构，相继合成了一系列具有类似化学结构的新型神经性毒剂，沙林(Sarin)和 VX 是其中最具代表性的两种(图 4-7)。相比于人们所熟知的剧毒物质氰化钾，沙林的毒性是其毒性的 20 多倍。VX 是一种无色油状液体，比沙林更加危险，即使不吸入或注射，仅接触皮肤也能迅速渗透到血液，5min 内即可致死。

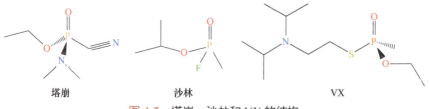

塔崩　　　　　　　　沙林　　　　　　　　VX

图 4-7　塔崩、沙林和 VX 的结构

有机磷毒剂的致死原理是强烈抑制人体内的乙酰胆碱酶，使负责神经传递活动的乙酰胆碱不能被水解而蓄积，胆碱受体会因此而过度兴奋，最终导致中枢神经麻痹瘫痪。有机磷化合物进入体后迅速与体内的胆碱酯酶结合，生成磷酰化胆碱酯酶，使胆碱酯酶丧失了水解乙酰胆碱的功能，导致胆碱能神经递质大量积聚，作用于胆碱受体，产生严重的神经功能紊乱，特别是呼吸功能障碍，从而影响生命活动，甚至造成严重肺水肿，加重缺氧，造成呼吸衰竭和缺氧。有机磷使胆碱酯酶失去催化乙酰胆碱水解作用，积聚的乙酰胆碱对胆碱神经有三种作用：

(1) 毒蕈碱样作用：乙酰胆碱在副交感神经节后纤维支配的效应器细胞膜上与毒蕈碱型受体结合，产生副交感神经末梢兴奋的效应，表现为心脏活动抑制，支气管胃肠壁收缩，瞳孔括约肌和睫状肌收缩，呼吸道和消化道腺体分泌增多。

(2) 烟碱样作用：乙酰胆碱在交感、副交感神经节的突触后膜和神经肌肉接头的终极后膜上与烟碱型受体结合，引起节后神经元和骨骼肌神经终极产生先兴奋、后抑制的效应。这种效应与烟碱相似，称为烟碱样作用。

(3) 中枢神经系统作用：乙酰胆碱对中枢神经系统的作用主要是破坏兴奋和抑制的平衡，引起中枢神经调节功能紊乱，大量积聚主要表现为中枢神经系统抑制，可引起昏迷等症状。

4.3　砷的生物效应

4.3.1　砷的生理毒性

砷与汞类似，被吸收后容易与硫化氢根(sulfhydryl)或双硫根(disulfide)结合而影响细胞呼吸及酶素作用，甚至使染色体发生断裂。其化合物绝大多数有毒，有些有剧毒。

三氧化二砷(As_2O_3)也称信石，外观为白色霜状粉末，俗称砒霜，微溶于水[31]，是亚砷酸的酸酐，为两性偏酸性氧化物，可溶于酸和碱。As_2O_3包含单斜晶体、立方晶体和无定形体三种。单斜晶体和立方晶体溶于乙醇、酸类和碱类；无定形体溶于酸类和碱类，但不溶于乙醇。

"鹤顶红"在《开宝本草》中被首次记载，属砒石(图 4-8)经升华而得的产物，从古至今药用已有千年。不纯的砒霜往往含有红色或红黄色的块状结晶硫化砷，俗称红砷或红矾，是最具商业价值的砷化合物，也是最古老的毒物之一。由于生产技术有限，早期制成的砒霜常混有少量的硫或硫化物，当硫与银接触时，在银表面生成一层黑色"硫化银"。

(a)　　　　　　　　　(b)

图 4-8　砒石(a)和红色的硫化砷晶体(b)

砒霜被我国列入严格管理的 36 种毒性中药之一，砷对体内酶蛋白的巯基具有特殊的亲和力，可与许多含巯基的酶结合，使其失去活力而影响细胞的正常代谢，导致细胞死亡。砷进入血液循环后，一方面麻痹血管运动中枢，另一方面直接作用于毛细血管，使毛细血管发生麻痹和扩张，造成渗透性变化，使腹腔脏器严重充血。血液滞留于腹腔毛细血管中，且管壁渗透性增加，使体液渗出进入肠内，可引起剧烈腹泻。同时，砷刺激胃黏膜，内服后能引起剧烈呕吐。中毒剂量与治疗剂量极为接近，口服 5~50mg 即可中毒，致死量 60~200mg[31]。口服 10~15mg 可致急性中毒，半致死量 LD_{50} 为 70~180mg·60kg^{-1}；敏感者口服 1mg 即可中毒，20mg 可致死。砒霜不仅毒性强，而且不易解毒。

20 世纪 50 年代，日本曾发生一起震惊世界的"毒奶粉"事件。当时日本知名的乳业巨头森永乳业株式会社在加工婴儿奶粉时掺入了砒霜，引发了很多婴儿中毒甚至死亡，还造成很多婴儿在日后出现智力低下、身体瘫痪等后遗症。20 世纪 60 年代，为了预防疾病、改善卫生状况，孟加拉国在国际组织的援助下大量开凿浅水井。由于孟加拉国分布有富砷基岩，开凿水井时大量砷元素渗到地下水中，人们饮用了砷超标的井水，约 2000 万人遭遇砷中毒。

4.3.2　砷中毒的检验方法

1. 硝酸银检验法

用少量 1mol·L^{-1} 碳酸钠溶液溶解可疑物，取清液滴加稀硫酸至中性，加入数滴 $AgNO_3$ 溶液：若有三价砷，则生成黄色亚砷酸银(Ag_3AsO_3)沉淀；若有五价砷，则生成棕色砷酸银(Ag_3AsO_4)沉淀。沉淀可被硝酸或氨水溶解。

2. 雷因希氏检验法

砒霜检验的预实验——雷因希(Reinsch)氏法(灵敏度 25μg)：取适量待测试样，加入盐酸或酸性氯化亚锡溶液，使溶液 pH 保持在 2~8，加入经 1∶1 硝酸处理过的铜片加热煮沸，小心观察，若有砷存在，铜片呈黑色。

$$As_2O_3 + 6HCl == 2AsCl_3 + 3H_2O$$

$$2AsCl_3 + 6Cu == 3CuCl_2 + Cu_3As_2$$

$$2AsCl_3 + 3Cu == 3CuCl_2 + 2As$$

除砷以外，汞、锑、铋、硒、硫等化合物也能在同样条件下与铜作用，使铜片变色。尤其是硫化物普遍存在于腐败检材中，经常干扰反应。因此，当反应呈阳性时还需做进一步的确证实验。

(1) 升华法：将雷因希氏法所得变色铜片置于一端封闭的细玻璃管中，微微加热试管底部，若有砷存在，用显微镜观察管壁上部的霜状物，可见四面体或八面体结晶。

(2) 马氏试砷法：把锌、盐酸与试样混在一起，将生成的气体导入热玻璃管，若试样中有砷的化合物存在，就会生成 AsH_3，AsH_3 在加热部位会分解产生 As，聚集而成亮黑色"砷镜"（相关反应式见第 2 章，能检出 0.007mg As)[32]。

(3) 古蔡试砷法(可检测 0.005mg As)：As_2O_3 在酸性溶液中可被锌与酸产生的氢还原为 AsH_3。AsH_3 遇 $HgBr_2$ 或 $HgCl_2$ 试纸，生成黄色→棕色→黑色产物：

$$As_2O_3 + 6Zn + 12HCl === 2AsH_3\uparrow + 6ZnCl_2 + 3H_2O$$

$$AsH_3 + 3HgBr_2 === 3HBr + As(HgBr)_3(黄色)$$

$$AsH_3 + As(HgBr)_3 === 3HBr + As_2Hg_3(黑色)$$

也可以将生成的 AsH_3 通入 $AgNO_3$ 溶液中，若生成黑色的银沉淀，则证明是砷(能检出 0.005mg As)。

$$2AsH_3 + 12AgNO_3 + 3H_2O === As_2O_3 + 12HNO_3 + 12Ag\downarrow$$

3. 砷化氢间接检验法

(1) 银盐比色法(Ag-DDC 法)：在稀硫酸或稀盐酸中加入锌粒产生的新生态氢可将砷化合物还原成 AsH_3。二乙基二硫代氨基甲酸银在有机碱溶液中与 AsH_3 反应，生成的红色产物对可见光有宽吸收带，可在氯仿等有机溶剂中于 510nm 附近用比色法测定。用含有一定量 Ag-DDC 和三乙胺的氯仿溶液吸收 AsH_3，所得吸收液用氯仿定容后测定吸光度，用砷标准系列溶液以相同方法平行操作制作标准曲线，线性范围为 1～10μg As。

(2) 原子吸收分光光度法：在 pH = 1～2 的条件下，砷化物经 $NaBH_4$ 还原生成 AsH_3，可用载气导入原子化器进行原子吸收分光光度测定(特征谱线 193.7nm)。

4.3.3 砷的药性

砒霜既是毒药，也是解药。古有"以毒攻毒"的治疗方法，As_2O_3 最早应用于肺结核临床治疗，应用历史悠久。在《神农本草经》中有记载砒霜的药用价值。西方也认为砒霜具有药用价值,在公元 1～3 世纪欧洲著作中就提到了砷矿的医疗用途。

随着技术手段和人类认识的不断提高，砒霜的药用价值逐渐被挖掘出来。早在 17 世纪，砒霜就已经成为用来治疗疟疾、梅毒等重病和疑难杂症的特效药。为了免受其高毒性所误伤，中国古代还通过炼制丸剂、膏剂等来降低砒霜的毒性。唐代医药学家孙思邈的《千金方》中记载用其治疗疟疾、牙痛等。因其毒性猛烈，被称为"貔霜"。

现代主要将砒霜制成针剂,联合靶向治疗用于恶性血液疾病如白血病的治疗。As$_2$O$_3$ 对于多种恶性肿瘤细胞具有抑制生长功效,被应用于肿瘤疾病临床治疗中。现代研究表明:砒霜具有砷剂的基本药理,具有杀灭微生物、疟原虫及阿米巴原虫,以及抑制肿瘤、促蛋白质合成、促进红细胞生成、抗组胺、平喘等作用。临床主要应用于急性早幼粒细胞白血病、原发性肝癌、哮喘、乳腺癌、肺癌、多发性骨髓瘤、系统性红斑狼疮、鼻咽癌和类风湿关节炎的治疗,表 4-1 为砒霜的药理作用机制分析。

表 4-1 三氧化二砷抗肿瘤机制分析

作用	机制分析
诱导肿瘤细胞凋亡	诱导细胞线粒体跨膜电位下降和凋亡及蛋白 caspase3 活性升高
细胞毒作用	砷离子与酶蛋白分子结构中的羟基和巯基结合,降低酶活性,阻滞肿瘤 DNA 复制与合成
诱导肿瘤细胞分化	低浓度引起细胞不完全分化,改变肿瘤细胞性质;高浓度引起细胞凋亡
抑制端粒酶活性	抑制端粒细胞亚单位表达
抑制肿瘤血管生成	降低肿瘤组织中微血管密度,阻滞细胞生成

As$_2$O$_3$ 对蛋白质的巯基有巨大的亲和力,能抑制在代谢过程中起重要作用的许多含巯基的酶,如抑制丙酮酸氧化酶,影响细胞的正常代谢;抑制磷酸酯酶、损害细胞的染色体、阻碍细胞的有丝分裂;抑制葡萄糖-6-磷酸脱氢酶、乳酸脱氢酶和细胞色素氧化酶等,使细胞呼吸和氧化过程发生障碍;近几十年又陆续发现砒霜在诱导癌细胞凋亡、治疗癌症方面有重大功效。

砒霜治疗白血病是砒霜抗癌之路的始发站,也是走得最坚实的一步。中国在这方面做出了重大的贡献,张亭栋、韩太云、张鹏飞等提出的砒霜治疗法治疗白血病临床缓解率达 72%,有效率达 90%;王振义、陈竺利用联合疗法使急性早幼粒细胞白血病患者的"五年生存率"从约 25%跃升至约 95%,他们从分子机制上揭示了全反式维甲酸(ATRA)和砷剂是如何使白血病细胞诱导分化和凋亡,从而达到疾病治疗的目的,并因此获得 2012 年由全美癌症研究基金会颁发的第七届圣捷尔吉癌症研究创新成就奖[33-36]。2015 年,香港求是基金会将 2015 年度"求是杰出科学家奖"颁给 83 岁高龄的张亭栋教授,以表彰他在 20 世纪 70 年代采用砒霜治疗白血病的开创性研究。2016 年 12 月 5 日，美国血液学会(American Society of Hematology，ASH)将欧尼斯特·博特勒奖授予陈竺，源于他的团队在治疗急性早幼粒细胞白血病上所作的贡献。

4.4　锑的生物效应

锑(antimony)的拉丁名称 stibium 和元素符号 Sb 均来自辉锑矿的英文名 stibnite[37]。

锑和它的许多化合物都有毒，作用机理为抑制酶的活性，这点与砷类似。与同族的砷和铋一样，三价锑的毒性比五价锑大。急性锑中毒的症状也与砷中毒相似，主要引起心脏毒性(表现为心肌炎)，锑的心脏毒性还可能引起阿-斯综合征。有小剂量吸入时会引起头疼、眩晕和抑郁，大剂量摄入如长期皮肤接触可能引起皮炎、损害肝肾、剧烈而频繁的呕吐及头痛、呼吸困难，严重者可能死亡。许多研究者认为，锑化合物的作用机制是抑制酶活性与血清中的疏基结合，扰乱蛋白质和糖代谢以及肝糖原的形成过程。对人体的多器官特别是免疫系统、神经系统、人体发育等有一定的毒性[38-40]，而三氧化二锑为可疑人类致癌物[41]。

高纯度金属锑的实验表明，金属锑具有完全独立的毒理学，平均致死剂量在 $100 \sim 112 \mathrm{mg} \cdot \mathrm{kg}^{-1}$。锑可以通过皮肤进入人体，但主要途径是通过肺部，锑尤其是游离锑进入肺部被血液和组织吸收。吸收的大部分锑在 48h 内经过新陈代谢由粪便排出，少部分通过尿液排出。据估计，经过 8h 暴露于 $500 \mathrm{g} \cdot \mathrm{m}^{-3}$ 锑之后尿中锑的浓度增加，平均含量为 $35 \mu \mathrm{g} \cdot \mathrm{g}^{-1}$ 肌酐。慢性锑气溶胶动物实验表明锑可诱发特异性内源性类脂性肺炎。也有接触锑的工人罹患心脏疾病和猝死。动物实验也观察到肺局灶性纤维化和心血管效应。

尽管职业性接触锑及其化合会引起肺的影像学异常改变，但尚未观察到对人类致癌的影响[42]。但是，将可吸入的三氧化二锑颗粒施用于大鼠和小鼠的吸入研究已在肺部和相关组织部位诱发了致癌反应。为阐明肿瘤诱导机理而进行的基因毒性研究，锑化合物不会在细菌或培养的哺乳动物细胞中诱导基因突变，但在高细胞毒性浓度下观察到染色体畸变和微核。基因毒性作用可能与间接作用方式有关。例如，过量活性氧(reactive oxygen species，ROS)的产生，基因表达的改变或对 DNA 修复过程的干扰。这样的间接机制可能表现出剂量反应阈值。例如，ROS 与体内抗氧化剂系统的相互作用仅在高于抗氧化剂防御机制控制和/或消除 ROS 损害的能力的浓度下才能产生遗传毒性(和癌症)的阈值。

1994 年，英国发生了奇怪的锑中毒事件，许多富人家的婴儿莫名其妙夭折。由于死去的都是婴儿，警督曾怀疑这是有预谋、有针对性的恶性谋杀案，但始终没有可疑人出现。后来征求一位孩子的父母同意对婴儿遗体进行解剖，发现夭折与体内锑的含量很高有关。随后化学家们经过大量的实验发现：锑会限制人体内的酶活性，造成人体锑中毒。婴儿夭折事件可归因于在适宜的环境下，细菌将床垫上的锑氧化物分解后，锑作为单质挥发到空气中，由于婴儿免疫系统未完全形成，免疫力低下，在吸入大量锑气后，体内多种酶失活，最终失去了生命。此后，锑也被明令禁止用在人体医疗方面。目前，小儿锑中毒(antimony poisoning)大多是误用大量锑剂如酒石酸锑钾(吐酒石)、没食子酸锑钠(锑-273)、葡萄糖酸锑钠、抗癌锑(锑 71)，以及误食含锑染料、安全火柴头(含 Sb_2S_3)等所引起，也有因食入用含锑器皿盛放的酸性食物或饮料以及被锑剂污染的食物导致的中毒。

锑对人体有害，但锑并非一无是处。在现代社会锑被大范围用于工业中，它是唯一一种受冷膨胀的"怪"金属，可阻止热胀冷缩，在制作合金方面发挥重要作用。

4.5 铋的生物效应

铋化合物具有收敛、止泻、治疗胃肠消化不良症；碱式碳酸铋和碱式硝酸铋、次果胶酸铋钾用于制造胃药；外科利用铋药的收敛作用处理创伤和止血；在放射治疗中，用铋基合金代替铝制造防辐射护板。随着铋类药物的发展，现已发现某些铋类药物具有抗癌作用。另外，由于放射性同位素 ^{213}Bi 的半衰期短，在体内 4h 放射活性消失，可用于癌细胞的放射治疗。

^{213}Bi 的半衰期为 45.6min。^{213}Bi 衰变的主要途径是先经一次 β 衰变产生半衰期仅为 3.72μs 的子体 ^{213}Po，^{213}Po 再经一次 α 衰变产生半衰期为 3.23h 的子体 ^{209}Pb，^{209}Pb 最后经 β 衰变成为稳定的 ^{209}Bi。^{213}Bi 衰变的另一条途径是先经一次 α 衰变产生半衰期为 2.16min 的子体 ^{209}Tl，^{209}Tl 再经一次 β 衰变产生 ^{209}Pb，最后 ^{209}Pb 经 β 衰变成为稳定的 ^{209}Bi。^{213}Bi 从 $^{225}Ac/^{213}Bi$ 发生器获得。在 $^{225}Ac/^{213}Bi$ 发生器中采用 AGMP-50 阳离子交换树脂。德国卡尔斯鲁厄的欧盟委员会联合研究中心(European Commission's Joint Research Centre，JRC)研发了一款高活度的发生器，该发生器的 ^{225}Ac 活度可高至 4GBq。该发生器的特点是 ^{225}Ac 的活度在 2/3 的树脂中均匀分布，使得有机树脂的辐射分解最小化并保证了数周以上发生器的可靠运行。这种发生器已被成功用作 2.3GBq ^{213}Bi-P 物质类似物的制备，进行脑瘤的

局部治疗。

放射免疫治疗(radioimmunotherapy，RIT)能够增加天然抗体的疗效，对特定的细胞或组织类型具有靶向性辐射作用，从而降低了治疗的毒性反应。选择什么样的放射性同位素用于临床，取决于同位素的特性。β质粒具有射程长及能量低的特点，其长射程决定了β质粒不仅能杀伤靶细胞，而且对周围的正常细胞也有杀伤作用。因此，释放β质粒的放射免疫结合剂可以用于治疗巨块型的疾病以及在造血干细胞移植前有选择性的骨髓全照射。但是，β质粒不适合杀灭单一的细胞以及治疗微小残留病变。与目前常用于肿瘤内放射治疗研究的β核素相比，α质粒(如 ^{212}Bi、^{213}Bi)具有以下特点：①发出的α射线能量高；②α粒子射程短；③α射线引起的 DNA 断裂不可修复，可有效地打断 DNA 链，杀死病灶部位的肿瘤细胞；④α粒子引起的细胞毒作用几乎和剂量率、细胞周期分裂及氧浓度无关，可在乏氧条件下杀死癌细胞。α粒子的上述特点决定了α核素更适合于较弥散分布的实体瘤，或已有全身多部位转移，不适合手术或外照射治疗的实体瘤及非实体肿瘤(如白血病)的治疗[43]。

研究表明，^{213}Bi-M195 能选择性地杀伤靶细胞、对复发或难治急性髓系白血病(AML)有明显的抗白血病效应，尤其是对瘤负荷较低的患者，Jurcic 等用 ^{213}Bi-HuM195 治疗了 18 例复发难治的 AML 或慢性髓系白血病(CML)，17 例出现骨髓抑制，中位恢复期为 22d，大部分患者骨髓或外周血原始细胞减少，显示了 ^{213}Bi-HuM195 相对安全及可行的抗白血病效应。

参 考 文 献

[1] 林紫荣. 阜阳师范学院学报(自然科学版), 1989, (2): 71-76.

[2] 高职高专化学教材编写组. 无机化学. 3 版. 北京: 高等教育出版社, 2008.

[3] 季连石. 化学教育(中英文), 2014, 35(14): 60-64.

[4] 范志. 养殖技术顾问, 2014, (1): 159.

[5] 谢钢, 杨奇, 陈三平, 等. 大学化学, 2012, 27(5): 38-40.

[6] 杨世诚. 科学世界, 1996, (8): 23.

[7] Hieb W F, Stokstad E, Rothstein M. Science, 1968, 160(3829): 778-780.

[8] Brown K A, Harris D F, Wilker M B, et al. Science, 2016, 352(6284): 448-450.

[9] 赵首萍, 赵学强, 施卫明. 土壤, 2007, 39(2): 173-180.

[10] Wang M Y, Siddiqi M Y, Glass A. Cell & Environment, 1996, 19(9): 1037-1046.

[11] Ullrich W R. Physiologia Plantarum, 1984, 61(3): 369-376.

[12] Gazzarrini S, Lejay L, Gojon A, et al. The Plant Cell, 1999, 11(5): 937-947.

[13] Kaiser B N. Plant Physiology, 2002, 130(3): 1263-1275.

[14] Marschner H. Functions of Mineral Nutrients. New York: Academic Press, 1995.

[15] Lauter F R, Ninnemann O, Bucher M, et al. Proceedings of the National Academy of Sciences, 1996, 93(15): 8139-8144.

[16] Ninnemann O, Jauniaux J C, Frommer W B. The Embo Journal, 1994, 13(15): 3464-3471.

[17] Wang M Y, Siddiqi M Y, Ruth T J, et al. Plant Physiology, 1993, 103(4): 1259-1267.

[18] Lee R B, Drew M C. Journal of Experimental Botany, 1986, 37(12): 1768-1779.

[19] Lainé P, Ourry A, Boucaud J, et al. Plant & Soil, 1998, 202(1): 61-67.

[20] Touraine B. Plant Physiology, 1997, 114(1): 137-144.

[21] Wiren N V, Gazzarrini S, Frommer W. Springer Netherlands, 1997, 196(2): 191-199.

[22] Crawford N M, Glass A. Trends in Plant Science, 1998, 3(10): 389-395.

[23] Stauffer M D, Gavin S. 磷——生命的必需元素. 南宁: 中国磷肥应用研究现状与展望学术讨论会, 2011.

[24] 高雪菲. 博物, 2009, (1): 92-93.

[25] Mahoney P. Journal of Human Evolution, 2008, 55(1): 131-147.

[26] 李莉. 纳米磷酸钙和生物玻璃对牙釉质的仿生修复. 杭州: 浙江大学, 2012.

[27] 牛林, 张辉, 董少杰. 山西医科大学学报, 2017, 48(10): 1075-1078.

[28] Hench L L. Journal of the American Ceramic Society, 1998, 81(7): 1705-1728.

[29] 李维. 中国磷矿资源可供性分析及其开发利用趋势研究. 北京: 中国地质大学, 2015.

[30] 林新. 农药, 1972, 11(1): 43.

[31] 杨子东, 孙响波, 于妮娜, 等. 山东中医杂志, 2014, 33(8): 707-709.

[32] 王彦吉, 李文君. 公共安全中的化学. 吉林: 中国化学会第二十五届学术年会, 2006.

[33] 赵明强. 中国发明与专利, 2012, 9(4): 79-82.

[34] 李永明. 中国中西医结合杂志, 2017, 37(4): 401-405.

[35] 胡训豪, 邓小军, 张宏文. 蛇志, 2018, 30(4): 735-738.

[36] 邓运宗, 黄兴, 王红玲, 等. 中医学报, 2018, 241(6): 46-51.

[37] 覃利梅, 陈福明, 苏旭, 等. 广西医学, 2013, 35(1): 19-21.

[38] Stoltenberg M, Flyvbjerg A, Sndergaard L G, et al. Journal of Applied Toxicology, 2002, 22(2): 111-115.

[39] Pellegrino G, Tomasevic L, Tombini M, et al. Restorative Neurology and Neuroscience, 2012, 30(6): 497-510.

[40] 吴传业, 马艳云. 环境与健康杂志, 1990, 7(2): 3.

[41] Sundar S, Chakravarty J, Agarwal D, et al. The New England Journal of Medicine, 2010, 362(6): 504-512.

[42] Boreiko C J, Rossman T G. Toxicology and Applied Pharmacology, 2020, 403: 115156.

[43] 刘宁, 咎亮彪, 金建南. α核素用于肿瘤靶向治疗研究的进展. 北京: 首届中国放射性药物学术与发展战略研讨会, 2005.

练 习 题

第一类：学生自测练习题

1. 选择题

(1) 下列含氧酸中属于三元酸的是 （ ）

    A. H_3BO_3 B. H_3PO_2 C. H_3PO_3 D. H_3AsO_4

(2) NCl_3 和 PCl_3 的水解产物分别是 （ ）

    A. NH_3 和 HCl、PH_3 和 HOCl   B. HNO_3 和 HCl、H_3PO_3 和 HCl

    C. HNO_3 和 HCl、PH_3 和 HOCl   D. NH_3 和 HOCl、H_3PO_3 和 HCl

(3) 关于 PCl_5 下列说法中不正确的是 （ ）

    A. 它由氯与 PCl_3 反应制得

    B. 它容易水解生成磷酸

    C. 它在气态时很稳定

    D. 它的固体状态是结构式为$[PCl_4]^+[PCl_6]^-$的晶体

(4) 下列同浓度含氧酸中，氧化性最强的是 （ ）

    A. $HBrO_4$ B. $HClO_4$ C. $HBrO_3$ D. H_5IO_6

(5) 下列物质按氧化性增强的顺序排列正确的是 （ ）

    A. H_3PO_4、HNO_3、H_4AsO_4、HNO_2 B. H_3PO_4、H_4AsO_4、HNO_2、HNO_3

    C. H_3PO_4、H_4AsO_4、HNO_3、HNO_2 D. H_4AsO_4、H_3PO_4、HNO_3、HNO_2

(6) 实验室中通常用热分解法制取氮气的是 （ ）

    A. NH_4VO_3 B. NH_4Cl C. NH_4NO_3 D. NH_4NO_2

(7) 当过量的 CaO 和 P_4O_{10} 反应时，含 P 的生成物是 （ ）

    A. $Ca_3(PO_4)_2$ B. $Ca(PO_3)_2$ C. Ca_3P_2 D. CaP

(8) 可与热的浓碱溶液反应产生气体的是磷的同素异形体 （ ）

    A. 黄磷   B. 红磷   C. 黑磷   D. 都不能

(9) AsS_3^{3-} 和酸反应的产物是　　　　　　　　　　　　　　　　　（　　）

　　A. As_2S_3　　　　　　B. As_2S_5　　　　　　C. As_2S_3 和 S　　　　D. As_2S_3 和 H_2S

(10) As_2S_3 和 S_2^{2-} 反应的产物是　　　　　　　　　　　　　　　　　（　　）

　　A. AsS_3^{3-}　　　　　B. AsS_4^{3-}　　　　　C. AsS_4^{3-} 和 S　　　D. AsS_3^{3-} 和 S

2. 填空题

(1) 写出对应化学式：雄黄_____，格雷姆盐_____，次磷酸钡_____，
　　三磷酸钠_____，三聚偏磷酸钠_____。

(2) 常用 NH_3 而不是 N_2 作为制含氮化合物的原料的原因是_____。

(3) NH_3、PH_3、AsH_3 三种氢化物中，熔点最低的是_____，还原性最强的是
　　_____。

(4) As_2O_3 俗称_____，As_2O_3 溶于 NaOH 溶液生成_____。

(5) PH_3 有较强的_____，它能与 Ag^+、Cu^{2+}、Hg^{2+}反应，使这些金属离子转变
　　为_____。

(6) As_2S_3 溶于碱生成_____和_____。

(7) 将红磷燃烧，产物溶于水后加蛋白质溶液，现象为_____。这是因为溶液中
　　含有_____。

(8) 在 HNO_3、HNO_2、N_2O、N_3^- 中，不存在 π_3^4 离域键的是_____。

(9) 在 HNO_3、HNO_2、H_3PO_2、NH_3 分子中，含 d-p 反馈 π 键的是_____。

(10) 将 0.2mol·L^{-1} NaH_2PO_4 溶液与 0.2mol·L^{-1} Na_3PO_4 溶液等体积混合，H^+浓度
　　是_____。

3. 综合题

(1) $(CF_3)_3N$ 和$(CH_3)_3N$ 的碱性哪一种较强？试简述理由。

(2) 试分析不同浓度硝酸与金属反应的产物。

(3) $H_4P_2O_7$ 的解离常数 $K_1 = 3.0 \times 10^{-2}$，$K_2 = 4.4 \times 10^{-3}$，$K_3 = 2.5 \times 10^{-7}$，$K_4 = 5.6 \times 10^{-10}$。为什么 K_1 与 K_2 相近、K_3 与 K_4 相近，但 K_2 与 K_3 差别较大？

(4) As_2O_3 在盐酸中的溶解度随酸的浓度增大而减小而后又增大，解释原因。

(5) 解释 NF_3 比 NCl_3 稳定，NF_3 不易水解而 NCl_3 却容易水解的原因。

4. 推理判断题

　　化合物 A 是一种易溶于水的无色液体。当 A 的水溶液与 HNO_3 共热并加入

$AgNO_3$ 时，形成白色沉淀 B，B 溶于氨水形成溶液 C，加入 HNO_3 时重新得到沉淀 B。如果 A 的水溶液通 H_2S 至饱和，生成黄色沉淀 D，D 不溶于稀 HNO_3，但溶于 KOH 和 KHS 的混合溶液并得到溶液 E。酸化 E 时又得到沉淀 D。D 又能溶于 KOH 和 H_2O_2 的混合溶液，生成溶液 F。F 用 $Mg(NO_3)_2$ 和 NH_4NO_3 的混合物处理，形成白色沉淀 G。G 溶于 HAc 后用 $AgNO_3$ 处理，得到红棕色沉淀 H。试确定各字母所代表的物质，写出有关反应方程式。

5. 计算题

PCl$_5$ 是白色固体，加热到 160℃不经液态阶段就变成蒸气，经测定在 180℃时，其蒸气密度(折合成标准状况)为 $9.3g \cdot L^{-1}$，分子无极性，分子中键长为 204pm 和 211pm 两种，加热至 250℃时，测得压力为计算值的 2 倍，在加压下于 148℃液化，形成一种能导电的熔体，测得 P—Cl 键键长为 198pm 和 206pm 两种(P、Cl 的相对原子质量为 31.0、35.5)。

(1) 在 180℃，PCl_5 蒸气中存在什么分子？为什么？在此温度下，PCl_5 具有什么样的分子式？说明其中心原子杂化态。

(2) 加热到 250℃时，PCl_5 蒸气中存在什么分子？为什么？写出分子式。

(3) PCl_5 在加压下于 148℃液化，PCl_5 熔体为什么能导电？为什么会有两种键长？

(4) PBr_5 气态分子结构与 PCl_5 相似，但实验测定 P—Br 只有一种键长，试解释。

第二类：课后习题

1. 回答下列有关氮元素性质的问题。

   (1) 为什么 N—N 键的键能($167kJ \cdot mol^{-1}$)比 P—P 键($201kJ \cdot mol^{-1}$)小，而 N≡N 键的键能($942kJ \cdot mol^{-1}$)又比 P≡P 键($481kJ \cdot mol^{-1}$)大？

   (2) 为什么氮不能形成五卤化物？

   (3) 为什么 N_2 的第一电离能比 N 原子的小？

2. 根据 NH_3 与 H_2O 作用时质子传递的情况，讨论 H_2O、NH_3 和质子之间键能的强弱。为什么乙酸在水中是弱酸，在液氨溶剂中却是强酸？

3. 为什么 PF_3 可以与许多过渡金属形成配合物，而 NF_3 几乎不具有这种性质？PH_3 与过渡金属形成配合物的能力为什么比 NH_3 强？

4. 回答下列有关硝酸的问题。

   (1) 根据 HNO_3 的分子结构，说明 HNO_3 为什么不稳定。

   (2) 为什么久置的浓 HNO_3 会变黄？

(3) 欲将一定质量的 Ag 溶于最少量的硝酸, 应使用何种浓度(浓或稀)的硝酸?

5. 若将 0.0001mol H_3PO_4 加到 pH = 7 的 1L 缓冲溶液中(假定溶液的体积不变), 计算在此溶液中 H_3PO_4、 $H_2PO_4^-$、 HPO_4^{2-} 和 PO_4^{3-} 的浓度。

6. AsO_3^{3-} 能在碱性溶液中被 I_2 氧化成 AsO_4^{3-}, 而 H_3AsO_4 又能在酸性溶液中被 I^- 还原成 H_3AsO_3, 二者是否矛盾? 为什么?

7. 试解释下列含氧酸的有关性质。
(1) $H_4P_2O_7$ 和 $(HPO_3)_n$ 的酸性比 H_3PO_4 强。
(2) HNO_3 和 H_3AsO_4 均有氧化性, 而 H_3PO_4 却不具有氧化性。
(3) H_3PO_4、 H_3PO_3、 H_3PO_2 三种酸中, H_3PO_2 的还原性最强。

8. 鉴别下列各组物质。
(1) NO_2^- 和 NO_3^- (2) AsO_4^{3-} 和 PO_4^{3-}
(3) AsO_4^{3-} 和 AsO_3^{3-} (4) PO_4^{3-} 和 $P_2O_7^{4-}$
(5) H_3PO_4 和 H_3PO_3 (6) AsO_4^{3-} 和 AsS_4^{3-}

9. 表示 P_4O_{10} 和不同物质的量的 H_2O 反应时 P—O—P 键断裂的情况, 说明反应的产物。

10. 完成并配平下列反应方程式。
(1) $NH_4Cl + NaNO_2$ (2) $NO_2^- + ClO^-$ (3) $N_2H_4 + H_2O_2$
(4) $NH_2OH + Fe^{3+}$ (5) $NH_3 + Mg$ (6) $KNO_3 + C + S$
(7) $AsH_3 + Br_2 + KOH$ (8) $PH_3 + AgNO_3 + H_2O$
(9) $HPO_3^{2-} + Hg^{2+} + H_2O$ (10) $H_2PO_2^- + Cu^{2+} + OH^-$
(11) $[Ag(NH_3)_2]^+ + AsO_3^{3-} + OH^-$ (12) $Na_3AsO_4 + Zn + H_2SO_4$

第三类: 英文选做题

1. Which of the following molecules or ions contains a bond π_3^4?   (   )
   A. SO_2 B. NO_3^- C. NO_2 D. NO_2^+

2. Which of the following acidity comparison of the acids is false? (   )
   A. $HNO_3 > HNO_2$ B. $H_3PO_4 < H_4P_2O_7$
   C. $H[BF_4] < HF$ D. $H_2SO_4 < HClO_4$

3. Which of the following acids is a mono acid?   (   )
   A. H_3PO_4 B. H_3PO_3 C. H_3PO_2 D. $H_4P_2O_7$

4. Compare the laws of the property change of the following substances and give a brief explanation.

(1) oxidability: Bi(V) and Sb(V).

(2) alkalinity: Sn(OH)$_2$ and Pb(OH)$_2$.

(3) thermal stability: NaHCO$_3$ and Na$_2$CO$_3$.

5. In the sulfide of arsenic, antimony, and bismuth, _____cannot exist, that the reason is _____. _____and_____are soluble in Na$_2$S$_2$.

参 考 答 案

学生自测练习题答案

1. 选择题

(1) (D)	(2) (D)	(3) (C)	(4) (A)	(5) (C)
(6) (D)	(7) (A)	(8) (A)	(9) (D)	(10) (A)

2. 填空题

(1) As_4S_4；$(NaPO_3)_n$；$Ba(H_2PO_2)_2$；$Na_5P_3O_{10}$；$(NaPO_3)_3$

(2) N_2 很稳定，键能大，需加高能才可使之活化

(3) PH_3；AsH_3

(4) 砒霜；Na_3AsO_3

(5) 还原性；金属单质

(6) AsO_3^{3-}；AsS_3^{3-}

(7) 产生白色浑浊；HPO_3

(8) HNO_2

(9) H_3PO_2

(10) K_{a2}

3. 综合题

(1) $(CH_3)_3N$ 的碱性较强，N 原子上的电子容易给出，而$(CF_3)_3N$ 中 F 原子电负性很大，使得 CF_3 成为吸电子基团，N 原子上的电子不易给出。因此，$(CH_3)_3N$ 的碱性比$(CF_3)_3N$ 的碱性强。

(2) 根据 $2HNO_3 + NO \rightleftharpoons 3NO_2 + H_2O$ 平衡，浓 HNO_3 与金属反应时，即使有 NO 生成，浓 HNO_3 氧化 NO 会使平衡向右移动，产物主要是 NO_2。而稀 HNO_3 与金属作用时上述平衡左移倾向较大，同时，NO_2 有较强的氧化性，会继续与金属作用生成 NO。

(3) 根据 $H_4P_2O_7$ 的结构式分析解离出第一个 H^+ 和第二个 H^+，二级解离时互相影响不大，但解离出第三个 H^+ 时，是从失去一个 H^+ 并带负电的四面体上再解离出第二个 H^+，显然困难得多。因而 K_2 与 K_3 相差极大。同理，K_3 与 K_4 相近。

(4) 在盐酸浓度较低时，H^+ 抑制了 H_3AsO_3 的电离，因而随着盐酸浓度的增大，As_2O_3 溶解度降低。当盐酸浓度较大时，HCl 与 As_2O_3 或 H_3AsO_3 反应生成易溶的 $[AsCl_4]^-$，因而盐酸浓度增大时，As_2O_3 的溶解度增大。

(5) 因为 N—F 键键能比 N—Cl 键键能大，所以 NF_3 比 NCl_3 稳定得多。虽然它们都是三角锥形分子，因氟的电负性大，强烈地吸引孤对电子，NF_3 中 N 原子不能作为电子对给予体，并能指向水分子中的氢，故水分子中的氢原子可依次取代其中的氯原子而发生水解。

4. 推理判断题

A：$AsCl_3$；B：$AgCl$；C：$[Ag(NH_3)_2]^+$；D：As_2S_3；E：AsS_3^{3-}；F：AsO_4^{3-}；
G：$MgNH_4AsO_4$；H：Ag_3AsO_4。
重要反应方程式为

$$2As^{3+} + 3H_2S \rightleftharpoons As_2S_3\downarrow(黄) + 6H^+$$

$$As_2S_3 + 3OH^- + 3HS^- \rightleftharpoons 2AsS_3^{3-} + 3H_2O$$

$$2AsS_3^{3-} + 6H^+ \rightleftharpoons As_2S_3\downarrow + 3H_2S$$

$$As_2S_3 + 6OH^- + 5H_2O_2 \rightleftharpoons 2AsO_4^{3-} + 3S\downarrow + 8H_2O$$

5. 计算题

(1) 标况下，PCl_5 摩尔质量：$9.3 \times 22.4 = 208(g \cdot mol^{-1})$。相对分子质量：$31.0 + 35.5 \times 5 = 208.5$；蒸气组成：$PCl_5$；中心原子杂化态：$sp^3d$，呈三角双锥体，分子无极性，有两种键长。

(2) 由于在 250℃时，PCl_5 蒸气压为计算值的 2 倍，表明气体中物质的量为计算值的 2 倍，由 $pV=nRT$，n 应为原来的 2 倍。

$PCl_5 \rightleftharpoons PCl_3 + Cl_2$　　　　　　PCl_3　　　　sp^3 杂化

(3) 由于熔体内存在$[PCl_4]^+$(sp^3 杂化键长为 198pm，配体排斥力小，键长短)及 $[PCl_6]^-$(sp^3d^2 杂化键长为 206pm，配体排斥力大，键长长)。

(4) 存在$[PBr_4]^+$和 Br^-，$[PBr_4]^+$为四面体分子构型，只有一种键长。

课后习题答案

1. (1) 因为位于第二周期的氮，内层电子少(只有 $1s^2$)，原子半径小，原子间斥力大，键长长，键能小。因为 N 半径小，易于形成 p-p π 键，所以 N=N 和 N≡N 多重键的键能又比其他元素的大。P 因为半径大，p 轨道难以重叠形成多重键。

   (2) 在共价化合物中，N 最多只能形成 4 条共价键，即 N 的配位数最多不超过 4。而 P、As 由于有可利用的 d 轨道，配位数可扩大到 5 或 6。

   (3) N 原子 2p 轨道上有 3 个电子，达半满稳定结构，故电离能大，而 N_2 分子最高占据分子轨道为 π 分子轨道，与 N 原子相比其电子较易失去，因而 N_2 的第一电离能比 N 原子的小。

2. 由于 NH_3 结合质子的能力强于 H_2O，因此 HAc 在液氨中完全电离，表现出强酸性，而水结合质子的能力弱，HAc 在水中不完全电离，表现出弱酸性。

3. 因 P 原子有孤对电子，且有空的 d 轨道可以接受金属反馈的 d 电子，加强配合物的稳定性，但 N 原子没有空的 d 轨道，NH_3 的配位能力就显得弱些。

4. (1) HNO_3 分子为平面结构，其中氮原子的 sp^2 杂化轨道分别与 3 个氧原子形成 3 个 σ 单键，余下一个 pπ 轨道中的孤对电子和 2 个氧原子 pπ 轨道中的单电子形成离域 π_3^4 键。HNO_3 分子的对称性较差，不如 NO_3^- 稳定，氧化性较强。

   (2) 浓硝酸久置或见光会逐渐分解产生 NO_2，使浓液呈黄色。

   (3) 需要稀 HNO_3，由与一定量 Ag 反应的浓 HNO_3 与稀 HNO_3 的化学方程式决定。

5. 设在此溶液中 H_3PO_4、$H_2PO_4^-$、HPO_4^{2-} 和 PO_4^{3-} 的浓度分别为 $x \text{ mol} \cdot \text{L}^{-1}$、$y \text{ mol} \cdot \text{L}^{-1}$、$z \text{ mol} \cdot \text{L}^{-1}$、$n \text{ mol} \cdot \text{L}^{-1}$

$$H_3PO_4 \Longrightarrow H^+ + H_2PO_4^-$$
$$\quad x \qquad\quad 10^{-7} \qquad y$$

$$\frac{y \times 10^{-7}}{x} = 7.11 \times 10^{-3} \qquad y = 7.5 \times 10^{-4}x \qquad ①$$

$$H_2PO_4^- \Longrightarrow H^+ + HPO_4^{2-}$$
$$\quad y \qquad\qquad 10^{-7} \qquad z$$

$$\frac{z \times 10^{-7}}{y} = 6.23 \times 10^{-8} \quad z = 6.2 \times 10^{-1} \quad y = 4.65 \times 10^4 x \quad ②$$

$$HPO_4^{2-} \Longleftrightarrow H^+ + PO_4^{3-}$$

$$z \qquad\qquad 10^{-7} \qquad n$$

$$\frac{n \times 10^{-7}}{z} = 2.2 \times 10^{-13} \quad n = 0.1023x \qquad ③$$

$$x + y + z + n = 10^{-4} \qquad\qquad ④$$

①②③④联立得

$$(1 + 7.5 \times 10^4 + 4.65 \times 10^4 + 0.1023)x = 10^{-4}$$

解得 $x = 8.23 \times 10^{-10} \text{mol} \cdot \text{L}^{-1}$, $y = 7.5 \times 10^4 x = 6.17 \times 10^{-5} \text{mol} \cdot \text{L}^{-1}$

$$z = 4.65 \times 10^4 x = 3.83 \times 10^{-5} \text{mol} \cdot \text{L}^{-1}$$

$$n = 8.23 \times 10^{-10} \times 0.1023 = 8.42 \times 10^{-11} \text{mol} \cdot \text{L}^{-1}$$

6. 二者不矛盾，可以从电势差值上解释此现象。

在碱性条件中：

$$\varphi^{\ominus}(AsO_4^{3-}/AsO_3^{3-}) = -0.71V, \quad \varphi^{\ominus}(I_2/I^-) = 0.535V$$

整个反应的电势为

$$E^{\ominus} = \varphi^{\ominus}(I_2/I^-) - \varphi^{\ominus}(AsO_4^{3-}/AsO_3^{3-}) = 0.535 + 0.71 = 1.245(V) > 0$$

故

$$2OH^- + AsO_3^{3-} + I_2 \Longleftrightarrow AsO_4^{3-} + 2I^- + H_2O$$

反应可以进行。

在酸性条件下：

$$\varphi^{\ominus}(H_3AsO_4/HAsO_3) = 0.58V \quad \varphi^{\ominus}(I_2/I^-) = 0.535V$$

整个反应的电动势为

$$E^{\ominus} = \varphi^{\ominus}(H_3AsO_4/HAsO_3) - \varphi^{\ominus}(I_2/I^-) = 0.58 - 0.535 = 0.045(V) > 0$$

故 $\qquad 2H^+ + H_3AsO_4 + 2I^- \Longleftrightarrow H_3AsO_3 + I_2 + H_2O$

反应也可以进行。

7. (1) 焦磷酸 $H_4P_2O_7$ 和偏磷酸 $(HPO_3)_n$ 含有的非羟基氧比 H_3PO_4 多。P 与非羟基氧共用电子对强烈偏向氧原子一方，使 P 原子上的电子密度减小，有效核电荷增多。P 对羟基上的氧共用的电子对引力增大，导致羟基上氧对羟基中的共用电子对引力增大，使羟基离子键成分增强，较易电离出氢离子，酸性增强。

   (2) HNO_3 是一种强氧化剂，这是由于 HNO_3 中的氮处于最高氧化态，以及硝酸分子不稳定易分解放出氧和二氧化氮。H_3PO_4 中 P—O 之间除正常 σ 键外，还存在 O 的 2p 电子到 P 的 3d 空轨道的反馈 π 键，使得 H_3PO_4 分子稳定，无氧化性。虽然 H_3AsO_4 与 H_3PO_4 结构类似，但难以形成反馈 π 键，因为 2p 与 4d 之间的轨道能量差大，所以稳定性差，氧化性强。

(3) 正磷酸分子中没有 P—H 键，亚磷酸 H_3PO_3 分子中有一个 P—H 键容易被氧原子进攻，故具有还原性。在次磷酸 H_3PO_2 分子中有两个 P—H 键，所以次磷酸比正磷酸具有更强的还原性。

8. (1) 加入 Ag^+。$AgNO_2$ 浅黄色沉淀，$AgNO_3$ 无色溶液。

(2) 加入淀粉 KI 溶液。AsO_4^{3-} 溶液变蓝，PO_4^{3-} 无色。

(3) 在碱性条件下加入 I_2-KI。溶液褪色的是 AsO_3^{3-}，否则是 AsO_4^{3-}。

(4) 在两者中加入 Cu^{2+}。PO_4^{3-} 的沉淀不消失，而 $P_2O_7^{4-}$ 的先有沉淀后消失。

(5) 加入淡黄色的 Fe^{3+} 溶液，H_3PO_4 中生成无色 $H_3[Fe(PO_4)_2]$，而 H_3PO_3 中将 Fe^{3+} 还原为 Fe^{2+}(浅绿色)。

(6) 分别向两者中加酸，AsO_4^{3-} 无变化，AsS_4^{3-} 中产生臭鸡蛋味的 H_2S 和 As_2S_5 黄色沉淀。

9.

$$P_4O_{10} \begin{cases} \xrightarrow[\text{断开2个P—O—P键}]{+2H_2O} (HPO_3)_4 \\ \xrightarrow[\text{断开3个P—O—P键}]{+3H_2O} H_3PO_4 + (HPO_3)_3 \\ \xrightarrow[\text{断开4个P—O—P键}]{+4H_2O} 2H_3PO_4 + 2HPO_3 \\ \xrightarrow[\text{断开5个P—O—P键}]{+5H_2O} 2H_3PO_4 + H_4P_2O_7 \\ \xrightarrow[\text{断开6个P—O—P键}]{+6H_2O} 4H_3PO_4 \end{cases}$$

10. (1) $NH_4Cl + NaNO_2 \rightleftharpoons N_2(g) + NaCl + 2H_2O$

(2) $NO_2^- + ClO^- = NO_3^- + Cl^-$

(3) $N_2H_4(l) + 2H_2O_2(g) = N_2(g) + 4H_2O(g)$

(4) $2NH_2OH + 4Fe^{3+} = N_2O + 4Fe^{2+} + H_2O + 4H^+$

(5) $2NH_3 + 3Mg = Mg_3N_2 + 3H_2\uparrow$

(6) $4KNO_3 + C + S = 4KNO_2 + CO_2\uparrow + SO_2\uparrow$

(7) $AsH_3 + 4Br_2 + 11KOH \Longrightarrow 8KBr + 7H_2O + K_3AsO_4$

(8) $PH_3 + 8AgNO_3 + 4H_2O \Longrightarrow H_3PO_4 + 8HNO_3 + 8Ag$

(9) $HPO_3^{2-} + Hg^{2+} + H_2O \Longrightarrow Hg + H_3PO_4$

(10) $H_2PO_2^- + 2Cu^{2+} + 6OH^- \Longrightarrow PO_4^{3-} + 2Cu + 4H_2O$

(11) $2[Ag(NH_3)_2]^+ + AsO_3^{3-} + 2OH^- \Longrightarrow AsO_4^{3-} + H_2O + 4NH_3\uparrow + 2Ag$

(12) $2Na_3AsO_4 + 8Zn + 11H_2SO_4 \Longrightarrow 2AsH_3 + 8ZnSO_4 + 3Na_2SO_4 + 8H_2O$

英文选做题答案

1. AC   2. C   3. C

4. (1) oxidability: $Bi(V) > Sb(V)$, because of the inert electron pair effect, $Bi(V)$ tends to gain more electrons.

(2) alkalinity: $Pb(OH)_2 > Sn(OH)_2$, according to R—O—H rule, the radius of Pb^{2+} is larger, so the tendency of alkaline dissociation is larger.

(3) thermal stability: $Na_2CO_3 > NaHCO_3$, according to the principle of ionic polarization, the polarization force of Na^+ is smaller than that of H^+, so Na_2CO_3 is more stable.

5. Bi_2S_5; $Bi(V)$ is oxidizable, S^{2-} is reductive, and they cannot coexist; As_2S_3; Sb_2S_3.

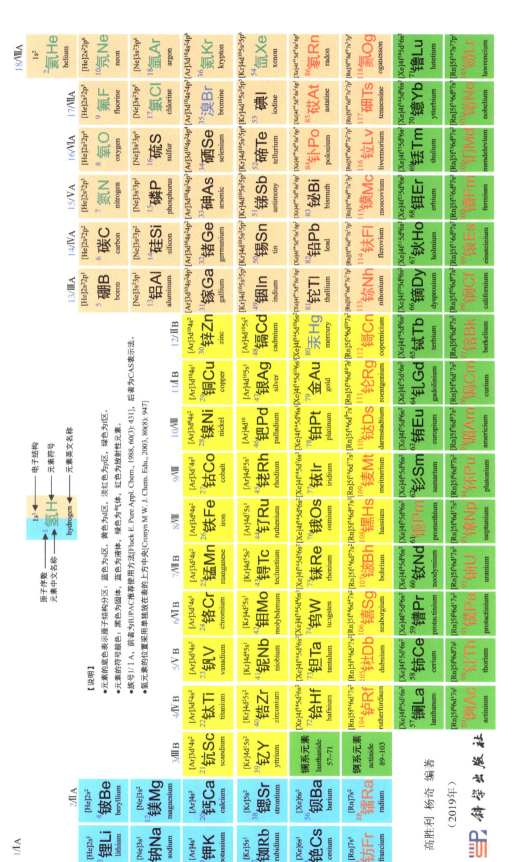